环境发展史

新加坡

1965—2015

50 YEARS OF ENVIRONMENT
Singapore's Journey
Towards Environmental
Sustainability

迈向环境可持续
发展之旅

[新加坡]陈荣顺
(Tan Yong Soon) 主编

卢 丹 译

上海交通大学出版社
SHANGHAI JIAO TONG UNIVERSITY PRESS

内容提要

《新加坡环境发展史(1965—2015):迈向环境可持续发展之旅》系"中新经典著作互译系列"之一,围绕新加坡过去 50 年的环境历程,全面、系统地分析了新加坡的环境政策、所面临的挑战和困境、环境问题解决方案等,并对新加坡环境未来的发展前景加以分析。

本书分为三个部分:第一部分探讨新加坡环境之旅的历史发展和新生水的发展;第二部分探讨了新加坡目前面临的环境挑战,以及新加坡通过社区参与、国际参与、研究和技术以及行业解决方案解决这些问题的方式,以制定可持续的战略和解决方案;第三部分将历史和当代线索联系在一起,并讨论新加坡环境的未来挑战。本书适合环境相关专业人士、环保从业者、对新加坡发展感兴趣的读者、关注全球环境议题者阅读。

上海市版权局著作权合同登记号:图字:09 - 2024 - 931

图书在版编目(CIP)数据

新加坡环境发展史:1965—2015:迈向环境可持续
发展之旅/(新加坡)陈荣顺主编;卢丹译.—上海:
上海交通大学出版社,2025.6.—(中新经典著作互译
系列).—ISBN 978 - 7 - 313 - 32603 - 4

Ⅰ.X22

中国国家版本馆 CIP 数据核字第 2025640TL5 号

新加坡环境发展史(1965—2015):迈向环境可持续发展之旅
XINJIAPO HUANJING FAZHANSHI(1965—2015):MAIXIANG HUANJING KECHIXU
FAZHAN ZHILÜ

主　　编:	陈荣顺(Tan Yong Soon)	译　者:	卢　丹	
出版发行:	上海交通大学出版社	地　址:	上海市番禺路 951 号	
邮政编码:	200030	电　话:	021 - 64071208	
印　　制:	苏州市越洋印刷有限公司	经　销:	全国新华书店	
开　　本:	710mm×1000mm　1/16	印　张:	18.75	
字　　数:	282 千字			
版　　次:	2025 年 6 月第 1 版	印　次:	2025 年 6 月第 1 次印刷	
书　　号:	ISBN 978 - 7 - 313 - 32603 - 4			
定　　价:	98.00 元			

版权所有　侵权必究
告读者:如发现本书有印装质量问题请与印刷厂质量科联系
联系电话:0512 - 68180638

序　言

探寻城市环境可持续发展的样本

在全球城市化与气候变化的双重挑战下,新加坡作为面积仅 700 余平方公里的城市岛国,其环境治理经验对资源约束型经济体具有特殊价值。《新加坡环境发展史(1965—2015):迈向环境可持续发展之旅》以时间为脉络,系统展现了新加坡从"污染严重的岛屿"到"全球环境典范"的转型历程,揭示其通过战略规划、技术创新与社会协同实现环境经济协同发展的逻辑,为全球城市提供了"小国大治理"的范本。

一、从被动治理到系统规划:战略思维的进化

新加坡环境治理始于独立初期的生存压力。20 世纪 60 年代,工业化污染与土地匮乏的矛盾,使其将环境治理纳入国家核心议程。1971 年《概念规划》具有里程碑意义,它首次将环境基础设施与城市空间布局结合,通过预留环境用地、划定工业污染缓冲区等,实现从"末端治理"到"源头规划"的转变。

进入 21 世纪,新加坡将环境战略升级为《可持续发展蓝图》,首次纳入"环境自主权"理念,提出"3P"(Public—Private—People)合作模式,即政府主导政策、企业提供技术、公众参与行为改变。实马高离岸垃圾填埋场的生态化改造是这一阶段的标志,其将垃圾处理与生物多样性保护结合,体现循环经济与生态保护的融合。

二、技术创新与产业升级:破解资源约束的密钥

缺乏资源禀赋的新加坡将技术创新作为突破环境约束的核心。新生水(NEWater)技术是典型例子,从 1974 年首次试验因成本高搁置,到 1998 年膜技术突破推动大规模应用,形成"污水回收—超纯水处理—工业循环利用"产业链。新生水满足全国 30％用水需求,支撑半导体等高端产业,还通过 DBOO 模式出口技术,成为绿色经济名片。

在能源领域,新加坡以"热带能源实验室"为定位推动技术创新。南洋理工大

学能源研究所的实马高岛微电网项目，整合太阳能光伏、潮汐能与储能系统，实现离网清洁能源供应，为偏远地区能源转型提供范式。同时，"生态校园计划"在建筑节能(如制冷吊顶技术)、智能能源管理等领域形成技术集群，成果应用于滨海湾花园等项目，使建筑能耗降低40%以上。

三、社会协同与价值重塑：环境治理的全民参与

新加坡环境治理的独特之处在于将"全民环境素养培育"作为底层逻辑。从1968年"保持新加坡清洁"运动的强制性规范，到2002年国家环境局推动的"社区环境自治"，治理模式不断升级。

在制度设计上，新加坡创新建立"环境积分奖励""企业绿色认证"等机制，将个体行为与公共利益挂钩。例如，居民通过垃圾分类可累积积分兑换商品，企业通过碳减排可获得税收优惠，这种"激励相容"机制显著提升了公众参与的主动性，形成了"政府引导—市场驱动—社会协同"的良性循环。

新加坡的实践证明，环境治理是高质量发展的"新动能"。在资源约束与发展诉求的平衡中，城市可通过战略远见、技术创新与社会共治，走出"环境质量与生活品质同步提升"的可持续发展之路。

中国正处于城市化快速推进和应对气候变化的关键阶段，上海交通大学出版社引进出版此书恰逢其时，具有重要现实借鉴意义。这部著作以扎实的理论架构与鲜活的实践案例，系统展现了新加坡环境治理的智慧图谱，让中国读者得以系统了解新加坡环境治理的实践智慧，同时也为中国探索符合国情的绿色发展道路提供了可借鉴的实践范本，亦为全球环境治理的多元经验互鉴注入了新动能。

孔海南

上海交通大学讲席教授

国家水污染与控制重大专项洱海项目首席科学家

中国水环境学会副会长

前　言

在新加坡共和国独立 50 周年国庆之际，打造可持续清洁环境在新加坡卓越改革发展史上都留下浓墨重彩的一笔，值得铭记与深思。早在独立初期，新加坡的领导人就展现了卓越远见，不仅将国家发展战略聚焦于经济和社会的进步，同时也高度重视环境问题。时至今日，新加坡因其优秀的环境水平在世界范围内享有盛誉。根据美国耶鲁大学环境法规与政策中心、哥伦比亚大学国际地球科学信息网络中心、世界经济论坛以及欧洲联盟委员会联合研究中心合作编撰的《2014 年全球环境绩效指数评估报告》[1]，新加坡在全球 178 个国家中排名第四。

环境水平的持续提升为新加坡的经济创造力和生活环境的繁荣都作出了重要贡献。新加坡环境保护领域的重要历程，包括如何控制污染以实现环境的清洁，如何通过截断水循环以实现水资源长期稳定可持续利用，以及新加坡针对环境和水政策制定的战略和方法，都在《清水 绿地 蓝天：新加坡走向环境和水资源可持续发展之路》（以下简称《清水 绿地 蓝天》）一书中得到详细诠释。该书由陈荣顺、李东珍和陈爱玲合著于 2009 年 2 月。环境保护是一个永无止境的旅程。本书由多位在环境问题各专业领域颇有建树的作者共同编撰完成。它旨在为读者提供一个对过去历程的回顾总结，同时讨论当前和未来的挑战，以及我们应如何在继续享受清洁环境的同时实现可持续发展。每篇文章都相对独立，读者不必按时间顺序阅读全部内容。但若将全书作为一个整体阅读，不仅能清晰展现历史发展脉络，还能帮助读者更深刻地理解现状、把握未来。

本书共分为三个部分。

第一部分概述了新加坡迄今为止的历史沿革。这部分经授权，摘录了《清水 绿地 蓝天》一书的三章内容。

1　环境保护绩效指数(Environmental Performance Index，EPI，2014)是评估国家政策中环保绩效的量化度量报告，该报告提供了全球环境状况的综合度量指标。可通过 http://epi.yale.edu 检索原文。作者检索日期为 2015 年 3 月 11 日。

　　第一章"新加坡环境旅程之反思"讨论了自始至终指导新加坡环境政策制定的基本原则和成功因素，它们是清晰的愿景、长期的规划、持续不断的创新以及行之有效的方法。

　　第二章"清洁的土地和河流"详细介绍了新加坡在清洁土地和河流方面的经验，解释了这一清洁计划背后的动机——旨在提高新加坡人民的公共卫生标准和生活质量——以及政府如何将清洁工作提升为国家和全民的优先事项，因为政府意识到，如果没有全民的理解和参与就无法取得成功。本章还解释了如何通过长远的眼光和基于有效实施的务实长期方案来实现土地和河流的清洁。

　　第三章"将经济原则应用于环境政策"强调了经济学在指导环境政策、决策和立法方面的作用。在决策过程中，应将政治决策的全部环境成本纳入决策评价过程，以确定最佳方案。尽管我们重视环境，但政府也必须在严格分析的基础上做出决策，因为在资源有限的情况下，政府必须优先考虑相互竞争的需求。经济学是帮助作出符合公众利益的最佳决策的一种有用的工具。然而，仅仅运用经济原则可能无法提供所有的答案，因此理解和认识其局限性也非常重要。归根结底，经济学只是一种工具，它可以支持和补充，但不能取代清晰的愿景和战略重点。

　　有兴趣进一步了解新加坡在环境和水资源可持续性方面的历史和现状的读者，不妨阅读《清水 绿地 蓝天》一书。另外，本书所包含的章节提供了一个良好的起点，有助于理解推动环境清洁的基础动机、战略和长期愿景，这些因素构成了推动环境治理工作的基础。

　　本书的第一部分还重现了首任新加坡环境部常任秘书长、国家水务局(PUB)前主席李一添在2008年10月18日第18届陈宏基(Chin Fung Kee)教授纪念讲座上发表的演讲(第四章)。该章探讨了新加坡如何克服物理限制开发新的水资源。文中不仅概述了新加坡被迫寻找新水源的历史背景，更提出了集水区建设、水资源再生利用、海水淡化及新生水(NEWater)开发等创造性解决方案。

　　李一添负责了多项改善新加坡环境的项目，其中包括新加坡河的治理工作。新加坡开国总理李光耀在他的回忆录《从第三世界到第一世界：新加坡历史(1965—2000)》中写道："没有李一添，就没有清洁和绿色的新加坡。我可以提出广泛的概念性目标,但他必须制定出具体的工程解决方案。他后来成为了公务员部门的负责人。"

此外,第五章"可持续发展的环境规划"由陈荣顺撰写,聚焦综合长期土地利用规划,概述了将环境因素纳入城市规划的重要性,特别是在土地分区利用和关键环境基础设施的配置方面。此外,还讨论了这一过程成功的关键因素在很大程度上取决于公共、私营、民间部门,以及个人和社区层面的基层力量。以上各方必须紧密联系、密切合作,以维持并持续提升新加坡已达到的高环境标准。

第二部分涵盖了当前面临的挑战,除了良好的政策制定、规划和实施之外,技术和行业的发展、社区参与及区域和国际合作也尤为重要。

新加坡必须继续创新,寻找更高效、更具成本效益的解决方案,以应对新的环境挑战。行之有效的研发及商业化是至关重要的。新加坡国立大学和南洋理工大学均位列世界十大知名工程技术类大学之列[1],来自这两所大学的科研人员撰写了两篇精彩文章探讨新技术在应对新兴环境挑战中的作用。新加坡国立大学环境研究所(NERI)所长王俊南教授和李来玉主任撰写了"环境与水资源的前沿研究"一章,概述了新加坡国立大学开展的前沿研究以及该大学如何与政府机构和产业合作,开展综合性的跨学科研究以寻求可持续解决方案。在南洋理工大学能源研究所(ERI@N)执行主任苏博德·梅赛尔卡教授、研究所高级主任汉斯·B.(特迪)·普特根教授和研究所项目主任尼列什·Y.贾德夫所撰写的第六章"能源转型——热带地区的能源效率与可再生能源挑战"中,阐述了新加坡如何参与以能源转型为重点的前沿技术研究,通过提高能源效率和使用清洁能源实现更大程度的可持续性发展。该研究旨在提出创新解决方案,以帮助新加坡成为开发适合热带地区解决方案的先驱。新加坡国立大学环境研究所、南洋理工大学能源研究所和其他类似研究机构进行的此类研究是在大学与政府机构及产业合作的前提下进行的,相关技术正处于测试、开发和商业化阶段,这些技术可能会提供许多潜在的环境效益、经济效益和社会效益。

---

1 根据 2014/15 年 QS 世界大学学科排名,数据于 2015 年 3 月 11 日获取自 http://www.topuniversities.com/university-rankings/world-university-rankings/2014.

技术发展与活跃的产业发展相辅相成。随着气候模式的变化、自然资源的枯竭和城市化进程不断发展，各国越来越需要重视应对气候变化和城市化的挑战，并提出可持续的解决方案。新加坡作为一个城市国家，敏锐地捕捉到了这些问题，促使其在气候变化和城市化背景下寻求减少碳排放的解决方案。新加坡积极推动可持续发展，将政策与研发相结合，并不断对新技术进行实验测试，目的是使这些解决方案具有可持续性并最终在经济上具有可行性。因此，构建一个充满活力的可持续能源产业生态系统势在必行。新加坡可持续能源协会(SEAS)代表了新加坡可再生能源、能源效率、碳开发与交易以及金融领域的地区机构和企业的利益，为它们提供一个便于交流合作并共同开展项目的交流平台。该协会的工作重点还包括能力建设、技术强化和市场信息，通过企业发展、市场开发、培训和学习平台协助其会员在本地和区域实现可持续增长。第八章"发展充满活力的可持续能源产业"一章由新加坡可持续能源协会主席埃德温·克休与协会理事会成员克里斯托夫·英林、桑杰·库坦和刘建明共同撰写。这一章探讨了这些问题以及清洁技术行业的发展，首先审视了新加坡当前的能源格局，其次分析了为应对当前问题而发展出的各种可再生能源技术，最后展望了新加坡乃至全球能源行业未来可能面临的机遇和挑战。新加坡作为一个生活实验室和枢纽，其提出的解决方案被证明是解决新加坡乃至整个地区所面临当代挑战最行之有效的方案之一。

新加坡从国家建设的初期，就已经认识到社区参与对于提高改善环境标准和促进可持续发展的城市环境至关重要。这是新加坡环境部及其法定委员会——新加坡国家环境局(NEA)一直在应对的挑战。新加坡国家环境局不断自我调整，以响应更多的社区参与和建设更具包容性社会的号召，鼓励开展自上而下、由社区主导的基层活动和运动。其项目还侧重于灌输正确的价值观和建立积极的社会规范。新加坡国家环境局通过传统媒体和社交媒体的接触点，加强对地方参与的支持，以接触更为多样化的民众。环境自主权和环境责任感至关重要，促进环境自主权和环境责任感的社区参与也是与人民建立联系和信任的过程。这一部分内容在第九章"社区参与促进环境自主权并保障我们的未来"一章中得到了详细阐述，该章节由2008年至2015年期间担任新加坡国家环境局主席的周玉琴撰写。

最后,环境与国界无关。实现并维护良好的环境是一项全球性挑战,需要区域和国际合作。新加坡国际事务研究所主席谢文泰和他的同事副主任张宝筠在第十章"世界之岛:新加坡的环境和国际维度"一章中对此进行了阐述。该章探讨了新加坡及其所在地区乃至全球如何受到每年出现的重大环境问题——跨境雾霾和气候变化的影响,以及我们需要如何共同面对并解决这些问题。重要的是,我们所有人——新加坡人、东南亚邻国以及整个国际社会都必须意识到我们共同面临的环境问题,并齐心协力地保护我们的环境。

在应对当前问题的同时,我们必须面向未来并考虑未来的挑战。在第三部分中,陈荣顺和郭令裕凭借他们在公共、私营和基层部门改善环境方面的丰富经验,共同撰写了关于第十一章"环境可持续性和可持续发展"。他们强调了富有远见的政治领导、有效的政府管理、私营部门的积极作用以及个人对环境责任的持续需求。该章还讨论了资源保护、研究和创新以及全球伙伴关系等其他关键问题。

结　论

为了继续享有高标准的环境,新加坡的政治领导层必须继续拥有清晰、明确的政治愿景,将环境作为优先事项,坚定不移地致力于执行实现良好环境的各项政策。同时,还需要具备沟通技巧,帮助人民群众理解政府的环境政策,并通过良好的说服力赢得公众的支持。公共服务部门需要具备预见未来和长期规划的能力,在环境管理方面采取务实有效的方法,包括基础设施建设的投资和运营、政策实施和执法以及公众教育和参与。新加坡必须在政策和技术两方面不断创新,支持和利用大学研究,并发展一个活跃的本地环境(水资源)和能源行业,以开发创新、有效和高效的解决方案,并与国际社会合作,共同保护环境。最后,必须让公众认识到良好环境的重要性,并使公众有为更好的环境而奋斗的愿望,愿意对自己的个人行为负责,并考虑个人对环境的影响。

人们常说:"我们不是从祖先那里继承了地球,而是从子孙后代那里借用地球。"保护环境有助于保障我们孩子的未来。新加坡人必须愿意就环境可持续发展的未来达成共识，才能实现这一长期目标。

陈荣顺

主编简介

陈荣顺(Tan Yong Soon)于 2004 年 1 月至 2010 年 6 月间担任新加坡环境及水源部常任秘书,在此期间,他负责监督了许多重大项目,如 2005 年新加坡首座海水淡化厂的启用、新生水厂的开发以及 2008 年滨海堤坝的竣工。他在改善新加坡生活环境、发展水与环境产业以及提高新加坡在环保领域的国际形象和地位方面发挥了重要作用。他担任环境与水技术执行委员会的联合主席,并主持了支持可持续发展部际委员会的执行委员会,该委员会于 2009 年制定了首个《新加坡可持续发展蓝图》。

2010 年,他被任命为总理办公室新成立的国家气候变化秘书处的首任常任秘书。他在那里培养了自己了解和应对气候变化带来的挑战的能力,并在制定新加坡国家气候变化战略和能力建设方面发挥了重要的作用。他于 2012 年 10 月从公务员系统退休。

他还曾担任总理首席私人秘书、国防部副秘书长(专管政策)、财政部副秘书长(专管税收和政策),以及城市重建局的首席执行官。

他拥有剑桥大学的工程学学士学位(荣誉)和硕士学位、新加坡国立大学的工商管理硕士学位,以及哈佛大学的公共管理硕士学位。他还曾参加哈佛商学院的高级管理课程。

他是《实现新加坡梦》一书的作者,该书反映了他和儿时伙伴的生活经历,阐述了新加坡以及这些人取得成功的价值观。同时,他还是《清水、绿地、蓝天:新加坡走向环境和水资源可持续发展之路》一书的合著者。

撰稿人简介

张宝筠
Cheong Poh Kwan

张宝筠女士是新加坡国际事务研究所(SIIA)的副主任。她负责协调该研究所的可持续发展项目,其中包括与政府、企业、非政府组织、学术界、媒体和公众的互动合作。她还就跨境雾霾和气候变化等主题进行研究并撰写文章。张宝筠曾是《海峡时报》的记者,其负责在线视频网站 RazorTV 的本地新闻报道和印刷版的国际新闻报道。她是 2007 年财政部预算征文比赛的获奖者,并获得了 2007 年新加坡高等华文文学奖。她毕业于南洋理工大学黄金辉传播与信息学院,主修传播研究。

周玉琴
Chew Gek Khim

周玉琴女士是海峡贸易公司的执行主席。她也是德城集团(Tecity Group)的执行主席、ARA 资产管理有限公司的副主席、ARA 信托管理(新达城)有限公司的主席,也是新加坡交易所有限公司的董事会成员。

周女士还是新加坡陈振传基金会(The Tan Chin Tuan Foundation)的副主席和马来西亚丹斯里陈基金会(The Tan Sri Tan Foundation)的主席。她曾任新加坡国家环境局的董事会主席(2008—2015),以及新加坡证券业理事会、新加坡交响乐团(SSO)理事会和拉惹勒南(S. Rajaratnam)国际研究院理事会成员。周女士还是一名律师,于 1984 年毕业于新加坡国立大学。

克里斯托夫·英林
Christophe Inglin

英林先生是太阳能光伏(PV)行业的资深专家,拥有从硅锭到光伏电站总承包(交钥匙工程)全价值链16年的从业经验。

他目前担任菲尼克斯太阳能私人有限公司(Phoenix Solar Pte Ltd)的董事总经理,该公司是一家合资企业,于2006年12月由他与当地合作伙伴和德国菲尼克斯太阳能公司(Phoenix Solar AG,一家经营系统集成业务的国际光伏太阳能公司)共同创建。

从1996年12月到2006年6月,他担任壳牌太阳能私人有限公司(Shell Solar,前身为西门子昭和太阳能)的董事总经理,负责亚太地区业务。

克里斯托夫还担任新加坡可持续能源协会清洁能源委员会的主席。他是新加坡建设局(BCA)定期举办的光伏技术课程的特邀培训师。

在移居新加坡之前,克里斯托夫曾在慕尼黑、加利福尼亚州和苏黎世的西门子半导体和西门子管理咨询公司工作。

克里斯托夫是新加坡永久居民,拥有瑞士和英国双重国籍。他拥有电子与电气工程学士学位,以及欧洲工商管理学院(INSEAD)的工商管理硕士学位。

尼列什·Y.贾德夫
Nilesh Y. Jadhav

贾德夫先生是新加坡南洋理工大学生态校园(EcoCampus)计划的高级科学家兼项目总监。他是南洋理工大学能源研究所的可持续建筑技术研究小组组长,他的研究方向涵盖建筑节能、可再生能源、智能电网和电动汽车技术。在2011年加入南洋理工大学之前,贾德夫在一家石油和石化跨国公司的制造、供应物流和研究部门担任管理和技术职务,拥有超过12年的丰富工作经验。他毕业于孟买大学化学技术学院(UICT),并获得了荷兰代尔夫特理工大学(TU Delft)的硕士学位。

埃德温·克休
Edwin Khew

　　埃德温·克休是 Anaergia 私人有限公司的常务董事,该公司是一家总部位于加拿大、提供可再生能源发电和垃圾废弃物资源化可持续解决方案的全球领先企业。他还是新加坡前国会提名议员(NMP),现任新加坡可持续能源协会主席、新加坡工程师学会(IES)副会长、新加坡工商联合总会(SBF)理事会成员、新加坡太阳能研究所(SERIS)咨询委员会成员和新加坡标准委员会主席。埃德温·克休先生代表新加坡能源学会在亚洲开发银行(ADB)领导的"人人享有能源伙伴关系(E4ALL)"指导委员会中担任联合主席和企业发展工作组主席。埃德温·克休先生拥有新加坡国立大学高级管理人员工商管理硕士学位、澳大利亚昆士兰大学化学工程学士学位,是新加坡工程师学会、英国化学工程师协会会员,也是新加坡专业工程师委员会的注册专业工程师。

桑杰·库坦
Sanjay Kuttan

　　自 1994 年以来,桑杰·库坦博士在私营和公共部门担任过多个职务。在私营部门,他曾在埃克森美孚亚太区担任过多个职位,并在麦肯锡公司担任过石油业务专家/项目经理。在公共部门,他曾担任能源市场管理局(隶属于贸易与工业部的法定机构)的行业发展总监。他在智能能源系统试点、电动汽车试验台、乌敏岛可再生能源项目、能源效率计划办公室和清洁能源计划办公室发挥了关键作用。他目前是新加坡可持续能源协会和新加坡可持续发展工商理事会的理事会成员,也是义安理工学院电气与电子工程学院和斯坦福小学的咨询委员会成员。

郭令裕
Kwek Leng Joo

郭令裕先生是城市发展有限公司(CDL)的副主席,该公司自 1963 年以来一直是新加坡房地产行业的先驱。如今,该公司业务遍及 25 个国家,是新加坡市值最大的公司之一。郭令裕在房地产开发领域拥有超过 30 年的丰富从业经验,在倡导负责任的商业行为以实现行业的长期可持续发展方面发挥了重要的作用。

20 余年来,郭令裕提出的"边建设边保护"理念,使城市发展有限公司在绿色建筑、可持续发展和企业社会责任(CSR)方面在当地和全球都获得了认可。作为新加坡企业社会责任联盟的主席和国家青年成就奖理事会董事会主席,郭令裕在倡导新加坡的企业社会责任和青年发展方面发挥了积极的作用。

工作之余,郭令裕还是一位慈善家、热心的志愿者和摄影爱好者。他通过出售自己的摄影作品和艺术书籍为各种慈善和环保事业筹集了超过 200 万新加坡元的善款。

李一添
Lee Ek Tieng

李一添先生是新加坡环境部首任常任秘书长,并曾担任新加坡公用事业局(国家水务局)主席、财政部国内税收司常任秘书长、淡马锡控股(私人)有限公司主席、新加坡金融管理局总裁和新加坡政府投资公司集团总裁。在 1999 年退休前,他还曾担任新加坡总理公署的公务员首长和常任秘书长(特别职务)。

他曾是英国土木工程师学会和水与环境管理学会的会员,也是马来西亚工程师学会的会员。他还是新加坡工程师学会荣誉会员和新加坡工程院院士。他拥有马来亚大学(新加坡)工程学学士学位和英国泰恩河畔纽卡斯尔大学公共卫生工程学文凭。

李来玉
Lee Lai Yoke

李来玉博士是新加坡国立大学环境研究所的研究事务主任。她分别于 1997 年和 2003 年获得新加坡国立大学环境工程硕士和博士学位。她在水和污水处理及回收、水资源管理、水质评估、资源和营养物回收,以及水安全计划的制定和实施方面拥有超过 15 年的研究经验。李博士曾讲授多门研究生及本科生环境学科课程,并指导研究生开展项目。她于 2009 年荣获教育部科学指导计划优秀导师奖。李博士还积极参与专业组织,包括新加坡环境工程学会、国际水协会和水环境联合会。

李东珍
Lee Tung Jean

李东珍博士在担任新加坡环境及水资源部水资源研究主任期间,参与制定和实施与水资源管理和改善新加坡生活环境有关的政策,并合著了《清水、绿地、蓝天》一书。同时,她还兼任环境与水工业发展委员会副执行董事。她现任新加坡幼儿培育署(Early Childhood Development Agency)首席执行官。李博士拥有哈佛大学的荣誉学士学位、耶鲁大学的经济学硕士学位和牛津大学的经济学博士学位,并获得了罗德奖学金。

刘建明
Low Kian Beng

刘建明先生是生态智慧控股(ecoWise Holdings Limited)集团副首席执行官兼执行董事,该集团是一家在新加坡证券交易所上市的环保公司。刘先生负责该集团公司整体运营管理、企业规划以及制定和实施集团的商业战略。

在 2000 年至 2006 年期间,他担任新加坡证券交易所上市公司新加坡 SP 企业(SP Corporation)的常务董事兼首席执行官,在 2006 年至 2010 年期间担任恩维纯私人有限公司(Envipure Pte Ltd)的常务董事兼首席执行官。刘先生拥有 20 多年的高级管理经验,涉及亚洲地区的环境、轮胎和橡胶、石化、能源和工程服务行业等多个领域。

刘先生以优异成绩获得美国得克萨斯州俄克拉荷马城市大学(Oklahoma City University)工商管理硕士学位以及英国伦敦帝国理工学院工程学荣誉学士学位。

苏博德·梅赛尔卡
Subodh Mhaisalkar

苏博德·梅赛尔卡教授是新加坡南洋理工大学材料科学与工程学院陈振传(Tan Chin Tuan)百年教授。苏博德还是南洋理工大学能源研究所的执行主任,该研究所是一个致力于创新能源解决方案的跨学科研究机构。在 2001 年加入南洋理工大学之前,苏博德在微电子行业拥有超过 10 年的研究和工程经验,他的专业领域和研究兴趣包括半导体技术、钙钛矿太阳能电池、印刷电子和储能。苏博德拥有印度理工学院孟买分校的学士学位及俄亥俄州立大学的硕士和博士学位。

王俊南
Ong Choon Nam

王俊南教授是新加坡国立大学环境研究所所长和新加坡国立大学苏瑞福公共卫生学院教授。他于 1973 年在南洋大学获得理学学士学位(荣誉),1974 年获得伦敦大学理学硕士学位,1977 年获得曼彻斯特大学博士学位。他的研究方向是环境健康科学,已在同行评审刊上发表了 300 多篇论文,引用次数超过 15 000 次。他曾多次担任世界卫生组织的顾问。他也是多家国际期刊的编委会成员。他曾担任国际专家小组主席,该小组就新生水研究向环境和水资源部提供咨询建议。他还是美国国家水研究所的顾问,经常就环境健康、水质和毒理学相关问题向国际和地方机构提供咨询。

汉斯·B.（特迪）·普特根
Hans B.（Teddy）Püttgen

普特根教授于 2013 年底加入南洋理工大学,担任南洋理工大学能源研究所教授兼高级主任,负责领导新加坡可再生能源集成示范项目(REIDS)。在加入南洋理工大学之前,他曾担任瑞士洛桑联邦理工学院(EPFL)的能源系统管理系主任,他也是该校能源中心的首席主任,该中心是一个负责与欧洲研发机构合作协调重大能源项目的全校性组织。在加入洛桑联邦理工学院之前普特根教授曾担任佐治亚理工学院的佐治亚电力特聘教授,并在该校创办了国家电力能源测试研究应用中心(NEETRAC)。普特根毕业于瑞士洛桑联邦理工学院的电气工程专业,之后获得佛罗里达大学博士学位。普特根是电气和电子工程师学会(IEEE)会员。

陈爱玲
Karen Tan

陈爱玲女士在担任新加坡环境及水源部战略政策副主任期间,参与合著了《清水 绿地 蓝天》一书。她的职责包括制定和实施政策以确保新加坡环境可持续性,其中包括空气污染控制。

她目前担任新加坡贸易和工业部能源司司长。

她拥有牛津大学哲学、政治和经济学学士学位(荣誉)和哥伦比亚大学政治学硕士学位。

谢文泰
Simon S.C.Tay

　　谢文泰教授是新加坡国际事务研究所的主席。他同时担任新加坡国立大学的副教授、国际法讲师。他著有广受好评的《亚洲独奏》(*Asia Alone*, 2010)一书,该书讲述了亚洲区域主义和美国的角色。谢文泰教授还是永南企业顾问公司(WongPartnership)的高级顾问,这家公司是亚洲最大的律师事务所之一。他在三菱 UFJ 金融集团的全球顾问委员会、凯发(Hyflux)和远东组织的董事会任职。他曾担任新加坡国家环境局的主席,并在耶鲁大学、弗莱彻学院和哈佛法学院担任客座教授。

　　他在 1986 年获得新加坡国立大学法学学士学位,并在 1993 年获得哈佛法学院法学硕士学位,并因其卓越的国际法论文而荣获拉林奖(Laylin Prize,最佳国际法论文奖)。

致　谢

我谨向下列人士表示感谢。

感谢新加坡开国总理李光耀先生,他的远见卓识和领导力使新加坡成为一个清洁、生态友好且蔚蓝的国家。

感谢新加坡环境及水源部(以及自 1972 年成立的环境部)、新加坡国家环境局和公用事业局及国家水务局过去和现在一直在兢兢业业工作的杰出团队,感谢他们与公共、私营和基层部门的同志们一起辛勤工作,不懈努力,为新加坡的环保事业作出了卓越贡献。

我要感谢本书的所有撰稿人所做出的宝贵而有见地的贡献。特别是李一添先生、周玉琴女士、埃德温·克休先生、郭令裕先生、苏博德·梅赛尔卡教授、王俊南教授和谢文泰教授,他们从一开始就欣然同意参与本书的撰写。他们的强力支持让这本书得以问世。

我还要感谢安德鲁·贝内德克博士、阿西特·比斯瓦斯教授、陈冯富珍博士、克里斯蒂安娜·菲格雷斯女士、许通美教授、马凯硕教授和罗纳德·奥克斯伯勒勋爵在百忙之中对本书的审阅和反馈,以及他们所给予的意见和认可,这些对本书具有无价的意义。

我衷心感谢新加坡环境及水资源部,即我与李东珍和陈爱玲合著的《清水 绿地 蓝天:新加坡走向环境和水资源可持续发展之路》的版权所有者,授权转载本书的第一章、第三章和第九章。

最后,我要感谢世界科技出版有限公司董事长兼总编辑傅景强(K. K. Phua)教授邀请我编辑此书,作为新加坡建国五十周年系列丛书的一部分,也感谢资深编辑李红燕女士协助编撰此书,她的严谨编辑使本书更具可读性。

目　录

第一部分

通往现在的历程

第一章
新加坡环境旅程之思考[1]

陈荣顺、李东珍和陈爱玲

　　"我们建设了城市,并取得了进步。但是,没有比成为东南亚最干净、最绿色的城市更能作为我们里程碑的成就了。因为,只有拥有高标准和高教育水准的公众才能让一座城市保持整洁和绿色。尤其是当人口密度高达每平方公里 8 500 人时,就更需要系统性地保持社区的清洁和整齐。此外,公众还需要意识到自己的责任,不仅要对自己的家人负责,还要对邻里和社区中所有可能因他们不经意的不文明行为而受到影响的其他人负责。只有为自己的表现感到自豪、关心同胞福祉的公众才能保持较高的个人和公共卫生标准。"

　　——李光耀总理在 1968 年首届"保持新加坡清洁运动"的启动仪式上的讲话

　　新加坡居民呼吸着洁净的空气,自来水达到直饮的标准,生活在洁净的土地上,享受着良好的公共卫生。然而,新加坡并不是一个零碳排放、拥有大规模可再生能源或净零能耗建筑的绿色乌托邦。新加坡拥有的是一种实用、经济、高效的环

1　新加坡环境及水源部授权转载《清水　绿地　蓝天:新加坡走向环境和水资源可持续发展之路》一书的第一章。

境可持续发展的方法，这种方法为新加坡的高生活质量作出了贡献。

当今世界，工业化和城镇化的迅速发展给环境和水资源带来巨大压力。来新加坡旅游的游客常常会问：一个面积不足700平方千米、人口接近500万、拥有世界级的机场、全球最繁忙港口和众多其他产业的小城市国家，是如何能够保持清洁、绿色和环境可持续发展的呢？他们希望了解新加坡是如何实现这一目标的，并获取新加坡的成功经验。

清晰的愿景

上述问题的答案始于最高领导层需要明确认识到清洁和优质生活环境的重要性，并坚定不移地致力于实现这一愿景。贫困、经济不稳定以及以河流污染、限水措施、不卫生的街头小商贩和排放烟雾及废物的产业为特征的生活环境，在今天看起来更像是遥远的回忆，但它们却是许多新加坡人在20世纪60—70年代面临的现实。新加坡从一个贫穷的发展中国家转变为一个充满活力和繁荣的城市国家，只用了短短的三四十年时间。

新加坡是一个没有自然资源的小国。20世纪60年代，新加坡的人口虽少但增长迅速，达到160万人。其经济高度依赖转口贸易和为英国军事基地提供服务的收入。新加坡制造业基础薄弱，工业技术和国内资本匮乏。1965年新加坡独立时，人均国内生产总值仅为1525美元(约合4700新加坡元)。作为一个新生国家，新加坡面临着确保国防安全、大规模失业(失业率高达10%—12%)、住房短缺和生活水平低下等问题。同时，它还必须解决资源和土地匮乏的问题。此外，从20世纪60年代后期开始，英国计划撤离其军事基地，这进一步加剧了新加坡所面临问题的复杂性。[1]

为了能够生存下去，经济发展至关重要，因为这是为改善新加坡及其人民生活

1　Ministry of Trade and Industry Website, Singapore's Economic History. Retrieved from http://app.mti. gov. sg /default. asp?id = 545.

提供资源的关键。新加坡投入巨额资金促进经济增长,在政府激励措施和免税期等政策支持下,采取了出口导向型工业化战略,并吸引外资。教育也被视为一个关键因素,在独立后的最初几年,新加坡修建了许多学校。通过这些努力,2005 年新加坡的人均国内生产总值达到近 27 000 美元(合 45 000 新加坡元)。

然而,更令人瞩目的是,尽管新加坡在相对较短的 40 年历史中经历了不懈的工业化、经济飞速增长和快速的城市化进程,但它却成功地将自己打造成为一个清洁、绿色的城市,拥有高品质的生活环境。

环境基础设施的建设

新加坡政府在国家发展的初期就认识到良好环境的重要性,因此需要在经济发展与环境保护之间取得平衡。政府始终认为,清洁、绿色的环境不仅对当代人的生活质量至关重要,也是为未来子孙后代提供良好生活的必要条件。政府还认识到,清洁和绿色的环境有助于吸引投资和留住人才,支持进一步的发展。环境恶化和水资源短缺将导致健康问题及其他严重问题。如果能妥善有效地管理环境和水资源,将极大地提升生活质量,甚至提升经济竞争力。

因此,尽管面临资金需求方面的竞争,新加坡政府从早期开始就对关键的环境基础设施进行了投资。在过去 30 年中,政府在排水系统开发项目上的资金投入达20 亿新加坡元;20 世纪七八十年代,用于污水管网建设和污水处理基础设施的资金投入达 18 亿新加坡元,另有 36.5 亿新加坡元用于建造深层隧道排污系统(DTSS)。在 1977 年至 1987 年期间,用于清理新加坡河的资金超过 3 亿新加坡元;用于建设滨海堤坝的资金为 2.7 亿新加坡元;1973 年,政府投入了 1 亿新加坡元用于建造新加坡第一座焚烧厂,随后又投入了 16 亿新加坡元用于建设其他焚烧厂,并花费 6 亿新加坡元建造离岸垃圾填埋岛。在新加坡成立初期,尤其是资金短缺的时期,这些对环境的大规模投资显得更加有远见。虽然收益是长期的,但成本却是立竿见影的,然而新加坡愿意在必要时向世界银行贷款发展环境基础设施。

对新加坡而言,从未发生不惜一切代价追求经济增长、事后再进行清理补救的情况。时至今日,环境投资仍然是新加坡的重中之重,目的是提升新加坡的环境基础设施并提高其效率。

宣传愿景

　　新加坡政府一直向公众阐明国家对环境问题的重视,使其环境愿景得到所有人的认同和支持。1968 年 10 月,时任总理李光耀发起了首届"保持新加坡清洁"运动,旨在教育所有新加坡人保护公共场所环境的重要性。1971 年,随着植树日的启动,这项年度活动被提升到新的维度。植树日不仅仅是一年中的某一天,它还象征着政府将新加坡打造成一个既清洁又绿色的热带花园城市的愿景,并成为一个延续了 50 余年的传统。1990 年,首个"清洁绿化周"活动启动,包括"保持新加坡清洁"运动和植树活动。此外,清洁绿化周还旨在提高社区对全球环境问题的认识,并鼓励社区参与保护环境。2007 年,"清洁绿化周"更名为"清洁与绿色新加坡",旨在传达一个明确的信息,即环保的生活方式和习惯应该全年实践。从李光耀到吴作栋再到李显龙,在过去的 40 年里,历任总理都强烈表明了保持新加坡清洁的重要性,几乎每年总理都亲自发起这项活动。当总理偶尔无法出席时,通常由副总理主持活动。

建设能力

　　1970 年,为治理空气污染而成立的反空气污染研究院(APU)从一开始就隶属于总理办公室(PMO),这一事实凸显了新加坡长期以来对环境的重视。1972 年 6 月,联合国人类环境会议在斯德哥尔摩举行。此后不久,同年 9 月,新加坡环境部(ENV)成立。斯德哥尔摩会议是首个旨在应对全球环境挑战的国际论坛,新加坡是首批成立专门为其公众创造和维持良好环境的部门的国家之一。

当然,在环境部成立之前,新加坡已有其他组织负责公共卫生和环境相关政务。20 世纪 50 年代,乡镇委员会和市议会这两个地方政府机构,以及政府卫生局协同提供个人和环境卫生服务。这些服务包括供水、卫生设施和污水处理、清洁服务、疾病控制和食品卫生。排水系统则由公共工程局(PWD)负责监管。

1959 年新加坡获得自治权后,地方政府被废除。行政改革将市议会和乡镇委员会与各部委单位整合在一起。公共工程局被划归到新成立的国家发展部(MND)。市议会的市政工程部与公共工程局合并。城市卫生部和乡镇卫生部则并入卫生部(MOH)。[1]

市议会解散后,公用事业局于 1963 年 5 月 1 日作为贸易和工业部(MTI)下属的法定委员会[2]成立,以接替市议会协调新加坡的供电、供气和供水工作。具体到供水方面,公用事业局的具体任务是通过提供充足可靠的水资源,确保新加坡的工业和经济发展以及人民的福祉得以维持。它负责改建和扩建现有的供水系统,规划和实施新的供水计划以满足预计的用水需求,并带头开展节约用水的公众运动。[3] 由于上述这些变化,卫生部负责公共卫生服务,排水系统则由国家发展部负责,公用事业局负责供水。

1972 年新加坡环境部成立时,卫生部和国家发展部下属负责污染控制、污水处理、排水系统和环境卫生的部门被并入这个新成立的部委。1983 年,反空气污染研究院也从总理办公室划归该部。2001 年,鉴于新加坡的集水和供水系统、排水系统、再生水厂和污水处理系统是一个综合水循环的整体,公用事业局重组为新加坡的国家水务局,负责监督整个水循环。国家发展部的污水处理和排水部门移交给国家水务局(原公用事业局)。新成立的国家水务局本身也从贸易和工业部转到了环境及水源部。电力和天然气行业的监管工作原先由公用事业局负

---

1 *Singapore: My Clean and Green Home* (Singapore: Ministry of Environment, 1997).
2 法定委员会是被赋予履行业务职能自主权的组织,其隶属于一个特定的部门,专门负责执行各部委规划和政策。在法律上,法定委员会是根据国会议会法案成立的自治政府机构,该法案明确规定了该机构宗旨、权利和权力。其工作受内阁部长监督。此外,它有自己的主席和董事会。
3 *Water: Precious Resource for Singapore* (Singapore: Public Utilities Board, 2002).

责,现在则移交给贸易和工业部下属的新法定委员会,即能源市场管理局(EMA)。

2002年,新加坡环境部下成立了一个新的法定委员会——国家环境局,该机构整合了环境部的环境公共卫生和环境政策与管理司以及原交通部(MOT)下属的气象服务司(MSD)。该机构旨在打造一个更精简、以政策为导向的部委和一个更精简、以业务运营为导向的法定委员会。政策制定和业务运营实施之间的责任划分将使环境部能够专注于制定战略政策方向和解决关键政策问题。而国家环境局则将致力于有效实施政策。

因此,当今新加坡的环境、水资源以及公共卫生问题全面受到环境部(于2004年更名为环境及水源部)及其两个法定委员会——国家环境局和国家水务局的监督。

长 远 规 划

为了将环境愿景变为现实,新加坡依靠长期的综合规划。这一点至关重要,因为环境是一个关乎千秋万代的长远问题。此外,虽然规划不当的影响可能不会立即显现,但会产生长期后果。保护和改善环境的政策和措施往往会导致短期成本提高。如果没有明确的愿景和长远的眼光,任何城市都很难承担短期成本以实现长期的环境效益。例如,要求各行各业满足严格的空气排放标准必然会增加经营成本,从而可能导致一些投资被拒之门外,造成就业机会流失;限制车辆使用和制定高排放标准可能会不得人心,尤其是在日益富裕的人民希望拥有汽车的情况下;提供适当的卫生设施和充足的水资源需要大量的基础设施支出。这样的环境政策往往要在几十年后才能产生回报。

尽管如此,新加坡在为实现其愿景而付出短期成本代价之后,如今享受到了过去许多政策和建设带来的益处。例如,2008年竣工的滨海堤坝(Marina Barrage)成为市中心的一个水库,这是从1977年开始的新加坡河清理工作的成果。新加坡被评为亚洲最宜居城市[1]和亚洲最具竞争力的经济体[2],是一个既环保宜居又在经济上充满活力的繁华城市的典范。

<h2 style="text-align:center">综 合 规 划 与 发 展 控 制 流 程</h2>

　　环境部的成立并不意味着该部委及其法定委员会为满足和保障自身利益而各自为政。相反,环境部在制定和实施环境政策时采取了一种综合的方法。在这一结构化框架内,所有政府机构共同努力,确定了明确的目标、愿景和共同的成果,协调各机构为实现这些目标所做的努力,并明确分工。这种方法还允许客观地讨论和审议,权衡利弊,并根据国家的整体利益做出最终决定。

　　新加坡的综合规划和发展控制流程或许就是最好的例证。在土地有限的情况下,土地利用规划至关重要,以确保在不防碍发展需求的情况下最大限度地利用新加坡的土地。

　　在宏观层面,新加坡的发展以 1971 年推出的概念规划为指导,每 10 年更新一次。通过由国家发展部和市区重建局(URA)牵头的概念规划程序,来自所有相关政府机构的代表汇聚一堂,共同为新加坡未来 40～50 年的土地利用愿景制定蓝图。它确保土地资源得以妥善利用,以便在新加坡不断发展和人口增长的同时,改善生活质量。在更具体的层面上,总体规划将概念规划中的广泛而长远的战略细化为更详细的规划,甚至规定了每块土地允许的用途和密度程度。总体规划指导新加坡未来 10 年到 15 年的中期发展,每 5 年审查一次。与概念规划类似,总体规划也是一项协作工作,吸纳了各部委的意见。这些部委及其法定委员会负责监督国家发展、环境、贸易和工业以及国防等各个关键领域。

　　撇开土地充足率不谈,合理的土地使用规划在环境保护方面也发挥了重要的作用。首先,要为重要的环境基础设施预留土地,如污水处理设施以及垃圾处理和

1　Mercer HR Consulting's Quality of Living Survey 2007 and 2008.
2　World Economic Forum's Global Competitiveness Report 2007 - 2008.

焚烧设施。未来这些基础设施的土地需求预测也被纳入概念规划中,以便为这些需求预留足够的土地。同时,生态资源丰富的选定区域也得到了保护。

其次,由于土地空间有限,无法在工业中心和住宅区等不相容的开发区域之间留出大面积的缓冲地带。因此,环境控制因素必须纳入土地利用规划并加以考虑,以确保开发项目选址的合理性。主要污染源尽可能集中安排,并尽量远离居民住宅区和人口中心。通过开发控制和规划审批程序,必须向规划人员和技术机构证明项目对环境的有限影响,并与周围的土地利用相协调。必要时,将环境污染控制要求纳入开发设计中,特别是在环境卫生、排水、排污和污染控制方面。高污染行业和可能对环境造成危害的重大开发项目需要进行污染控制研究和环境影响评价,研究范围涵盖所有可能对环境的不利影响,以及为消除或减轻这些影响而建议采取的措施。

这些做法源于时任总理李光耀对工业化影响新加坡环境的关注,以及为此成立的新加坡反空气污染研究院。1970年,反空气污染研究院成立后不久,其首要任务之一就是研究工业对空气的污染影响。其中,石化工业尤其受到该研究院的关注,因为该行业涉及许多复杂的工艺流程,每个工序都有可能排放烟雾和各种废气,如果控制不当或燃烧不充分,就会造成严重的空气污染。因此,该研究院在海外顾问的建议下,提出了控制此类工厂污染的措施。

其中一个例子是火炬系统。[1] 高架火炬系统(废气在高烟囱的顶部燃烧)常用于炼油厂和化工厂。然而,如果火炬系统的燃烧不完全,则会导致烟囱顶部出现刺眼的火焰或长时间排放黑烟和烟尘。因此,除了高架烟囱外,反空气污染研究院还要求石化工厂安装地面火炬系统。这包括一组地面辅助封闭式燃烧器,可实现更完全的燃烧并减少在烟囱顶端燃烧多余气体的需求。然而,实施这样的措施成本非常高昂。因此,反空气污染研究院经常遇到负责吸引跨国公司来新加坡投资的经济发展局(EDB)的阻力,这也就不足为奇了。

李一添,反空气污染研究院首任院长(后来担任环境部常任秘书长和国家水务

---

1 石油化工厂安装的火炬作为燃烧系统,通过在可控条件下的焚烧,为其设施产生的气流提供安全的处置方式,从而确保邻近人员、设备以及环境避免受到危害。

局主席),回忆起早年发生的一件事。当时有一家大型跨国公司计划在新加坡建造一座石油化工厂。这项重大投资对当时新加坡的经济发展非常重要。该跨国公司不愿承担地面炉的费用(当时成本估算为 500 万新加坡元),并且获得了经济发展局的支持,对反空气污染研究院的决定提出上诉。然而,反空气污染研究院直接向总理汇报,总理认为实施这样的预防措施比事后追溯治理工业污染更为可取,因此驳回了上诉,该公司不得不安装地面炉。这为反空气污染研究院随后推出的污染控制措施铺平了道路,使所有行业在获得建厂许可前必须先获得反空气污染研究院的批准。时至今日依然如此——只有在环境保护主管部门确认项目选址不会对环境造成不利影响、项目排放物符合规定标准、产生的废物得到安全管理和妥善处置的前提下,项目才会获得批准。

再次,土地使用规划还考虑对新加坡水源涵养地保护的需要。例如,新加坡于 1983 年制定了水源涵养地政策,旨在控制未受保护的水源涵养地内的开发项目[1]。总体城市化上限[2]被设定为 34.1%,并对 2005 年前预期开发项目实施了每公顷 198 个住宅单位的人口密度限制。开发强度低,再加上严格的污染控制措施,使得新加坡即使从这些未受保护的集水区收集的水源,也能确保水质优良。随后,公用事业局可以采用先进的水处理技术来升级自来水厂,以满足日益城市化地区和未受保护地区的用水需求。因此,1999 年,在继续实施严格的水污染控制措施的前提下,政府取消了城市化上限和人口密度限制。

1983 年的水源涵养地政策展示了规划人员和工程师如何通力合作,在技术不断发展和污染管理实践不断演变的背景下审查和改进政策。因此,采用综合的方法可确保每个机构了解其合作机构的考虑因素和限制,并尽可能地审视和调整自己的计划,从而使新加坡获得更多的净收益。

1　这里是指未受保护水源涵养地内的水源区。除了麦里芝、上佩尔塞、下佩尔塞和上实里达之外,其余都是未受保护的水源涵养地。然而,在本书中,我们对一般意义上的非保护水源区和城市水源区作了进一步区分,后者指的是勿洛水库和滨海水库等项目。
2　这里指的是在水源集水区内可用于开发的总土地面积。

新加坡河清理工程

　　这种综合性和跨机构合作的方式不仅适用于规划,还适用于环境政策和计划的高效执行。跨机构合作最显著的事例就是 1977 年至 1987 年期间进行的新加坡河清理工程。新加坡河位于市中心,1819 年,斯坦福·莱佛士(Stamford Raffles)在此登陆并建立了英国贸易定居点。自那时起,这条河一直是新加坡的经济命脉和商业活动的中心,中央商务区也是围绕着这条河发展起来的。连同加冷盆地流域,这条河覆盖了新加坡大约五分之一的国土面积。到 20 世纪 60 年代,这条河的污染状况变得异常严重。可以想象,其清理计划将是一项艰巨的工程,涉及住房、工业厂房和污水处理系统等基础设施的建设;大规模的拆迁安置工作,包括贫民窟、家庭小作坊、工业和农场(包括养猪场和养鸭场),把街头小贩重新安置到美食中心,以及通过提供发展激励措施逐步淘汰沿河两岸或邻近河岸区域的污染活动。[1]

　　实施这一行动计划需要环境部与市区重建局、公共工程局、建屋发展局(HDB)、新加坡港务局(PSA)、新加坡裕廊镇公司(JTC)和初级生产部(PPD)等部门的共同努力。1987 年,这些机构间的努力成果有目共睹,人人受益。河水自由流淌。河岸曾经布满杂乱无章的船坞、后院手工业和寮屋棚户区的违章建筑,如今已改造成河畔步道和景观公园。鱼儿又回到河中自由玩耍,人们可以参加赛艇和河上游船等活动。如今,沿河岸边开设了露天餐厅、娱乐场所,河景住宅鳞次栉比,为河岸带来了勃勃生机。河口还建有拦河坝,在城市环境中形成了一个独特的水库。

持续创新

　　净化一个国家的环境并使其得以持续,不仅需要明确的愿景和长期、综合的

1　土地被重新划分为价值更高的土地用途,以鼓励地块的重新开发。

规划和实践,另一个关键因素是在政策和技术层面持续改进和不断创新。为了保持领先地位并应对新兴的环境挑战,新加坡一直在不断地寻找创新的解决方案,并利用技术来应对这些挑战。新加坡愿意借鉴其他国家的良好做法,从其他国家的成功实践中汲取经验,或者在没有现有模式的情况下进行创新。新生水及实马高垃圾填埋场(Semakau Landfill)就是新加坡成功创新的两个案例。

新生水

新生水是通过先进的膜技术生产的,每一滴水都可以被多次利用,从而倍增了新加坡的有效供水量。它是新加坡环境及水资源部为确保长期安全、可持续供水的关键支柱。

其他国家在再生水使用方面面临重重阻力,而新加坡民众对新生水的接受度却很高。其中一个因素是 2002 年推出新生水时开展的密集宣传活动。2002 年 8 月 9 日,在国庆阅兵式上,时任总理吴作栋和全体内阁成员与 6 万名新加坡人和外国人一起举杯庆祝新生水,此举将宣传推向高潮。新加坡民众对新生水的强烈支持也归功于他们对新生水背后的安全技术的了解。自新生水推出以来,对其的需求已经增长了数倍,尤其是来自半导体制造等行业的企业,它们非常看重新生水的超纯特性。

新加坡在研发方面的投资,以及有意识地让私营部门参与新生水生产的努力,也推动了新加坡水务行业的蓬勃发展。更重要的是,新加坡现在能够将其开发的解决方案分享给其他城市,不然许多城市未来都将面临水资源短缺问题。新加坡还希望利用这一良好开端,将新加坡发展成为一个全球水资源枢纽和中心,并以 2008 年首届新加坡国际水周(SIWW)为平台,倡导水资源管理方面的最佳实践和水技术的成功应用。

实马高垃圾填埋场——"垃圾的伊甸园"

新加坡有限的土地面积使得环境部必须寻找创新的解决方案以满足国家的垃圾处理需求。新加坡所有的可焚烧垃圾都被焚烧处理，这样可以减少90%的垃圾体积。尽管新加坡有四座垃圾焚烧发电厂，但仍然需要填埋场来处理剩余垃圾和不可焚烧的垃圾。为了避免占用新加坡本土的空间，人们萌生了建立离岸垃圾填埋场的构想。于是，世界上第一个完全利用海域空间建造的离岸垃圾填埋场——实马高垃圾填埋场应运而生。

垃圾填埋场的设计和运营工作经过精心规划，加上国家环境局采取的环境保护和养护措施，确保实马高垃圾填埋场不仅干净整洁无异味，而且是一个蕴含丰富生物多样性的绿色自然环境。这里向公众开放，人们可以参加如观鸟、垂钓和潮间带散步等休闲活动，让每个人都能欣赏到该岛屿所拥有的生物多样性。《新科学家》(*New Scientist*)杂志2007年4月刊专题报道了实马高垃圾填埋场，称其为"垃圾的伊甸园"。

务实有效的方法

政府对持续创新的重要性持有坚定的信念，这也意味着政策的解决方案和方法会随着需求、要求和态度的变化而不断演进，从而以务实和具有成本效益的方式实现环境愿景。在新加坡，切实可行的标准通过立法并得到执行。采用合理的经济分析和经济定价机制来分配稀缺的环境资源。鼓励在合理的情况下通过私营部门和市场参与者降低成本。

如果没有广泛的群众基础，缺乏人民的认识、理解和支持，正确的政策也不会产生良好的结果。因此，公共部门必须与私营部门及民间部门达成共同的目标。

只有通过共同努力,即所谓的 3P[1] 方法,才能取得可持续的成果。

展望未来,经济和人口增长对环境造成的压力将愈发严重。未来面临的主要挑战,如应对气候变化和推动可持续发展等问题,已成为世界各国政府和民众的主要关注焦点。新加坡也不例外,深刻认识到挑战的严峻性。新加坡政府已成立了两个部级委员会,以推动应对气候变化和确保新加坡的可持续发展。

尽管面临的挑战可能是新的,但新加坡秉持的基本信念和原则始终没有改变。新加坡坚信环境是确保新加坡生活质量的至关重要因素。新加坡将继续以长期和综合的方式进行思考和规划,并辅以有效的跨机构实施和执行。私营部门和民间部门将参与政府计划,以利用他们的知识和专长。通过这些战略和行动,新加坡不仅能够更好地应对气候变化和可持续发展的挑战,还能够从需求中创造机遇。

分享新加坡环保经验

新加坡的环境远非完美。还有许多挑战需要克服,还有更高的标准需要达到,还有更广泛的意识和更好的行为方式需要在居民中培养。但新加坡仍是任何城市都可以实现的清洁环境的典范,也是许多城市可以推广和复制的模式,这一点尤为重要。据联合国统计,在 2008 年,全球一半以上的人口居住在城市;而从现在到2030 年,全球 90% 的人口增长将发生在城市中。城市人口激增将对环境造成巨大的压力。然而,只要管理得当,生活在世界各地城市中的人们应该能够享有良好的生活环境,拥有清洁的空气、充足的饮用水和适当的卫生设施。

新加坡的经验也很有借鉴意义。新加坡并非一直整洁,就在不久前,新加坡的道路也很脏、河流也发臭,就像一些发展中国家甚至一些更发达的城市的许多地方一样。新加坡已经向世人证明,历经一代人的努力,人类生存的环境是可以实现向清水、绿地和蓝天转变的。

1　3P方法将主体划分为公共部门(Public Sector)、私营部门(Private Sector)和民间部门(People Sector)。

第二章
清洁的土地和河流[1]

陈荣顺、李东珍和陈爱玲

"我们可以通过将社区置于个人之上这种'先人后己'的方式让新加坡变得更加整洁。关注环境的健康和清洁,是一个成熟、完善的社会标志。简而言之,保护环境是每个人的责任。每个人都与环境息息相关。在瑞士这样的社会里,乱扔垃圾的人会受到严厉的谴责。强烈的社会和舆论压力,让人们养成了良好的环保习惯。我认为新加坡应该有更多这样的同侪压力。许多乱扔垃圾的人仍然不为自己的行为感到羞耻。"

——吴作栋总理在 1997 年 11 月 9 日举行的环保模范工作者颁奖典礼上的讲话

新加坡温暖、潮湿的热带雨林气候非常有利于垃圾快速分解和蚊蝇等病媒昆虫的滋生。20 世纪 60 年代,新加坡人口密度已高达每平方千米 3 000 余人(市区人口密度约为每平方千米 15 000 人),在此背景下,垃圾的不当处置和随意丢弃会对居民健康造成危害,导致传染病迅速传播。

---

1 新加坡环境及水源部授权转载《清水 绿地 蓝天:新加坡走向环境和水资源可持续发展之路》一书的第三章。

　　新加坡在 1965 年独立后,保持清洁始终是新加坡政府必须应对的首要挑战之一。[1] 这是一项迫在眉睫的挑战。在新加坡立国初期,一个清洁的生活环境被视为提高新生国家民族士气和增强公民自豪感的推动力,是激励人民追求更高绩效标准的体现。

　　垃圾清理是一项成本很高的工作,它涉及人力劳动密集的道路清扫、下水道清理任务,以及随后的垃圾收集和处理工作。由于清理这部分垃圾的成本常常是家庭垃圾清理成本的数倍,因此仅从成本考虑就足以说明制止或尽量减少乱扔垃圾行为的必要性。

　　政府还认识到,改善公共环境卫生是实现良好的公共卫生标准的关键步骤,这有助于提高新加坡人民的生活质量。除了为居民提供更舒适的生活环境外,一个干净整洁、没有垃圾的新加坡在吸引游客来访、外籍人才来新加坡就业以及工商业者来新加坡投资等方面也具有显著的竞争优势。

清洁土地

　　基于这些动机,新加坡制定了一项雄心勃勃的行动计划,旨在将新加坡打造成世界上最清洁的城市之一。事实证明,新加坡行之有效的方案包括 4 个部分:提供优质可靠的公共清洁服务,并每天收集垃圾;教育公众保持环境清洁的必要性;严格执法;投资改善基础设施。

提供优质可靠的公共清洁服务

　　新加坡自 1961 年以来,当时隶属于卫生部的环境卫生处便承担起街道清扫的任务。虽然听起来简单,但在当时,街道清扫是一项艰巨的任务。街道清洁工人不

1　导言主要引自 *Singapore Success Story: Towards a Clean and Healthy Environment*（Singapore: Ministry of Environment, 1973）。

得不使用原始笨重的工具,推着笨重的大木头手推车将清扫物运到垃圾箱点。随地吐痰、乱扔垃圾和大量非法倾倒垃圾的现象十分普遍,这让清洁工的工作雪上加霜。尽管垃圾箱被放置在后巷和空地的指定开放区域,但由于人们的不良习惯,这些地方往往成为公共垃圾倾倒场,使清洁工作更加困难。[1]

这些街道环卫工人,也被称为"扫帚队",是日薪雇员(DREs),他们的工资根据每天完成的工作量结算。当时,每名环卫工人都被分配到一个专属"巡逻区",即一段2~50千米长的街道,负责确保所属巡逻区域不存在公共卫生问题。因此,除清扫街道外,环卫工人还需进入下水道清理堵塞物。

为了建立可靠的清洁工作制度,避免出现纰漏,政府修订了劳动法,允许在周日或公共假日工作的环卫工人在其他日期调休一天,而非额外支付工资。这为1968年实行每日公共清洁制度奠定了基础。从那时起,包括周日和公共假日在内,每天的街道清扫和垃圾清理工作从未间断。随着环境与水资源部的成立,环境卫生处被划归新成立的环境部环境公共卫生司(EPHD)。

即使在每日清洁制度实行后,新加坡政府仍不断探索创新方式以提高运营效率。其中一项措施是将公共清洁服务的管理权下放给环境卫生署辖下的各区办事处,将公共卫生服务的监督工作纳入这些办事处的公共卫生主管的职责范围。由于督察员对管辖地区的每个角落都很熟悉,他们能够更合理地安排清洁工作,以达到高水平的绩效。

尽管公共清洁服务的管理权已经下放,但一个更根本的问题依然存在,那就是很难招聘到日薪雇员从事环卫工作。快速增长的经济带来了大量就业机会,这意味着许多人对清洁工的工作避之不及,因为这份工作被视为低级、卑微且烦琐。因此,机械清扫车成为必然的选择。

自1972年机械清扫车首次引入新加坡后,很快就被证明是人工劳动的有效替代品。每辆清扫车通常能够完成三四十名工人的工作量。因此,越来越多的此类车辆被逐步投入道路清洁工作。同时,环境与水资源部还继续寻找其他更

1　这部分内容主要引自 *Singapore: My Clean and Green Home* (Singapore: Ministry of Environment, 1997)。

轻便、设计更完善的省力工具，以执行诸如捡拾垃圾等特定任务。

虽然机械清扫车的引进在很大程度上缓解了公共清洁服务的劳动力短缺问题，但日薪雇员构成的环卫工人群体老龄化问题很快成为新挑战。到 20 世纪 90 年代末，一些环卫工人的工龄已经超过半个世纪。寻找年轻工人接替即将退休的环卫工人的前景十分严峻。毫无疑问，从那些退休环卫工人的角度看，他们工作几十年一直在清扫同一条街道，作为新生代接任者而言，他们的职业前景并不乐观。

基于以上因素，为提高运营效率，环境与水资源部发现，在道路和人行道条件允许的情况下，有必要广泛使用机械清扫车清扫道路和人行道。这进一步减少了需雇佣的环卫工人数量。然而，机械化之路并非一帆风顺，路灯、标志牌和长椅等街道固定设施会妨碍机械车辆（尤其是人行道清扫车）行驶，导致这些区域最终仍需人工清扫。为解决这一问题，相关政府机构被要求确保街道固定设施的放置不会成为清扫车的障碍，以促进人行道清扫车的广泛使用。这项工作还产生了一个意想不到的积极效果：人行道变得对老年人和坐轮椅的残障人士更加友好。

政府还决定将公共清洁服务外包给私人承包商，通过引入私营部门竞争提高效率。如今，全岛三分之二地区的公共清洁服务由私人承包商提供，并计划随着时间推移逐步将剩余三分之一区域的服务外包。

教育公众保持环境清洁的必要性

虽然在过去的 30 年里新加坡实施了高效的公共清洁服务，但政府一开始就意识到单靠公共清洁工作不足以保持街道整洁。民众的合作和参与对控制乱扔垃圾问题至关重要，但这也是最难做到的，因为这需要树立民众正确的公民意识、社会责任感和纪律性。因此，政府采取了双管齐下的方法来培养民众的公民意识——全国公众教育和执法。[1]

1968 年 10 月发起的为期一个月的"保持新加坡清洁"运动，是新加坡进行的

1　这部分内容主要引自 *Singapore Success Story*。

第一个全国公众教育运动。该运动旨在教育民众不要在街道、下水道和公共场所乱扔垃圾,由当时的卫生部长领导的跨部门委员会负责策划和组织。该委员会由具有广泛群众基础或提供专门服务的组织代表组成,包括商会、雇主和工会、政府部门(教育部、内政和国防部、文化部)、警察和公共工程部,以及住房发展局、公用事业局、旅游促进局和裕廊镇管理局等法定机构。这可能是政府内部跨机构合作的最早范例之一。

这场全国性宣传运动有为期一个月的密集活动计划,得到大众传媒持续而广泛的报道,这是触及个人最有效的渠道。电视和广播每天播放广告、新闻片、纪录片、微电影和幻灯片,同时举办巡回展览向农村人口宣传。运动中还巧妙利用了社会压力,通过"抓拍摄影"式风格的影片和照片记录清洁状况不佳的场所和机构,以及在街道上乱扔垃圾的不文明行为。

在校学生是主要的目标受众。由于他们处于易受影响的年龄段,更容易将信息内化并养成良好习惯。为实现这一目标,运动组织了专门针对学生的海报设计和征文比赛。活动月期间,卫生(部门)官员、学校检查员和校长在每所学校至少举办两次关于清洁的专题讲座。老师也会每天提醒学生不要乱扔垃圾,并强调保持校园清洁的重要性。

为促进群众参与,除国家级活动外,政府还鼓励事业单位和私营企业组织自己的"保持新加坡清洁"活动。其中最有意义的是举办评选最干净的办公室、商店、餐馆、市场、工厂、政府大楼、学校和公共交通场所等的竞赛,评委们不仅要评选出十个最干净的场所,还要评选出十个最脏的场所。政府领导层对这项活动给予了大力支持。国会议员与社区领袖一起在选区层面组织活动,让尽可能多的选民参与其中。

尽管全国公众教育运动收到了社会各界的热烈响应,但如果运动结束后不采取一些具体的后续行动,运动的势头就会消退。这项后续行动必须是严格执行反乱扔垃圾的法律。然而,为了让公众有时间适应执法措施,在运动月期间被抓到乱扔垃圾或随意丢弃垃圾的人不会受到处罚,但可能会被警告。这样做的目的是,当运动结束后开始执法时,就不会有人抱怨没有给予充分的警告。

虽然大多数公众都意识到不乱丢垃圾的必要性,也支持对乱丢垃圾者采取强制性执法措施,但不可避免的是,仍有少数人顽固地坚持他们的坏习惯,因此不得不依法处理。政府做出了一个不受欢迎的决定,即对屡教不改的成年违法者依法进行严厉起诉,甚至在媒体上公布他们的名字。在校学生的违法行为会被报告给校长,校长会让他们打扫教室或清扫校园,以示惩戒。

这项全国性的公众教育运动成功地在公众心中树立了这样的观念:随地乱扔垃圾和倾倒垃圾是不可容忍、绝不能姑息的行为。

凭借这一教育运动的初步成功,随后几年的年度运动也沿用了类似模式,除了"保持新加坡清洁"这一基本主题不变外,每年的运动都侧重一个特定的主题。例如,1969 年的主题是"保持新加坡清洁和无蚊",旨在激发公众对预防和控制蚊类滋生的兴趣和参与,从而将蚊子数量控制在较低水平。

1971 年 11 月 7 日星期日,时任副总理吴庆瑞博士在花柏山顶发起了"植树节"活动,将"保持新加坡清洁"运动提升到了一个新高度。这标志着一个新传统的开始,接下来的 20 年里,每年的植树日都在 11 月的第一个星期日举办。植树日是支持热带花园城市倡议的标志性活动,该倡议旨在将新加坡改造成一个清洁、绿色的城市。新加坡首任总理李光耀在他的著作《从第三世界到第一世界》中写道,他致力于将新加坡打造成一个热带花园城市。他说,绿化不仅能提高士气,让人们有强烈的自豪感,也展示了维护工作所付出的努力。植树日特意选在雨季开始的 11 月,以尽量减少浇水次数。

年度举办的宣传活动在许多方面都具有重要的意义。首先,它们使新加坡民众明确了解必须承担的社会责任和遵守的纪律,并为解决一系列重要的公共卫生问题提供了绝佳平台,涵盖从传染病、食品卫生差到蚊虫控制和污染等问题。通过这些宣传活动,公众了解了需注意的公共卫生问题及正在发生的变化,例如每日垃圾收集及公共清洁服务的改善。这些活动还为民众与政府部门之间建立了沟通渠道,并成为衡量公众对新服务和新法规接受程度的标准。

到 20 世纪 80 年代,经过一系列年度宣传活动,政府在环境卫生的多个方面都取得了重大进展,例如控制蚊虫问题、提高个人卫生标准以及控制空气和水污染。

随着城市化进程的加速,自然环境也得到改善,全国公众教育运动的重点相应地从广泛性问题转移到更有针对性的问题,如用塑料袋妥善处理垃圾、公共厕所的清洁以及禁止随地吐痰等。

1990年,环境部启动了第一个"清洁与绿色周"作为环境教育的新途径。植树日活动被纳入了"清洁与绿色周",至今每年"清洁与绿色周"期间仍举办植树活动。

每年11月,新加坡都会开展为期一周的"清洁与绿色周"活动。除继续提高人们对新加坡清洁和绿色环境的认识外,该活动还旨在提高社区对全球环境问题的关注,并鼓励他们参与环境保护。因此,不同年份的主题包括"承诺与责任""意识与行动"和"更美好的生活环境",以便使新加坡民众认识到爱护环境是社会责任的一部分。[1]

1995—2002年,"最干净的小区竞赛"作为"清洁与绿色周"的一项特别计划被举办。这项比赛让组屋区(HDB estates)之间相互竞争,争夺最干净小区的称号,从而鼓励居民停止乱扔垃圾,为保持周围环境清洁尽自己的一份力量。评比内容既包括屋苑的外观,如公共区域是否有垃圾,也包括居民表现出的社会行为。对不负责任的行为,如高空抛物[2]、破坏公物、非法倾倒大件垃圾和在公共区域堆放障碍物等,都会被扣分。

虽然比赛在开始时取得了很大成功,但后来越来越多的人认为这是管理这些组屋小区(包括其清洁工)的市政局之间的争斗,而非居民之间的良性竞争。比赛不但没有鼓励居民主动保持居住环境的清洁,反而导致各镇市政局在清洁工的配备上展开竞争。2007年,"全岛最清洁社区比赛(ICEC)"开始举办,重点是提高居民的社区意识、促进保持居住环境清洁的社会责任感,以及增强居民对社区公共区域的主人翁意识。比赛的评判标准更看重社区在促进居民社会责任方面的努力,而不仅仅是依赖清洁工的劳动。

1　*Singapore: My Clean and Green Home*, p.67.
2　指从高层建筑中抛出的任何可能危及生命安全的物品。

严格执法

虽然公众教育在帮助新加坡赢得清洁绿色城市的美誉方面发挥了重要作用，但如果认为仅凭教育就产生了这样具有变革性的影响，未免过于简单。无论公众教育举措多么成功，总会有一小部分人冥顽不灵。

1968年以前，卫生(部门)官员一直沿用为殖民时代制定的法律开展工作。然而，这套法律不足以应对未来的公共卫生问题，因为过去立法主要侧重于预防传染病的传播和控制流行病，而对环境清洁等其他挑战的关注不足。因此，全面修订所有管理公共卫生事务的主体和附属法律势在必行。[1]

修订法律除了考虑了当时的政治和社会条件以及民众的行为和态度外，还重新评估了可接受的健康卫生标准或要求。最终在1968年，一项新的立法——《环境公共卫生法》(EPHA)应运而生，该立法为当时的卫生部提供了打击乱扔垃圾的法律武器。《环境公共卫生法》取代了1963年《地方政府一体化条例》的第四部分，该部分之前对公共卫生的维护作出了规定。

该法律共分十四部分，涵盖环境卫生的所有领域。特别是第三部分(公共清洁)涉及街道的清洁、垃圾的收集和清除以及公共场所的清洁问题。该法案还引入了针对在公共场所乱扔垃圾和弃置垃圾的全面禁止性条款。根据该法，投掷或留下瓶子、纸张、食品容器、食品和烟头等行为均属于违法行为。在公共场所洒出有毒有害物质或令人反感的物质，以及掉落或洒落泥土，也被视为违法行为。

该法律进一步要求住宅和工业综合体的业主及/或开发商自费配备合适的垃圾收集和处理设施。目前，垃圾站已经是建筑群的必备设施，为垃圾收集车辆提供了方便的垃圾清运点。此外，还引入了压缩设备，以最大限度地利用垃圾站的存储空间，并提高将垃圾转运到焚烧厂的效率。

新出台的法律中有一条存在争议的推定条款，规定在房屋正面发现的任何垃

1　这部分内容主要引自 *Singapore Success Story*。

圾或废物,均推定为房屋居住者丢弃,除非有反驳的证据。由于举证责任在于行为人,该条款起到了一定威慑作用,同时也可能对乱扔垃圾的行为造成社会压力。

该法律规定的大多数违法行为,第一次定罪时罚款不超过 500 新加坡元,第二次及以上定罪则罚款不超过 2 000 新加坡元,这在 20 世纪六七十年代是一笔巨款。如果建筑商、开发商和承包商在施工过程中在公共场所遗留建筑材料,或未采取合理措施防止公共场所人员被掉落的灰尘或建筑碎片伤害,则会面临更严厉的处罚。

为实现改善公共场所清洁状况的预期效果,严格的立法规定必须辅以同样严格的执法。新加坡政府对如何执行立法进行了深思熟虑。首先要考虑的是,应为公众提供足够的途径和机会遵守法律,同时又不给日常生活带来过多不便。例如,政府规定设置数量充足、位置便利的垃圾箱,且这些垃圾箱应定期清空和清洁,以便人们丢弃垃圾。

其次,新加坡通过宣传和解释新法律,以提高公众的认识,并使他们接受预期的行为改变。

再次,新加坡政府非常谨慎地确保法律条文措辞得当,以便在执法过程中做到统一,避免出现随意讨价还价的可能。执法人员在执法时应既坚定又公正。例如,一个人因疏忽掉落垃圾并意识到错误,他将有机会捡起垃圾并进行妥善处理。但如果是故意为之,这个人将受到处罚。此外,虽然每项违法行为的最高处罚或罚款看似严厉,但又适用于屡教不改的违法者。对其他人将适用较轻处罚,如和解。

最后,必须对屡教不改、不遵守法律的违法者迅速采取行动,他们无视法律的行为必须受到严厉惩处。这一点非常重要,因为相较于其他犯罪行为,环境犯罪通常被认为危害较小。违法者在犯罪后应立即受到惩罚,以确保惩罚的威慑效果不会减弱。

为此,《环境公共卫生法》规定的某些违法行为执法程序旨在快速处理,尽量减少文书工作。根据这一程序,乱扔垃圾的违法者会当场收到一张传票,要求其在规定的日期到指定法院出庭。如果违法者认罪,则对其进行简易处理,处以不超过 500 新加坡元的罚款。如果违法者缴纳罚款,便不会再采取进一步行动。如果违法者要求审判,则将确定听证日期。任何未出庭的违法者将被逮捕。

1992 年开始实施的《劳动改造令》(CWO)取代了高额罚款,规定违法者必须从事社区清洁工作,单次最长 3 个小时,总计不超过 12 个小时。这一规定适用于 16 周岁以上、屡教不改或违法行为情节严重者。《劳动改造令》于 1993 年首先在公园、海滩等公共场所实施,随后扩展到住宅小区。劳动改造制度具有惩罚性作用外,还兼具教育感化作用。清理住宅区有助于提高违法者对乱扔垃圾不良影响的认识,并让他们体会清洁工工作的不易。

不足为奇的是,劳动改造制度引发了不少争议,许多人将其视为一种羞辱性手段。虽然大多数人接受劳动改造作为额外惩罚手段,但也有人认为这项举措过于激进,因为新加坡民众还不(容易)接受以劳动代替经济罚款的规定。而在一些发达国家,这种惩罚方式更为常见。尽管如此,政府依然坚持执行这一制度。

这并不是一个轻而易举的决定。然而,为实现新加坡的清洁愿景,政府做好了承受争议的心理准备,坚持严格执法,禁止乱扔垃圾。从长远来看,前人栽树,后人乘凉,当所有人都能享受干净的街道和公共场所时,这一决策将得到验证。

投资改善基础设施——重新安置小商小贩

对改善基础设施的投资在很大程度上帮助新加坡解决了一项重大的公共卫生挑战——流动小商小贩造成的卫生问题。

第二次世界大战后,新加坡失业问题十分普遍。许多失业者走上街头。由于入行门槛低,街头小贩生意兴隆,街头叫卖成为一种繁荣的行业。丰厚的收入吸引了许多受教育程度低、缺乏资金和工作技能的人。

街头小贩的队伍迅速壮大,许多小贩聚集在住宅区便利的空地上及交通主干道旁。虽然街头小贩有碍观瞻,但当时的政府对街头小贩采取宽容的态度,因为这不仅鼓励创业,也为失业者提供了谋生的手段。

到 20 世纪 60 年代后期,新加坡独立后随着工业和经济的迅速发展,就业机会大量增加,家庭成员外出工作并在外就餐的人数也随之增多。人们对价格低廉、方便的小贩食品的需求日益增长,因此,更多的人被吸引到利润丰厚的小贩行业。据估计,小贩的数量曾一度接近 25 000 人,几乎占新加坡人口的百分之一。

街头小贩的迅速增加很快引发了严重的公共卫生问题。街头小贩缺乏适当的设备和设施(如冷藏设备和干净的自来水),许多人不注重个人和食品卫生。食物主要在临时搭建的摊位上制作,无法获得干净的水用于烹饪和清洗餐具。食用小贩制作的食品往往与霍乱和伤寒等食源性疾病暴发相关。那些兜售切块水果、冷饮和冰激凌等易腐食品的小贩尤其存在隐患,因为他们经常使用被污染的水和冰。

没有完善的垃圾管理系统,街头小贩产生的食物垃圾被随意丢弃在街道上,或被扔进排水沟和下水道,导致严重的淤塞和水污染。市场里的农产品小贩也会在摆摊处留下蔬菜废料、家禽粪便、鱼刺鱼骨和其他垃圾。这些垃圾不可避免地流入水道和溪流之中而污染水源。

垃圾堆积导致鼠类、苍蝇和蚊子等病媒生物大量滋生。由于道路和排水沟被小贩临时搭建的建筑及设备用具堵塞,街道清洁工作几乎难以开展。小贩叫卖商品产生的噪声也对附近的学校和公共机构造成干扰。

没过多久,城市面貌便开始恶化。几乎每条街道、人行道和小巷里都有小贩,严重破坏了城市景观。小贩破旧临时搭建物使城市许多地方看起来如同贫民窟。负面的外部影响不仅限于公共卫生问题,许多身体健康的成年人不愿加入劳动力大军,在经济效益更高的部门工作,而是更倾向从事街头小贩行业,因为这被视为一个可以赚快钱的行业。

很快,采取有效政策措施遏制街头小贩的无序扩张就成为当务之急。为了实现这一目标,新加坡政府在 1968 年 12 月—1969 年 2 月进行了全岛范围的街头小贩普查,并决定采取两套行动方案——短期和长期的解决方案。

短期解决方案包括向街头小贩发放许可证,并将他们重新安置至临时地点营业,有效限制了街头小贩的数量,使他们的活动能够受到合理的控制。由于此举并不受街头小贩的欢迎,政府在推行许可证发放工作时与公民咨询委员会成员进行了密切磋商。考虑到政治影响,政府成立了一个委员会负责制定管理有关许可证的政策,并处理投诉和上诉事务。

此次行动中,共有 24 000 名小贩获得执照。其中 6 000 人在市场经营,其余

18 000 人在街头经营。这些小贩获得了临时街头摆卖许可证,被重新安置在小巷、后巷、侧巷和停车场,并尽可能提供连接到下水道的洗涤区域。新的许可证只发放给真正面临经济困难的人。为确保摊位及其周围环境始终保持清洁,政府严格执行《环境公共卫生(小贩)条例》及《环境卫生法》的相关法律条款,对小贩活动进行监管。

许可证发放的目的是识别真正的小贩,最终将他们安置到永久性场所。这是一个长期的解决方案,即在 5 年内将所有街头小贩安置在专门建造的建筑物内。1971 年,住房和发展局首次拨款 500 万新加坡元的启动资金,用于建造永久性的小贩中心和市场,既重新安置了街头小贩,还为新城镇的居民提供了便利,从而实现双重目标。

每个市场兼小贩中心都包含一个市场区和一个熟食区。这些中心配备了必要的基础设施,如污水管道、自来水供水和电力供应,以及用于处理垃圾的大型垃圾站。熟食摊位也设有隔间,并铺有釉面瓷砖。所有小贩中心都设有固定的桌子和凳子供顾客使用,配备的吊扇和卫生间设施也为顾客提供了舒适和方便的用餐环境。

借助初步的成果,新加坡政府开始大规模在新市镇外兴建市场和小贩中心。为了加快这些中心的建设步伐,新加坡政府出台了一项政策,即允许开发商重新开发土地,条件是必须建造一个小贩中心来安置受重建影响的街头小贩。

街头小贩的重新安置工作并非一帆风顺。首先,需要将同一街道上的所有小贩集中安置到附近的一个地点,同时确保没有新的无证小贩占据腾出的街道,这就需要与警方密切协作。尽管环境有所改善,但许多街头小贩仍不愿迁入中心,因为他们认为客流量更大的主干道生意会更好。为了鼓励街头小贩迁入新建的中心,摊位租金被刻意保持在与街头摆摊相同的价格。当时,新加坡政府在决定征收租金时,并非以从小贩处收回小贩中心的建设和维护成本为主要考量。除此之外,还必须让小贩们了解在小贩中心经营的好处。比如,水电等公用设施齐全,而且不会受到天气变化的影响。

为了彻底清理全国的街头小贩,新加坡政府与国会议员、基层领导人以及小贩们密切合作。在许多情况下,国会议员亲自主持摊位抽签,以确保摊位分配的公平性和透明度。整个重新安置计划在 1985 年成功完成，历时大约 15 年。如今，新加坡共有 111 个政府建设的市场和小贩中心，可容纳约 15 000 个摊位。

早期建设市场和小贩中心的主要目的是为街头小贩提供一个永久性安置场所。当时主要考虑的是实用性，而外观则很少得到重视。到 20 世纪 90 年代末，这些中心大多已经有至少 20 年的历史。许多中心的物质条件很差，这使维护成为一项巨大挑战。从外观上，这些中心也未能跟上其所在住宅区的翻新节奏。

因此，环境部于 2001 年决定启动小贩中心改造计划（HUP），在 10 年内投入超过 4.2 亿新加坡元。改造工程包括彻底拆除和重建小贩中心，也包括翻新工程，如重新铺设瓷砖、安装新桌椅、拓宽通道、更换下水道等公用设施、重新布线、改善通风、升级垃圾站和厕所、提供更好的照明，以及通过更好的布局优化空间利用率。

新升级的小贩中心拥有更好的通风和照明、开放式庭院和户外用餐区等设施。小贩中心的建筑外墙和装饰也更加美观，座位安排也更加灵活。厕所经过翻新，不仅提升了质量，还使维护更加便捷。此次升级不仅惠及摊主，也使顾客能在更加舒适、宜人的环境中享用美食。截至 2008 年，在该计划下，110 个符合条件的中心中已有 63 个完成升级。

小贩中心的诞生可能是出于无奈。但如今，许多人认为小贩中心提供了新加坡最独特的就餐体验。事实上，在小贩中心用餐已获得国际认可，派翠西亚·舒兹（Patricia Schultz）在 2003 年出版的《死前要去的 1 000 个地方》中便对小贩中心有过介绍[1]。

新加坡河和加冷盆地清理工程

很多污染土地的物质最终都会污染河流。如果路面上的垃圾不及时清理，就会被雨水冲进下水道，再从排水沟流入涵洞，继而流入运河，最终汇入河流。新加

1　Patricia Schultz, *1 000 Places to See Before You Die* (Kindle Edition, 2003), pp. 495 – 496.

坡河和加冷盆地的清理工程凸显了保持土地清洁的重要性。这样,陆地上的优质生活环境便可延伸到水域。

新加坡河是许多早期定居者的下船点,也是新加坡商业中心的发源地。一个多世纪以来,新加坡河一直与新加坡的传统贸易和商业活动息息相关。多年来,新加坡河和加冷河(两者都是城市集水区的水道)因人口增长、城市化进程加快、工业扩张以及各类废弃物和污染的无节制排放,受到了严重污染。

从 19 世纪初开始,随着越来越多的移民抵达新加坡海岸,许多人在码头和河岸边定居。他们的一些行为,如向水中倾倒垃圾、通过河道排放污水等,预示着这条河不久后将面临严重污染。早期位于新加坡河岸的工业,如槟榔、西米和海藻加工业,也加剧了河道污染。[1]

到 20 世纪下半叶,这些工业的重要性逐渐减弱,但不断升级的污染问题并未结束。沿新加坡河和加冷河发展的港口相关工业蓬勃兴起,包括将货物从大型船只运送到港口的仓库和驳船。造船和船舶维修产业也在加冷盆地兴起。这些产业产生的副产品,如石油、污水和固体废物,要么被直接排放到河流中,要么最终通过排水沟流入河流。[2]

河边社区兴起出售易腐食品的市场。由于市场毗邻河边,任何剩菜剩饭都被随意丢弃到河中。街头小贩也在河边开店,经常将污水和食物残渣倒入下水道,甚至直接倒入河中。沿河建房的寮屋居民没有污水处理设施,有些人甚至还建起了悬空厕所,将粪便直接排入溪流。在这些没有下水道的房舍中进行的后院小作坊和家庭手工业,使问题更加严重,其产生的工业污水也被排入下水道。养猪场和养鸭场数量激增,动物粪便成为河流的主要污染源。[3]

到 20 世纪 60 年代,这些河流基本上成了露天下水道,污染非常严重。随着新

1 Joan Hon, *Tidal Fortunes: A Story of Change: The Singapore River and Kallang Basin* (Singapore: Landmark Books, 1990), p. 27.
2 COBSEA Workshop on Cleaning up of Urban Rivers, Ministry of the Environment, Singapore & UNEP, 1986.
3 *Clean Rivers: The Cleaning up of Singapore River and Kallang Basin* (Singapore: Ministry of the Environment, 1987), pp. 16 – 22.

建的中央商务区沿线办公大楼和酒店的落成,河流的清洁迫在眉睫。

　　与此同时,水库的水资源储备也日益不足。到 20 世纪 50 年代,新加坡人口已达百万,少数几座水库无法储存足够的水以满足人口增长的需求。由于本地水源不足,新加坡主要从马来西亚柔佛州的地不佬河进口引入水源。1963 年的一场旱灾凸显了情况的严重性,本地水库干涸,地不佬河水量急剧减少。新加坡政府不得不实行配给制限水政策。随着高密度住宅项目为容纳激增的人口而大量涌现,供水和保持清洁的工作已不堪重负。因此,建造更多本地水库并全力以赴保持供水清洁成为新加坡未来的头等大事。[1]

　　1977 年 2 月 27 日,时任新加坡总理李光耀在宣布皮尔斯水库启用时曾恰如其分地说:"保持水清,让每一条小溪、每一个涵洞、每一条小河免受不必要的污染,应当成为一种生活方式。10 年后,让我们可以在新加坡河和加冷河垂钓。这是可以做到的。"[2]

　　所涉及的问题远不止于改善新加坡的工程治理方式。工程上的解决方案虽然可以去除污染,但并不能从根本上解决污染的源头问题。对于沿岸众多小贩和棚户区居民来说,这条河既是他们的工作场所,也是他们的家园。仅仅阻止他们污染河流是不够的,必须尽可能为他们提供替代性的生活方式。[3]

　　由于生计岌岌可危,清理河流意味着要为人们开辟另一条通向未来的出路。需要重新安置的人员包括居住在此的非法寮屋居民和农民。后院手工业者、相关产业从业者以及街头小贩必须迁址重新安置。这意味着需要建造住宅、工业车间和食品中心,同时建设完善的污水处理基础设施。要使河流免受污染,在很多方面,就像建设一个新的新加坡,让一条被拯救的河流可以从中流淌而过。这项实际任务无疑是艰巨的,但它只是更大规模社会变革的一个方面。[4]

　　为此,新加坡政府制定了新加坡河和加冷盆地的清理总体规划。规划草案指出,新加坡河和加冷盆地是新加坡城市污染最严重的两个集水区。加冷盆地的水

1　Hon, *Tidal Fortunes*, p.37.

2　*Clean Rivers*, p.8.

3　*Singapore: My Clean and Green Home*, p.30.

4　*Singapore: My Clean and Green Home*, p.31.

源来自加冷河、武吉知马—梧槽运河、黄埔河、芽笼河和佩尔顿运河。规划还指出了面临挑战的范围：

> 总体而言，污染问题可以分为三个方面。在已经配备污染控制设施的地区，需要确保这些设施得到使用和有效运作。在一些尚未配备此类设施但可以通过重建配备此类设施的地区，需要了解重建开发计划，并在必要时推动这些计划的制定和实施。在其余区域，例如路边小贩聚集区、船民聚集地等，无法配备这些设施或从经济角度不可行，需要制定行动计划控制、减少或消除这些污染源。主要目标是恢复加冷集水区和新加坡河的水质，使水生生物能够在水中繁衍生息。应防止或尽量减少以固体和液体废物形式存在的有机和无机污染物。[1]

由于集水区约占新加坡面积的 30％，这对规划人员而言是一个巨大的挑战，他们必须对集水区的所有污染活动进行全面管控。其中包括养猪场和养鸭场、寮屋棚户区、家庭作坊和街头小贩，其中一些与河流的实际距离很远。[2]

起草的草案揭示了这项任务的艰巨性，执行任务不仅限于新加坡环境部下属的部门（如环境卫生、污水处理、排水和街头小贩管理等），还涉及国家发展部、贸易和工业部、通信及新闻部（MICA）和律政部（MinLaw）下属的部门和机构。这些机构包括建屋发展局、市区重建局、裕廊镇公司、初级生产部、新加坡港务局、公共工程局和公园康乐局（Parks and Recreation Department）。[3]

约有 46 000 个没有排污设施的寮屋住户受到清理工作的影响。加冷盆地的寮屋数量非常多，5 个集水区中有约 42 000 个寮屋住户，而新加坡河集水区则有约 4 000 个寮屋住户。其中包括约 26 000 个家庭居民、610 个养猪农户和 2 800 个家庭作坊和小型工商业从业者。[4]

1　Hon, *Tidal Fortunes*, p. 42.
2　Hon, *Tidal Fortunes*, p. 43.
3　*Clean Rivers*, p. 24.
4　COBSEA Workshop on Cleaning up of Urban Rivers.

　　这些寮屋居民是根据 20 世纪 60 年代推出的安置政策被重新安置的。根据该政策,所有受重新安置影响的个人和商业机构都将获得重新安置和补偿。然而,这些福利只适用于新加坡人。一些寮屋居民并非新加坡人,因此无权享受安置福利。如果他们被强制驱逐,可能会沦为无家可归者,露宿街头。这些都是敏感问题,政府不能用冷漠无情的方式解决。在可能的情况下,非新加坡籍的寮屋居民可以租住公寓。在安置过程中出现的另一个问题是,寮屋居民所占用的土地是私人所有还是国有。如果是国有土地,政府可以轻松地重新安置他们,然后修整空置的土地。但如果是私人土地,政府就必须征用土地,这并不是一个受欢迎的举措。因此,寮屋居民的重新安置是一个相对缓慢的过程。[1]

　　位于加冷盆地的 610 个养猪场和 500 个养鸭场最初被迁移到榜鹅。然而,到了 20 世纪 80 年代中期,为了根除这些污染环境且不卫生的产业,同时也为了保护新加坡有限的土地和水资源用于住房和工业,新加坡决定彻底淘汰这些产业。[2]

　　1971 年,出于卫生方面的考虑,开始实施小贩安置计划,将街头小贩迁移到专门建造的小贩中心和市场。河流清理项目加速了该计划的推进。集水区内近 5 000 名街头小贩被迁移到如驳船码头、皇后坊和牛车水等地的小贩中心和市场。为了避免小贩失去顾客,新建的小贩美食中心紧挨着小贩原本经营的街道。传统上在步行街、街道和没有适当设施的空地上经营的蔬菜批发商也被转移到巴西班让(Pasir Panjang)批发市场。[3]

　　为了防止驳船经营者及其住在船上的家人向河流中排放人类排泄物、污水和其他形式的废物,在巴西班让建立了货物装卸、储存和停泊设施,以便将驳船搬迁到那里。到 1983 年,驳船已全部搬迁。鉴于这一决定对新加坡转口贸易的潜在影响,新加坡政府经过仔细权衡和深思熟虑后得出的结论是,逐步淘汰驳船运输

1　Hon, *Tidal Fortunes*, p.73.

2　Regional Workshop on Area-Wide Integration of Crop-Livestock Activities, FAO Regional Office, Bangkok, Thailand, 1998.

3　Hon, *Tidal Fortunes*, p.93.

并非不可取,因为这意味着从双转移系统转向单转移系统,使船舶直接靠泊码头,从而简化了流程。最初,有许多关于巴西班让的驳船停泊处的投诉,称那里的海浪比河流的避风水域更猛烈,而且距离太远,因为大多数驳船经营者都住在牛车水地区。为了减轻搬迁带来的影响,人们修建了防波堤以缓冲波浪,并设立了食堂提供食物。食堂还有助于减少在船上做饭并将产生的垃圾扔到水中的行为。4年后,尽管驳船工人最初对此抱怨不已,但最终对迁往巴西班让还是感到满意。[1]

加冷盆地集水区内还有约66家造船厂和修理厂。如果一次性将它们都赶走,未免太过苛刻。如果让它们通过自然减员的方式消失,又需要太长的时间。因此,双方达成了一个折中的方案:大型造船厂被要求升级运营以满足防污染要求。在可能的情况下,还建议邻近的小造船厂也加入这些大型造船厂,以便以更经济、技术上更可行的方式提供污染控制设施。那些无法升级运营并符合污染控制要求但仍具备生存能力的小型造船厂,则可在裕廊另选地点经营。[2]

在主要污染源得以解决后,新加坡政府对河道和河岸上堆积的垃圾和淤泥进行了疏浚和清理,在为期一个月的清除行动中,共收集并处理了超过260吨垃圾。1986年,公共工程局对新加坡河沿岸的河滨人行道进行改善并铺设了瓷砖,公园康乐局则在河岸进行了景观美化。同年,环境部启动了加冷盆地的环境改善工程,河床经过疏浚,清除了底部的淤泥,并覆盖了1米厚的沙子。加冷盆地的某些地段也覆盖了沙子,营造出美观的沙质河岸。[3]

此次清理行动政府耗资近3亿新加坡元(不包括安置补偿费用)。除解决污染源问题外,新加坡政府还采取一些工程措施以防止进一步的污染进入河流。例如,在垃圾多发区的排水沟上铺设了石板,在通往主运河干道和河流的选定排水口安装了垂直格栅,并在河流和运河上安装浮栅以拦截塑料袋和瓶子等无机垃圾。[4]

1　Hon, *Tidal Fortunes*, p. 91. and COBSEA Workshop on Cleaning up of Urban Rivers.
2　Hon, *Tidal Fortunes*, p. 82, and COBSEA Workshop on Cleaning up of Urban Rivers.
3　*Clean Rivers*, p. 28.
4　Naidu Ratnala Thulaja, "Clean Rivers Education Programme and Clean Rivers Commemoration" (2004). Retrieved from http://infopedia.nl.sg/articles/SIP_398_2004-12-23.html.

　　该计划于1987年9月完成,举国欢腾。河水可以自由流淌。曾经被杂乱无章的船坞、后院手工业和棚户区塞满的河岸,发生了惊人的转变,令人难以置信地变成了迷人的滨河步道和景观公园。随着清理工作的完成,鱼类和其他水生生物重新回到河流中。人们也重新回到河畔放松身心,或在新加坡重新整治的河道中嬉戏玩耍。[1]

　　清理团队由环境部常任秘书李一添领导,他后来成为公务员主管。他和其他9人因清理新加坡河的杰出贡献而分别获得总理颁发的金质奖章。[2]

　　1987年清理工作完成后,环境部启动了"清洁河流教育计划",旨在教育公众了解新加坡为清理水道所付出的巨大努力,并敦促他们以负责任的行为方式,为这项工作作出自己的贡献。[3]

　　清理工作结束后不久,时任总理李光耀在一次电视采访中表示:

　　　　"20年后,防污和过滤技术可能会有所突破,届时我们可以在Marina滨海口(即入海口,连接大海的颈部)筑坝或建拦河坝,形成一个巨大的淡水湖。这样做的好处显而易见。首先,可以提供大量的战略性淡水储备,以备不时之需,如干旱等情况。其次,这有助于防洪控制,因为在每年两次的特大潮汐期间,如果与暴雨同时发生,三条河流和运河可能会淹没城市的部分地区。现在有了拦河坝,我们可以控制洪水。拦河坝还可以保

1　*Singapore: My Clean and Green Home*, p.32.
2　1987年金质奖章获得者:

李一添	新加坡环境部常任秘书
陈义宝(Tan Gee Paw)	新加坡环境工程司司长
王南志(Daniel Wang Nan Chee)	新加坡环境部公共卫生处处长
卢亚短(Loh Ah Tuan)	新加坡环境部公共卫生司副司长
张国明(Chiang Kok Meng)	新加坡环境部污染控制司司长
T. K. 皮岚(T. K. Pillai)	新加坡环境部排水司司长
陈丁发(Tan Teng Huat)	新加坡环境部污水处理司司长
黄景文(Wong Keng Mun)	新加坡环境部小贩司司长
杨荣杰(George Yeo)	新加坡环境部环境卫生司副司长
陈鸿(Chen Hung)	新加坡前环境部环境工程司司长

3　Thulaja, "Clean Rivers Education Programme and Clean Rivers Commemoration".

持水位稳定,不再有低水位。因此,这对于改善休闲娱乐用途和提升景观效果有着重要作用。在未来的 20 年内,这是有可能实现的,因此我们应继续改善水质。"[1]

新加坡河和加冷盆地的清理工作已成为其他河流的典范,并开启了在城市中建造水库的愿景进程。如今,这一愿景已成为现实。随着滨海堤坝的建成,新加坡将拥有新的淡水来源、缓解城市洪涝灾害的能力,以及一个新的休闲娱乐和振兴场所。正如人们所说:"这是可以实现的。"

保护新加坡的自然遗产[2]

保持土地和河流清洁不仅有利于公众健康,并带来更高质量的生活环境,还有助于通过防止自然生态系统受到污染来保护新加坡的自然遗产。

新加坡的保护模式是在小城市环境中实现环境可持续发展,在发展与保护之间取得平衡。具有代表性的主要本土生态系统区域作为宪报公布的自然保护区,受到政府的法律保护。新加坡有 4 个自然保护区,分别是武吉知马自然保护区、中央集水区自然保护区(由原始森林、成熟次生林和淡水沼泽组成)、双溪布洛湿地保护区(保护红树林,同时也是鸟类保护区)和拉柏多自然保护区(由沿海次生植被和岩石海岸组成)。这些自然保护区的总面积超过 3 000 公顷,约占新加坡陆地面积的 4.5%。除自然保护区外,新加坡的绿地、公园连接线和水体网络覆盖了其土地面积的另外 4.5%。通过精心管理,这些区域也得到优化,以提升城市生物多样性。即使是新加坡的离岸垃圾填埋场——实马高岛,也打破了人们对垃圾填埋场脏乱不堪的刻板印象,成为一个拥有丰富生物多样性的绿色自然环境。岛上有超过 13 公顷的红树林,为繁茂的动植物群落提供了庇护。此外,为了最大限度地提

---

1 Hon, *Tidal Fortunes*, p.104.
2 来自新加坡国家公园管理局(NParks)的信息。

高自然生长的珊瑚存活率，实马高岛附近还建立了一个珊瑚苗圃，珊瑚碎片可以在苗圃中生长，然后移植到现有的珊瑚礁栖息地。

尽管新加坡是一个小岛国，但通过这些保护工作，新加坡可称得上是一个生物多样性丰富的国家。例如，新加坡约有 360 种鸟类，是英国 568 种鸟类的 63％以上。在印度-太平洋地区发现的 23 种海草中，新加坡就有 11 种。新加坡还拥有250 多种形成珊瑚礁的硬珊瑚，约占世界硬珊瑚种类的 30％——新加坡水域每公顷珊瑚礁的珊瑚种类比纵贯澳大利亚东北沿海的大堡礁还多。

病媒传染病

政府为清理土地和水道而建立的制度和程序性措施，极大改善了新加坡的环境公共卫生状况，特别在控制传染病传播方面成效显著。首先，街头小贩被重新安置到专门建造的食品中心，最大限度地降低了在不卫生条件下制作食物的可能性，从而减少了食源性疾病和食物中毒的发病率。其次，随着垃圾管理方法的改进，啮齿动物的数量得到控制，使这些病媒动物失去了食物来源，这有助于这些年来保持较低的啮齿动物（鼠类）传播疾病的发病率。

高标准的公共清洁所带来的最显著影响，或许是帮助新加坡应对蚊媒疾病的威胁，因为蚊子的滋生往往与恶劣的卫生条件密切相关。特别是在第一次世界大战前和第二次世界大战期间及战后不久，疟疾曾是新加坡面临的最具威胁性的蚊媒疾病。幸运的是，20 世纪 70 年代的快速城市化，使曾经有利于疟疾病媒疟蚊滋生的丘陵和沼泽地带逐渐消失。

虽然这在很大程度上减少了病媒繁殖源，但如果没有强化的综合疾病控制计划支持，就难以很好地控制这种疾病。在这一计划支持下，新加坡建立了完善的流行病学监测体系，能够迅速检测、发现并消除传播源，从而防止病媒传播疾病的再次流行。通过不懈努力，新加坡的疟疾控制计划终于在 1982 年 11 月 22 日取得成功,当天新加坡被列入世界卫生组织官方登记的疟疾消灭地区名单。[1]

尽管新加坡地处疟疾流行区,但"无疟疾"状态一直保持至今。如今,尽管新加坡的疟疾发病率持续处于低位,且大部分病例为输入性病例,但政府仍然对疟疾和存在于一些排水不畅地区的病媒保持高度警惕,以确保疟疾没有卷土重来的可能。

然而,蚊媒疾病的威胁远未结束。在本土疟疾被根除后,新加坡很快又面临另一种蚊媒疾病——登革热。登革热的传播媒介伊蚊对城市化的家庭环境有很强的适应性。它们通常在屋顶排水沟、观赏花盆托盘和家中生活用水容器等地方的死水中繁殖。其繁殖栖息地与人类宿主距离很近,而且登革病毒在某个国家或地区存在,也意味着当地人群始终面临着被感染的风险。由于伊蚊能在相对干净的水中繁殖,登革热在可预见的未来将继续存在。

新加坡地处登革热流行的东南亚地区,同样未能幸免于这一公共卫生问题的威胁。到 20 世纪 60 年代中期,登革热已取代疟疾,成为新加坡最具威胁性的蚊媒疾病。1964 年,当时的卫生部成立了病媒控制和研究小组(Vector Control Unit, VCU),以减少疾病传染源为控制重点,制定了一套全面的登革热控制体系。政府同时意识到,要在初期疫情控制后维持有效防控,必须让民众参与,而这只能通过执法部门与公众教育协同配合来实现。[2]

因此,1968 年新加坡政府颁布了《消灭病媒昆虫法》(Destruction of Disease Bearing Insects Act, DDBIA),以取代英国殖民政府统治期间颁布的过时的《蚊虫条例》(Mosquito Ordinance)。《消灭病媒昆虫法》赋予政府更多权力,以便对有意或无意传播病媒昆虫的个人实施更严格、有效的管控。该法案颁布后,政府对滋生蚊虫的个人实施了有限度的管制。翌年,政府发起为期一个月的全国性"保持新加坡清洁和无蚊"运动,旨在教育公众并尽可能广泛地动员社区参与灭蚊。公众首次意识到病媒传播疾病的严重性,并认识到自身有责任采取行动遏制其传播。通过

1　K. L. Chan, *Singapore's Dengue Haemorrhagic Fever Control Programme: A Case Study on the Successful Control of Aedes Aegypti and Aedes Albopictus Using Mainly Environmental Measures as a Part of Integrated Vector Control* (Southeast Asian Medical Information Center, 1985).

2　K. T. Goh, ed., *Dengue in Singapore* (Singapore: Institute of Environmental Epidemiology, Ministry of the Environment, 1998).

实施涵盖公众教育、执法和源头减少的综合登革热病媒伊蚊控制系统，从 20 世纪 70 年代中期起，新加坡成功实现了对病媒种群的长期抑制，病媒传播疾病状况也得到相应改善。[1]

1998 年，政府用《病媒和杀虫剂控制法》(Control of Vectors and Pesticides Act)取代了《消灭病媒昆虫法》。这部新法律加强了政府在消灭病媒和控制病媒传染病方面的权力，还规定对杀虫剂和病媒驱虫剂的销售和使用进行控制，以及对从事病媒控制工作人员进行注册、许可和认证，以提高这些人员的专业水平。

自 20 世纪 90 年代初以来，新加坡与世界上许多国家一样，经历了登革热的复发。就当地情况而言，以下因素的相互作用可能助长了这一趋势。首先，新加坡快速的城市化有利于蚊虫的繁殖和传播，助长了登革热复发；其次，全球旅行人数增加，大大加快了登革病毒的输入速度；此外，虽然几十年来密集的病媒控制行动成功抑制了蚊子的数量，但也导致了当地人群的免疫力下降。这意味着，尽管伊蚊数量相对较少，但人群变得更容易受到感染，病毒传播也很容易持续。4 种不同登革病毒血清型的存在，进一步加剧了问题的复杂性。

新加坡的登革热传播形势不容乐观，国家环境局坚持不懈地开展登革热综合防治工作。鉴于登革热疫苗不太可能在短期内问世，减少蚊虫滋生源成为国家环境局控制蚊虫战略的重点，因为只有在疫情暴发期间，以及更重要的是在疫情间歇期(非流行月份)通过密集的源头控制，才更有可能阻断和预防疾病传播。

新加坡对登革热监测已发展成为一种综合方法，包括来自医疗界的被动和主动病例监测、现场的昆虫学监测，以及实验室的病毒学监测。首先，收集准确、及时的"地面情报"。大约有 500 名现场工作人员收集昆虫学数据，进行源头控制，并在场所内执行蚊虫滋生的控制措施，以减少伊蚊滋生的发生率。同时，环境卫生研究所(EHI)负责对收集到的蚊虫进行病毒学监测和蚊虫种类鉴定。这些信息输入地理信息系统(GIS)，该系统的追踪数据来自卫生部获得的登革热病例报告的时空分布情况。地理信息系统可及时检测到任何异常的病例聚集，然后触发流行病学调

1　K. T. Goh, ed., *Dengue in Singapore* (Singapore: Institute of Environmental Epidemiology, Ministry of the Environment, 1998).

查以确定疾病传染源,同时加强密集的搜索和清除行动,以消除这些感染源,从而减少疾病传播。

其次,实施主动监测和减少疾病传染源。减少疾病传染源不仅限于报告病例聚集的地区或时间段。而是采取一种先发制人的方法,分析利用蚊子种群的空间和时间分布、本地流行的主要登革病毒血清型的地理分布,以及特定地区环境温度和人群易感性等信息。据此根据不同地区登革热疫情暴发的可能性划分重点区域,从而在人员部署上进行优先排序,根据评估的风险水平开展预防性减少疫源的工作。这种积极主动的监测可将问题扼杀在萌芽状态,使其没有机会升级为疫情大暴发。

再次,国家环境局注重提高行动效率。该局的环境卫生官员在一线工作多年,非常善于寻找蚊虫滋生地,许多人还掌握了发现异常滋生地的诀窍,这使得大多数集群病毒传播得以迅速中断。

最后,也是最重要的是,国家环境局采用了持续跟踪和评估系统。在每个聚集区的登革病毒传播成功控制后,国家环境局继续对该地区的蚊虫活动进行长达两周的检测,以确保传染源被彻底消除,传播得到彻底控制。

国家环境局认识到,仅靠政府无法完全解决蚊子问题,因此持续积极通过一系列密集的公众教育和社区宣传活动,鼓励社区和其他利益相关者参与。多年来,该局建立了基层志愿者网络,帮助向登革热疫情暴发地区的居民传播预防信息,确保在最短时间内遏制登革热传播。通过跨机构的登革热工作组,其他地方政府机构协同发力,共同加强和深化灭蚊工作。

尽管世界卫生组织[1]认为新加坡的登革热控制计划是世界上最成功的计划之一,但完全消灭传播登革热的蚊子并不可能。此外,由于新加坡已成功将蚊虫数量控制在较低水平,更加密集的病媒控制工作可能仅会使登革热疫情略有改善。所

---

1 除了存在死亡风险外,登革热还会引发健康问题,并造成严重的社会和经济损失。这种疾病经常成为新闻焦点。尽管目前预防和控制登革热的手段并不完美,但 20 多年来一直行之有效。如果登革热成为人人关心的事情,登革热控制工作就会奏效。一些国家已经成功地控制了登革热这一日益严重的威胁,例如新加坡和古巴。然而,一些国家目前的登革热控制项目资源不足。(WHO South East Asian Regional Office, Press Release, 14 February 2007.)。

以需要基于对病媒和病毒科学理解的新方法，以实现进一步突破。

利用科研成果控制疾病

成立于 1964 年的病媒控制和研究小组是一个咨询和研究机构，为新加坡的病媒控制行动提供实验室支持服务。该小组后来更名为病媒控制与研究部（VCRD），并于 1992 年 2 月接管了病媒控制业务，以简化规划、研究和业务之间的协调和指挥关系。然而，病媒传播疾病的科学研究大多基于"临时需要"，委托给科研机构、大学和医院实验室进行。除这些研究外，一些关于病媒生物学和行为的实验室研究也在病媒控制与研究部下属的内部实验室开展。除此以外，新加坡对病媒传播疾病的研究相对缺乏条理性和系统性，因为人们认为将此类研究外包给私营部门比建立内部研究能力更具成本效益。

生物医学研究领域竞争激烈，这意味着各个研究机构都有自己的研究重点和优先事项，而这些通常与负责公共卫生的政府机构的研究优先事项不一致。从政府角度看，建立公共卫生研究能力是满足国家需求的必要举措。拥有这样的能力，政府能够更好地准备应对和处理疫情暴发以及新病毒出现等情况，更重要的是，能够在不依赖海外实验室的情况下检测到这些疾病进入新加坡。

这一能力的开发得益于新加坡环境卫生研究所的成立，该所于 2002 年 4 月作为国家环境局环境公共卫生部门下属的一个部门设立。环境卫生研究所的职责十分明确，即通过研究病媒生物、病媒传播病原体及其控制措施，支持其作为负责病媒控制的国家权威机构。该研究所的使命是确保在面对不断增长的人口、加快的城市化进程以及新出现的环境健康相关传染病时，新加坡的环境公共卫生标准不会受到影响。

环境卫生研究所的愿景是利用科学研究和最新的生物医学技术，更好地了解病媒及其传播的疾病(特别是伊蚊传播的登革热)。同时对当地人群易受病媒传播疾病影响的程度进行风险评估，并开展应用研究，以制定新颖、创新和具有成本效益的疾病预防策略。

吸引合适的人才加入研究所是重要的第一步。随着生物医学产业的迅速发展,生物医学研究人员并不缺乏就业机会。关键在于吸引那些有志在公共卫生研究领域开创事业,并愿意与一个没有任何业绩记录的新生机构共进退的优秀人才,因此研究所在招聘人才方面不遗余力。研究所从成立之初不到 20 名员工的较小规模,发展到 2008 年拥有 40 名员工,其中 9 名研究人员有研究生学历,25 名研究人员有本科学历。

随着时间的推移,研究所的研究也从最初以登革热和乙型脑炎为中心的病媒传播疾病为重点,逐渐拓展为 5 个项目,即监测、病媒研究、流行病学、诊断和致病性,以及室内空气质量,每个项目都配备了受过相关学科培训的专家。这一举措不仅是研究计划的细化,更标志着环境公共卫生研究采用综合方法,将临床和实验室监测与病媒控制行动结合起来。

环境卫生研究所与 2003 年的非典(SARS)疫情

虽然环境卫生研究所成立之初的目的主要是进行病媒传播疾病的研究工作,但在 2003 年的非典疫情防控期间,它也积极贡献了专业知识,同意在其实验室培养活体 SARS 病毒。这种活体病毒(培养)对于研究 SARS 冠状病毒和开发诊断试剂盒是必需的。

不幸的是,一名学生在实验室工作时感染了非典。新加坡政府迅速采取补救措施,暂停了研究所内的所有活动,并邀请一个由国际和本地专家组成的审查小组对实验室的生物安全程序进行审核,并就加强研究所工作程序的措施提出建议。通过采访和对实验室样本的化验调查,审查小组发现,感染是由于实验室操作不当以及西尼罗河病毒样本与严重急性呼吸系统综合征(SARS)冠状病毒交叉污染造成的。随后,对生物安全三级(BSL-3)实验室进行了消毒,并将其降级为生物安全二级(BSL-2)。

对环境卫生研究所和新加坡来说,这次事件是一个令人警醒的教训,凸显了在高安全等级实验室运行过程中管理固有风险的重要性,以及建立健全的生物安全框架以规范研究活动的必要性。自那以后,研究所实施了更严格的生物安全程序,研究人员也接受了生物安全方面的强化培训。

2005年,环境卫生研究所迁入新加坡生命科学研究中心Biopolis,开始了新的篇章。该研究中心除了拥有生物安全三级高级隔离实验室外,还配备了节肢动物三级隔离实验室(ACL-3),这使得环境卫生研究所能够扩大研究范围,以应对更多具有公共卫生重要性的病媒传播疾病。更重要的是,该研究所制定的各种生物安全程序使其能够符合2006年颁布的《生物制剂和毒素法》的要求,该法律旨在规范生物安全三级实验室处理此类生物制剂和毒素的安全操作。

生物安全三级实验室为监测和研究高风险病媒传播病毒(包括西尼罗河病毒、日本脑炎病毒、基孔肯亚病毒和汉坦病毒)提供了适宜的环境,而节肢动物三级隔离实验室则允许对感染病毒的蚊子进行研究。在此之前,大部分研究都集中在传播疾病的病媒上。然而,病媒传播的疾病因多种因素的相互作用而复杂化,这意味着有必要全面理解病毒、宿主和环境因素在疾病传播中所起的作用。为此,研究所借助新设施,能够更好地直接研究致病病毒,从而更全面地了解问题本质并寻找可能的解决方案。

为登革热预防工作作出贡献

2005年,在登革热疫情复发期间,环境卫生研究所的能力经受住了考验。当时,该研究所刚完成基于聚合酶链式反应(PCR)的诊断检测方法的开发,该方法可以在发病首日准确检测出感染血液样本中的登革病毒及其血清型。这项新技术将诊断和血清分型时间从数周(使用当时的病毒分离黄金标准)缩短至不足1小时。

准确快速的诊断对登革热防控至关重要。它对患者管理和病媒控制措施也至关重要,可以最大限度地降低疾病的进一步传播和扩散的风险。在2005年新加坡登革热疫情中,该测试提升了临床医生诊断的准确率。借助这一成功经验,环境卫生研究所继续开发出一种能够检测唾液中登革病毒抗体的试剂盒。这种非侵入方法具有早期检测疾病的潜力,目前正处于现场试验阶段。

除了提高登革热的诊断能力外,环境卫生研究所还加强了监测系统,以便及早发现在人群中传播的新主要血清型。该系统利用紧密的医务工作人员网络,收集出现登革热症状患者的血样,并将其送往该研究所实验室进行检测和诊断。例如,2007 年对登革热 1 型向登革热 2 型转变的早期检测,使病媒控制应对措施能够更迅速地启动,以减轻后续登革热疫情暴发的影响。此外,2005 年和 2007 年,在淡滨尼的多个地区检测到罕见的登革热 3 型血清型,也促使这些地区加大力度,防止该血清型向新加坡其他地区传播。自 2006 年起,该研究所进一步扩展此监测系统,包括对基孔肯亚病毒、西尼罗河病毒和汉坦病毒的监测。

环境卫生研究所的研究还有助于更好地了解蚊媒生物学。在一项关于登革热病媒蚊子(埃及伊蚊和白纹伊蚊)扩散范围的研究中,该研究所发现,这些蚊子可以轻松而迅速地在半径为 320 米的区域内扩散以寻找产卵地点。这与人们普遍认为埃及伊蚊在其生命周期中飞行距离很少超过 50 米的观点形成了鲜明的对比。在同一研究中还发现,在一栋 21 层公寓楼的第 12 层释放伊蚊后,蚊子同样可以轻松、快速地分散到公寓楼的顶层和底层。这项研究成果于 2004 年发表在国际期刊上,并获得英国皇家昆虫学会 2004—2005 年度医学和兽医昆虫学最佳出版物奖。这些发现为优化现有的病媒控制方法提供了坚实的科学依据,如扩大减少病媒源的地理范围,以确保取得更好的效果。

环境卫生研究所的研究还改变了控制蚊媒的方式。例如,研究所进行的试验发现,使用苏云金芽孢杆菌以色列亚种(Bacillus thuringiensis strain israelensis,Bti)可以有效控制建筑工地的蚊子滋生。苏云金芽孢杆菌以色列亚种是一种生物病媒控制剂,可通过破坏蚊子的消化道来消灭蚊子幼虫。与化学杀虫剂相比,苏云金芽孢杆菌以色列亚种对人类和其他动物无毒,对环境无害。这一发现使苏云金芽孢杆菌以色列亚种作为一种灭蚊方法取得成功,并得到广泛应用,特别是在新加坡的许多建筑工地。该研究所还进行了其他试验,包括使用传统的用于控制疟疾的滞留喷雾剂控制登革热。

随着环境卫生研究所的研究能力得到越来越多的认可,该研究所逐渐超越了支持国家病媒传播疾病控制计划的角色,开始与新加坡公共卫生研究的其他领域进行合作和支持。环境卫生研究所的科研团队与国内外学术团体、研究机构和组织合作,不断地寻找具有相关专业知识的合作伙伴,开展知识和专业技能的互相交流。作为登革热联盟和疟疾联盟的成员,环境卫生研究所与新加坡其他主要研究机构密切合作开展项目,包括啮齿动物传播疾病监测等项目。环境卫生研究所还支持本地和海外制药公司开发抗登革病毒的药物,为处于试验阶段的制药公司提供病毒检测等支持服务,并分享本地病媒传染疾病情况的相关信息。

尽管环境卫生研究所已经具备相当可观的研究能力,但该研究所仍然敏锐地意识到,需进一步了解这种疾病,以加强新加坡自身传染性疾病的控制工作。因此,该研究所一直在积极地与其他研究机构交流信息。2007 年,新加坡国家环境局与古巴的佩德罗·库里(Pedro Kouri)热带医学研究所签署了一项谅解备忘录,就登革热监测、控制和研究等各种项目开展合作。古巴的该研究所以其登革热控制方案而闻名。

登革热或基孔肯亚出血热等疾病不受地理边界或社会经济地位的限制。新加坡无法在对抗登革热行动中孤军奋战。为此,环境卫生研究所已开始协助发展中国家开展能力建设,帮助这些国家加强疾病监测能力,从而减轻其疾病负担。为回报世卫组织等国际组织在新加坡发展初期给予的帮助,该研究所协助世卫组织西太平洋区域办事处(WPRO)制定传染病研究计划以及亚太地区登革热控制战略计划。

除病媒和病媒传播病毒研究外,环境卫生研究所的另一工作重点是收集科学证据,为制定环境公共卫生政策提供支持。这在 2006 年评估娱乐场所室内空气质量的工作中尤为显著,为娱乐场所实行禁烟措施奠定了基础。研究人员在这些场所测量了包括室内和室外的可吸入颗粒物和一氧化碳水平等指标。通过对禁烟令实施前后一个月的空气质量测量结果进行比较后发现,室内主要空气污染物水平显著降低,从而证明了室内禁烟令的价值。该研究所还对水疗池水中军团菌感染的风险进行了调查评估,将其作为判断是否需要制定水疗池水质标准以保障使用者健康的依据之一。

结　　论

新加坡在治理土地和河流方面有着独特的经验。这始于新加坡政府的清晰愿景,政府意识到经济发展不能以牺牲环境为代价,更重要的是,没有清洁、健康的环境就无法实现人民的高质量生活水平。

在将这一愿景付诸实践的过程中,新加坡政府认识到需要以长远的眼光规划和执行各种项目。例如,为永久解决非法街头摊贩问题,新加坡政府决定在基础设施方面投入大量资金,专门建造美食中心和市场。

如果没有切实有效的政策和方案落地,新加坡不可能在如此短的时间内实现环境干净整洁的愿景。例如,在解决新加坡河污染问题时,新加坡政府认为控制污染源是最实际有效的方法,而不是采用直接的工程手段清除河流中的污染。除了强调实用性外,持续创新也是许多环境政策和方案的特点。从早年"保持新加坡清洁"运动到 20 世纪 90 年代"清洁与绿色周",展示了新加坡政府如何根据不断变化的社会经济趋势和公众期望,探索新的方法,引导民众参与运动,共同维护清洁健康的环境。

如今,新加坡可以自豪地说,自己是世界上为数不多、居民将清洁环境视为常态的城市之一。有些人甚至认为这种优质的生活环境是理所当然的,却忽略了不久前新加坡的环境状况还有很多不足之处。事实上,尽管新加坡花了 40 年时间提倡干净生活环境的益处,鼓励所有居民为保持国家清洁尽一份力,但目前的清洁状况仍然远非理想,在很大程度上仍依赖清洁工人的努力。

人们对那些屡教不改的乱丢垃圾者的行为和心理仍然知之甚少,社会心理学专家或许可以提供一些见解。

除更好地了解乱扔垃圾者的动机外,还需要通过提高清洁工人的专业水平来推动清洁行业发展,因为一支技术熟练、训练有素的清洁工队伍能够更好地满足公众日益增长的期望,同时解决长期以来与清洁行业相关的负面形象问题。展望未来，政府还应做好准备，利用材料研究方面的技术进步，设计有助于更高效清洁的建筑物和其他设施。

但最重要的是，新加坡民众必须认识到，保持国家清洁的成本最终将以某种形式由他们承担。除直接支付清洁公共场所的费用外，新加坡民众还需意识到，卫生条件差的环境所产生的间接成本可能高出许多倍——传染病传播的可能性更高，或者游客和投资者望而却步等负面影响。

过去 40 年来，新加坡的生活环境发生了翻天覆地的变化，这是政府和人民共同努力的结果，这种通力合作必须延续。保持土地和河道的清洁将是一项永久的承诺，并要延续给子孙后代。

致　谢

以下官员于 2008 年协助研究和撰写了《清水　绿地　蓝天》一书的原始章节，或担任该书的主要顾问：

陈伟山(Chan Wai San)，新加坡国家环境局小贩处处长；

蔡顺源(Chua Soon Guan)，新加坡环境及水源部战略政策司司长；

冯志良(Foong Chee Leong)，新加坡国家环境局气象处处长；

邱绍宝(Khoo Seow Poh)，新加坡国家环境局公共卫生处处长；

赖金莲(Lai Kim Lian)，新加坡国家环境局小贩处规划与发展科主任；

安德鲁·罗 (Andrew Low)，新加坡环境及水源部清洁土地高级助理主任；

黄利政(Ng Lee Ching)，新加坡国家环境局环境健康研究所所长；

田汉杰(Tan Han Kiat)，新加坡环境及水源部公共卫生助理主任；

S. 萨蒂什·阿普(S. Satish Appoo)，新加坡国家环境局环境健康处处长。

第三章
将经济原则应用于环境政策 [1]

陈荣顺、李东珍和陈爱玲

"在社会发展的初级阶段,环境问题往往被忽视,这导致空气中充满颗粒物,水体被废水污染。我们认为这是一个错误,而且将来修复的成本极其高昂。"

——《2008 年增长报告:持续增长和包容性发展战略》
增长与发展委员会

政府在重视环境的同时,也要在严格分析的基础上做出决策,因为在资源有限的情况下,政府必须对各种相互竞争的需求进行优先排序。在决策过程中,应考虑到某项举措的全部环境成本,以便做出正确的决定。在实践中,由于环境问题固有的复杂性,如量化无形资产和外部因素、管理不同个体对同一结果所赋予的价值或成本的主观性,以及处理未来情景可能存在不确定性的长期时间范围,这通常都不是直观的。然而,这并不会削弱严格分析的重要性。事实上,鉴于主观性的存在,在制定环境政策时更需要应用合理的经济原则,明确经济工具和模型的选择以及假设和方案。

---

1 新加坡环境及水源部授权转载《清水 绿地 蓝天:新加坡走向环境和水资源可持续发展之路》一书的第九章。

在新加坡，环境政策和立法的制定得益于对经济原则的谨慎运用。本章将重点介绍经济学在指导环境政策方面发挥关键作用的 4 个主要领域：①决定实施哪些项目或方案；②制定适当的价格或用户费用；③引入市场竞争；④如何处理市场失灵。以下各节将对每种情况进行详细阐述。

指导决策

长期成本效益

在决定是否推进具体的环境项目时，必须从长远角度出发，这意味着要运用经济学评估长期成本效益。虽然一个项目的前期成本可能较高，但需与较低的生命周期运营成本、其他相关业务的潜在节省以及较少的收入损失相平衡。短期内具有成本效益的低成本项目，可能损害长期成本效益。

深层隧道排污系统

这正是新加坡决定实施深层隧道排污系统(DTSS)项目的基础。21 世纪，不断增长的经济和人口将对现有的污水处理基础设施造成越来越大的压力。为了应对污水流量的预期增长，可选择的方案是继续扩建传统的再生水厂，或者探索一种全新的方法，采用新技术替代现有基础设施。从长远看，后者更具成本效益，尽管前期成本较高。因此，尽管耗资 70 亿新加坡元，但还是采用了深层隧道排污系统方案，因为它可以为高附加值经济用途腾出稀缺土地，也是一个能够满足新加坡21 世纪需求的可持续解决方案。

土地是新加坡稀缺而宝贵的资源。现有的污水处理厂、泵站及其周围的缓冲区共占地 880 公顷。通过实施深层隧道排污管道，以自重流方式输送污水，现有的污水处理设施将逐步淘汰，只保留樟宜和大士的两座大型污水处理厂，共占地 110公顷。据估算，1998 年由此带来的土地价值节约和增值约为 15 亿新加坡元。

如果政府决定不采用深层隧道排污系统,现有处理设施老化后仍需更换,并需扩建处理设施以应对日益增长的污水量。2000 年 7 月 8 日,在深层隧道排污系统的奠基仪式上,时任环境部部长李郁顺(Lee Yock Suan)提到,通过降低投资资本和运营成本可节省约 37 亿新加坡元。因此,土地和设备预计共可节省资金 52 亿新加坡元。虽然深层隧道排污系统前期成本为 70 亿新加坡元,但从长远看,这些节省的资金使政府实际只支付了 18 亿新加坡元作为有效成本,用于建设满足新加坡日益增长需求的污水处理基础设施。

未预见用水量

深层隧道排污系统的例子说明了如何平衡低运营成本、潜在的土地节省与较高的前期成本。在(建设)管理供水系统时,政府还考虑到成本计算中的预期收入损失,如减少未预见用水量(UFW)的情况。未预见用水量是指由于泄漏、供水系统中的非法取水、仪表精度不高和账务核算不当导致的水损失。它通常被视为衡量供水系统效率的标准。在新加坡,通过使用优质管道材料(如水泥衬里球墨铸铁、铜管和不锈钢管)、优化管道压力、系统更换老旧管道以及积极检测地下泄漏等方式减少未预见用水量。供水系统的水流失会造成经济损失,但防止漏水的措施成本也相当高昂。虽然管理自来水厂的关键考虑因素是确保服务可靠性,但减少自来水厂泄漏的成本仍需要与开发新水资源供应更多水的成本进行权衡。

在 1990 年至 2007 年期间,当未预见用水量从 9.5% 降至 4.4% 时,每年能够增加 2 400 万新加坡元的额外收入,否则这部分收入将无法核算,也就无法获得。展望未来,政府预计每年将额外产生 2 400 万新加坡元的收入(基于预计的水销售额,并将未预见用水量维持在 4.4% 左右,而不是 9.5%)。这些额外收入能够负担公用事业局网络维护工作实施的各种项目和措施的成本,目前每年的成本约为 2 000 万新加坡元。减少未预见用水量的另一个显著好处是保护了具有战略重要性的稀缺资源。

次佳替代方案

作为政府决策过程的一部分,评估长期成本效益不仅限于单个项目,也适用于不同类型的项目。比较不同项目的优点需要思考在国家层面次佳的替代方案是什么,尤其是当这涉及不同的部门时。如果可以减少某个特定项目的土地利用率,那么替代用途的好处是什么? 政府如何决定一块土地应该用作垃圾处理场还是用于住宅开发? 从经济学角度,探索下一个次佳替代方案本质上意味着考虑隐含的机会成本。机会成本如何影响决策的例子包括缩小再生水厂周围的缓冲区和选择垃圾填埋场厂址。

再生水厂周围的缓冲区

过去,处理污水的再生水厂常设在农村地区,使用开放式池塘。由于热带气候,难闻的气味滋扰不可避免。因此,这些再生水厂被划定了 1 公里缓冲区,在缓冲区内只允许进行有限开发。随着城市面积扩大,更多的土地需求导致地价上涨,空置缓冲区土地也有了更多开发机会,这引发了人们对缩减再生水厂周围缓冲区的研究。尽管以前加盖处理设施和安装除臭设施很昂贵,但现在这样做在经济上变得合理,因为减少缓冲区可以腾出土地用于其他项目开发,由此创造的价值足以补偿升级再生水厂的成本。

该项目最初实施时,预计缩小再生水厂周围的缓冲区范围将释放总面积为 1 276 公顷的土地,增值约 37.5 亿新加坡元。相比之下,掩盖处理设施和除臭设施的总成本约为 3.8 亿新加坡元。因此,环境部着手对周边区域 6 个再生水厂中的 4 个进行覆盖处理,并采用更紧凑的设计来扩建再生水厂并安装特殊除臭设施。结果,再生水厂的缓冲区从 1 千米减少到 500 米。这样可以释放再生水厂周围的土地,可供更高价值的项目开发使用。

垃圾填埋场厂址

预测表明,现有的垃圾填埋场将在 20 世纪 90 年代末耗尽。当环境部首次寻找新的垃圾填埋场厂址时,最初规划是在榜鹅地区建造新的垃圾填埋场。然而,随着住房需求的增加,建屋发展局计划在榜鹅地区建设滨海住宅项目。因榜鹅地处海滨,且远离主要工业发展区,相对于建造垃圾填埋场而言,开发住宅的价值更高。考虑到这种替代发展的机会成本,新加坡政府决定将榜鹅划为新的住宅区,同时寻找垃圾填埋场的替代地块。在考虑到新加坡土地空间的竞争需求以及其他国家面临类似土地资源稀缺问题的经验后,新加坡政府构想在海上建造离岸填埋场。实马高垃圾填埋场就此诞生。

最佳时机

除了决定是否开展项目之外,决策过程的另一个关键是确定启动项目的最佳时机。在这方面,公共部门机构要密切关注全球技术发展,以便当创新促使价格具有经济可行性时,可随时准备采取行动。新加坡的新生水和海水淡化项目表明,需要重视技术对成本效益评估的影响。

新生水

从废水中回收水的尝试可以追溯到 20 世纪 70 年代初。1974 年,第一家试点再生水厂建成。然而,不到一年,该厂就被废弃了,因为为期 14 个月的试验得出的结论是,废水经过二级处理后生产饮用水在技术上虽然是可行的,但不符合成本效益。尽管如此,新加坡环境及水源部和公用事业局仍持续关注膜技术的发展,因此在 20 世纪 90 年代后期(该技术)取得重大进展时,能够抓住这个机遇重新启动再生水项目。1998 年,一个规模化的示范新水厂在新加坡投入使用,证明水再生成本确实大幅下降,使大规模生产新生水在经济上成为可能。经过成功的试验和广泛的水质测试,大规模的新生水工厂逐步推广,到 2011 年,新生水满足了新加坡 30％的用水需求。生产的新生水主要为需要超纯水的行业服务,如晶圆制造、石油化工厂和商用空调冷却塔。

海水淡化

对新加坡这样一个岛国来说，海水淡化是满足其用水需求顺理成章的解决方案。海水淡化可提供稳定的水源，不受降雨变化的影响。然而，直到 20 世纪 90 年代，海水淡化技术主要通过蒸馏过程蒸发海水来分离淡水和溶解盐。由于这种工艺能耗极高，因此只有石油资源丰富的中东国家采用该技术。与新生水一样，最新的技术革命能够采用替代方法进行海水淡化，即通过反渗透膜，预计其成本比传统蒸馏方法低 20％左右。公用事业局认识到这一新技术在降低海水淡化成本的潜力，决定向私营公司招标"设计—建造—拥有和运行(DBOO)"海水淡化厂。凯发旗下的全资子公司新泉(SingSpring Pte Ltd)获得新加坡第一座海水淡化厂的合同。位于大士的、处理规模达 3 百万加仑/天的新泉海水淡化厂于 2005 年 9 月成功交付并投入使用。

除了生产成本较低外，使用膜技术进行新生水生产和海水淡化的另一大优势是易于扩展。传统的蒸馏厂需要大规模投资，限制了特定的技术。相比之下，基于膜技术的解决方案可以通过模块化实现，并且技术可以轻松、适应性地升级。

制 定 适 当 的 价 格

成本回收

使用经济原则指导决策过程，有助于确定是否推进特定项目，再决定由谁来支付项目费用。除非存在市场失灵或提供的是公共物品，否则用户需要为所提供的商品或服务支付全额成本回收价格，以确保市场力量发挥作用，实现资源合理分配。在接下来的几个例子中，我们强调污水排水系统是一项公共服务，政府不收取全额成本回收费用。这与污水处理和垃圾焚烧服务的做法形成鲜明的对比，后者的收费是按成本回收确定的。

作为一项大型基础设施项目,污水排放基础设施需要投入大量的资本。其中,污水排水系统被视为一项公益福利,获得适当的卫生设施被视为一种基本需求,因为良好的污水排水系统带来的公共卫生效益(如控制水传播疾病)不会随着用户的增加而减少,将不付费的用户排除在外也不切实际。因此,污水排水系统完全归政府所有并出资建设。同样的道理并不适用于污水排放基础设施的其他部分。例如,再生水厂的污水处理,因为消费者可以自行决定排放并送往再生水厂进行处理的污水量。因此,再生水厂归公用事业局所有,并通过用户费用收回其资本和运营成本。

由于建设和运营焚烧厂需要大量的资金,因此提供垃圾焚烧服务的成本很高。除了承担支付前期费用的融资风险外,政府还必须承担最初几座焚烧厂的设计和运营风险,因为在热带环境中焚烧混合废物的概念以前从未进行过大规模测试。与再生水厂处理废水的情况一样,焚烧服务并不被视为公共物品,因为消费者对处置的废物有自主选择权。这些设施的使用费每年都会进行审查,并根据成本回收方式制定收费标准,其中包括投资成本的回收,以确保垃圾处理部门的经济可持续性。

基于其他政策考虑因素制定价格

尽管成本回收是设定价格的主要考虑因素,但如果有充分理由偏离这一原则,政府并不总是严格遵循。在上一节中,我们提到提供公共物品作为偏离的理由。然而,还有其他政策考虑因素导致不以成本回收为准则制定价格。例如,促进稀缺资源的保护、帮助消费者适应价格和保持价格的可负担性。

饮用水的定价

1997 年,在对水价进行的一次基本审查中,饮用水的价格有两个明确的组成部分。水价的制定是为了收回生产和供水的全部成本,而节水税(WCT)则是为了反映替代水源的较高成本。前者确保当前供水的真实成本得到正确的核算。这一点非常重要,因为其他国家的经验表明,水费征收不足会导致服务质量下降和未来供水能力投资不足。公用事业局收取的费用也不应超过其运营所需的金额。

虽然按成本回收率收费可以支付满足当前用水需求的成本,但由于水是一种稀缺资源,因此并不能准确地反映供水的边际成本。这意味着下一个可用的水源将比当前的水源更加昂贵,因此仅按成本回收率定价将会导致过度消耗稀缺资源。为了确保消费者意识到这一点,他们必须支付额外的税款,即节水税,该税款与边际水资源的成本挂钩,当时的边际水资源是淡化水。与公用事业局征收的水费不同,节水税的收入直接划归财政部,然后可用于资助其他有价值的(公共项目)支出。

焚烧厂的入场费

另一个价格偏离成本回收率的例子是焚烧厂入场费的设定。1991 年 4 月之前,焚烧厂入场费被故意定得远低于成本回收水平,以阻止非法倾倒垃圾。出于同样的原因,过去卡车每天可运载一车(不到半吨)的垃圾前往处理,而无须支付任何费用。

然而,这种情况难以为继。由于经济发展带来的垃圾量不断增加,政府承担垃圾处理的实际成本也在不断地上升,这意味着需要建立第 4 座焚烧厂和一个更大的垃圾填埋场(由于陆地缺乏替代设施,因此在实马高岛近海建造垃圾填埋场)。随着经济增长,土地价格也在上涨。此外,对垃圾处理的补贴抑制了垃圾回收和循环利用行业的发展,因为垃圾制造者认为处理垃圾比循环利用更便宜。

继续补贴垃圾处理以阻止非法倾倒越来越不可行。取而代之的是,政府采取罚款 1 万新加坡元和加强执法等惩罚性措施,以减少非法倾倒垃圾的发生。

即使政府决定逐步收回成本,调整过程也是循序渐进的。从 1991 年的每吨垃圾收费 15 新加坡元提高到 2002 年的每吨 77 新加坡元,花了超过 10 年的时间才使入场费与成本持平。每年的价格调整幅度不超过每吨垃圾 10 新加坡元。此外,政府还鼓励垃圾处理公司承担初期的增长部分。采用渐进的方法是为了确保对家庭的影响是可控的。焚烧费每增加 10 新加坡元,一个典型的公寓住户每月的垃圾清理费就会增加 0.9 新加坡元。除调整价格外,在 9 个月的宽限期后,还取消了对垃圾处理量不足半吨的卡车收费豁免。宽限期的目的是让 40 多家一直利用豁免权的小承包商与他们提供服务的垃圾制造者重新签订合同。

差别定价

除了按照收回成本的原则制定收费标准外,政府还要确保收费标准具有足够的差异性和灵活性,以便价格信号能够优化稀缺资源的分配。新加坡的垃圾管理行业就有这样的例子。

固体废物处理费

在焚烧行业,位于新加坡中部的乌鲁班丹焚烧厂和位于新加坡北部的圣诺哥焚烧厂都地处交通便捷的位置。因此,采用收取差异化的入场费将部分垃圾分流到西部交通不便的焚烧厂(大士和大士南区),以平衡各焚烧厂的负载,并避免过度拥挤。2007 年,圣诺哥焚烧厂的入场费为每吨垃圾 81 新加坡元,而乌鲁班丹焚烧厂在高峰时段(上午 7 时 30 分至下午 2 时)的入场费为每吨垃圾 87 新加坡元,在非高峰时段(下午 2 时后)的入场费为每吨垃圾 81 新加坡元,而大士和大士南区等交通不便的焚烧厂的入场费则为每吨垃圾 77 新加坡元。

鉴于新加坡约有一半的垃圾是来自工业和商业部门,政府制定了一套框架鼓励各行各业进行(废物)回收利用。工业垃圾处理费用与其产生的垃圾量挂钩。通过市场调节,如果回收废物的成本低于垃圾处理成本,那么工业部门就会有动力进行废物回收。

引入市场竞争

上一节讨论了新加坡政府提供商品或服务时的定价机制。政府越来越多地允许市场机制参与商品和服务的供给,这通常符合自由市场更有效地配置资源的经济原则。在新加坡,引入市场竞争的三个领域包括:垃圾清运、焚烧厂和新生水。

垃圾收集清运

20 世纪 80 年代中期,许多人呼吁将家庭垃圾收集清运服务私有化。然而,政府决定不推行私有化,基于以下考虑:①垃圾收集清运被认为是一项基本服务;②私营公司可能固化其收集系统,使更换变得困难且成本高昂;③以利润最大化为目标的公司可能降低服务质量。

20 世纪 90 年代,政府再次审查垃圾收集的私有化计划,并采取了谨慎的"两步走"方法。首先,1996 年政府将垃圾收集部门改制为独立实体,并给予为期 3 年的垄断权。这使得政府有时间进行监督,并确信服务质量和费用不会受到影响。1999 年,政府将新加坡划分为 9 个区域,家庭垃圾收集实行公开招标方式。之前对垃圾收集私有化的担忧通过许可条件和透明的收费结构得到解决。激烈的竞争加剧,带来了效率提高。在第二轮招标中,公寓的平均垃圾收集费用下降约 30%,普通住宅的平均垃圾收集费下降了 15%,切实降低了居民的垃圾收集费用。

焚烧厂

继 1999 年垃圾清运服务私有化改革后,环境部决定开放焚烧厂行业,目标包括:①通过引入竞争机制,进一步提高该行业的效率和创新能力;②通过政府环境工程技术向私营部门转移,以发展环境工程行业。

2001 年,新加坡政府公开招标,在自由市场模式下,以 DBOO 的方式开发第 5 座垃圾焚烧厂,潜在的开发商将承担财务、设计和需求风险。然而,市场对此次招标的反应并不热烈,只收到一份不符合规定的标书。其主要原因是潜在的投标者无法承担垃圾量增长不确定带来的需求风险,再加上建设垃圾焚烧厂所需的资本支出较高。

环境部汲取了这一经验教训,决定采用完全"照付不议"原则下的 DBOO 和运营方案。在这模式下,政府将承担垃圾处理量的需求风险,无论垃圾焚烧厂的实际利用率如何,政府都会向运营商支付全额容量费用。运营商则承担运营风险。这意味着运营商将根据垃圾焚烧能力、实际焚烧垃圾量和发电量获得收益。此外,运营商还必须达到另外两个绩效指标,即垃圾焚烧过程的质量(以灰碳含量衡量)和为垃圾收集清运者提供的服务质量水平(以周转时间衡量)。未达标时,运营商立即整改,并可能面临经济处罚。

由于涉及巨额的资本投资,运营商获得一份为期 25 年的合同。因合同的长期性,基于消费者价格指数变化的付款调整被纳入支付机制的固定和可变部分,以考虑通货膨胀率的变化。投标者需要在其投标价格中注明可变费率。在法律变更、技术阶段变化、再融资收益和因厂房资产替代用途产生的第三方收入等情况下,也允许进行付款调整和利润分享。

这种方式实现了更公平的风险分担,得到市场一致好评,各家公司提交了更具竞争力的标书。2005 年 11 月,吉宝西格斯工程私人有限公司(Keppel Seghers Engineering Pte Ltd,以下简称"吉宝公司")成功中标第 5 座焚烧厂 DBOO 项目。该工厂于 2009 年中期投入商业运营[1]。基于这次招标获得的经验以及国家环境局的支持,吉宝公司于 2006 年在卡塔尔获得价值 17 亿新加坡元的固体废物管理合同。吉宝公司又于 2007 年在卡塔尔签订一份价值 15 亿新加坡元的污水处理和再生水厂合同。随着越来越多私营部门参与废物管理行业,政府的角色正从服务提供者转变为行业的整体监管者。这为运用私营部门的专业知识和最大限度提高效率提供了机会。

新生水厂

从上述两个关于私有化的例子可以看出,成功的关键因素是有效分配风险。

---

1 吉宝西格斯大士垃圾发电厂于 2009 年 11 月开始运营。

与政府相比,私营公司规模较小,往往更倾向于规避风险。因此,将风险分配给最有能力承担风险的一方非常重要。在垃圾焚烧厂的案例中,需求风险是一个重要考虑因素。在新生水的例子中,由于新生水的生产过程仍处于起步阶段,因此不仅存在需求风险,实施该项目时还存在技术风险。

鉴于所涉及的风险,公用事业局率先在勿洛、克兰芝和实里达开发了新加坡首批新生水厂。这有助于促进与通用电气水务及工艺过程处理公司、威立雅水务公司、西门子水务技术公司等全球水务公司,以及凯发等本地公司的合作,共同在新生水厂实施各种技术。这使私营公司对新技术的可靠性和有效性建立了信心,并通过与公用事业局的现场合作,增强了运营新生水厂的能力。在此阶段,公用事业局决定通过 DBOO 模式为私营公司提供建设和运营新生水厂的机会。

2007 年,即在新加坡公用事业局于勿洛建成第一座新生水厂约 5 年后,第 4 座新生水厂正式投入使用。这座位于乌鲁班丹的工厂由吉宝西格斯承建,并为公用事业局供应 3 200 万加仑/天的新生水,为期 20 年。乌鲁班丹项目的付款结构与焚烧厂项目相似。采用基于可用性和产量两部分计费方式。根据可用容量计算的可用性付款,涵盖资本固定成本、管理费用、维护费用和能源费用。而根据实际出水量的产出付款,则涵盖管理费用、维护和能源等可变部分。

为确保水资源供应的数量和质量符合所需标准,还制定了合同措施。DBOO 协议中包含对未履行合同行为的处罚条款。例如,未保持所需供水能力或应急产品储水量不足等。为减轻对服务连续性可能带来的影响,协议还包括特许公司未履行或违约时的“介入”条款。例如,若特许公司破产或违约,公用事业局可介入管理其员工和设备,或允许私人融资方确定其他潜在的服务提供商接管运营。此外,为便于公用事业局能够定期检查水质、工厂运营和维护情况,所有项目建立了全面的监测和审计系统,包括将水厂关键在线水质监测系统接入公用事业局监控系统,并定期在经认证的实验室对水样进行取样和分析。

为了满足对新生水日益增长的需求,公用事业局于 2008 年与胜科公用事业公司(Sembcorp Utilities)签订了为期 25 年的 DBOO 协议,进一步启动在樟宜建造一座5 000万加仑/天的新生水厂。凭借规模经济、生产效率提升和更具竞争力的膜技术,公用事业局在过去几年中成功降低了新生水的生产成本。

通过DBOO模式建立公私合作伙伴关系不仅是为了提高效率,也是宝贵且极具战略意义的学习机会,促使私营公司与政府机构长期互动,借鉴彼此积累的专业知识和经验。吉宝公司邀请公用事业局从设计和施工阶段就积极参与乌鲁班丹新生水厂项目。事实上,吉宝公司已将其厂长和操作人员派往公用事业局的勿洛新生水厂进行在职培训。公用事业局还邀请吉宝公司员工参加内部培训课程,以培养他们在建设、调试和后续运营新生水厂方面的能力。同样,吉宝公司的员工也在国家环境局的工业园区接受垃圾焚烧厂运营方面的培训。与行业合作伙伴如此密切的合作,有助于双方积累技术专业知识和工艺知识,而政府也从中受益,因为这确保了外包给私营公司的服务始终可靠和高效。

应对市场失灵

尽管人们尽可能地探索市场解决方案,但自由市场通常只有在完全竞争和信息充分且畅通的情况下才会良好运作。在现实中,由于各种原因,市场失灵现象是很常见的。在这种情况下,需要政府通过拨款、价格管制或立法干预,以纠正市场失灵状况。

校正外部效应

外部效应是指经济主体在交易中采取的行动对其他不参与最初交易的各方产生成本和效益的影响。负面外部效应的常见例子包括吸烟和噪声污染,而正面外部效应则包括良好的森林管理和清洁的空气。广义上,外部性有两种处理方式:一种是让污染者承担对他人造成影响的真实成本,另一种是配额制度。

空气污染

在空气污染方面,新加坡的铅浓度水平在 20 世纪 80 年代上半叶因汽车保有量大幅增长而上升。研究表明,铅会影响大脑和肺部的正常功能。机动车造成空气中的铅污染,给行人及在道路附近生活或工作的人造成健康方面的负面外部效应,而机动车驾驶员本身并不会将这种影响内化,因为大多数车辆都装有净化装置。

这种市场失灵通过立法和外部定价得到纠正。为控制机动车辆的铅排放,1987 年,汽油中的铅含量从不受控的每升约 0.84 克逐步降至每升 0.15 克。此外,还通过差别税制推广使用无铅汽油,使无铅汽油每升比含铅汽油便宜约 10 美分。这些措施显著改善了空气质量。1990 年,环境空气中的铅含量降至 1.2 微克/标准立方米,2000 年降至 0.1 微克/标准立方米。到 1998 年,含铅汽油已完全被淘汰。

水污染

另一种常见的外部性问题是工业厂房造成的水污染。新加坡通过立法和定价相结合的方式解决这一外部性问题。由于雨水被引入水库并最终经过处理达到饮用水的标准,因此需要保护集水区免受非法排放工业废水造成的污染(工业废水是指贸易、商业、制造业或建筑工地排放的任何液体)。新加坡已制定管控工业废水排放的相关法规,包括《环境保护与管理(工业废水)条例》(用于控制排入水道和土地的工业废水)和《污水与排水(工业废水)条例》(用于控制排入公共下水道的工业废水)。前者由国家环境局管理,后者由公用事业局管理。

根据《环境保护与管理(工业废水)条例》,工业废水在排放到水道或土地之前必须经过处理。排放的任何废水不得危害人体健康或造成公共妨害(如产生难闻的气味)。排放废水的一方必须在排放点安装监测点、检查室、流量计和其他记录设备,并提供监测结果。首次违法者可被处以最高 1 万新加坡元的罚款,再次违法者将被处以二倍的罚款。

《污水与排水(工业废水)条例》对住宅、工业、农业及其他场所产生的污水和废水排入公共污水管道进行管制。该条例允许这些行业在符合规定水质限制的情况下，将可生物降解污废水排入公共污水管道。该条例确保收集到的工业废水可以在再生水厂进行处理，使其达到符合水体排放标准的水平。此外，还引入了工业废水排污收费制度，允许申请者支付费用后将质量略低的废水排入公共污水管道，该费用旨在收回再生水厂处理额外污染负荷所产生的成本。

臭氧消耗物质

上述两个例子都是通过价格机制解决外部效应问题。另一种方法是使用配额。新加坡通过招标和配额分配制度控制进口的消耗臭氧层物质（ODS）的数量。1989 年 1 月 5 日，新加坡成为《蒙特利尔议定书》的缔约国，该议定书是一项逐步淘汰氯氟烃（CFCs）和卤代烃等消耗臭氧层物质的国际条约。由于新加坡经济高度依赖电子和化学工业，因此必须谨慎处理淘汰消耗臭氧层物质的政策。

新加坡的转型经验相当独特，因为它是首批通过市场分配机制规范消耗臭氧层物质使用的国家之一。招标和配额分配制度（TQS）于 1989 年 10 月 5 日启动，允许市场力量决定各行业为消耗臭氧层物质支付的价格。该制度实现了两个理想的结果：一是将有限数量的可用消耗臭氧层物质分配给替代成本最高的企业；二是发出强烈的市场信号，诱导消耗臭氧层物质使用者研究替代品、采取保护措施和回收利用。

为帮助企业顺利实现转型，新加坡生产力与标准局向希望回收受控臭氧消耗物质或改用替代品的企业提供技术咨询和服务。公共部门研发基金拨款 160 万新加坡元给该局，用于启动各种臭氧消耗物质替代（品）和节约计划。该计划允许聘请臭氧消耗物质替代技术方面的专家。许多普遍缺乏内部专业知识的本地中小企业从该计划中受益匪浅。

最终，新加坡于 1996 年 1 月成功淘汰了消耗臭氧层物质的使用，远早于为发展中国家设定的 2010 年期限。为表彰新加坡作出的贡献，1997 年在蒙特利尔举行的第九次缔约方会议上，联合国环境规划署授予新加坡"杰出臭氧层保护单位奖"。

弥补信息不对称

市场失灵的一个常见原因是信息不对称。当经济行为主体掌握的信息量不一致或信息不完善、不完整时，就会出现信息不对称。信息不对称可以通过立法解决，促使消费决策者分享更多的信息。

其中一个例子是引入用水效率标签计划(WELS)，该计划旨在通过让客户做出明智选择来赋予其权利。用水效率标签计划于 2006 年在自愿的基础上推出，涵盖水龙头、淋浴花洒、双冲式低容量冲水水箱、小便池和洗衣机。由于用水效率标签计划是自愿的，大多数供应商和制造商只注册了用水效率较高的型号，仅占市场份额的 16%。由于自愿性方法效果不佳，2009 年针对水龙头、双冲式低容量冲水水箱和小便池推出了强制性用水效率标签计划(MWELS)。

同样，新加坡环境局从 2008 年开始强制要求对两种主要耗能设备(空调和冰箱)贴上能效标签，以便消费者了解这些设备的潜在节能效果。零售商的非正式反馈表明，这一举措刺激了 4 级(最高效)空调的销量增加，尽管这些空调的前期成本更高。政府认可的标签被视为独立的，有助于降低"搜索"成本，即消费者花费在了解电器的能源和水资源消耗上的机会成本。这也减少了信息不对称，因为制造商或零售商不能再对其产品的资源效率做出毫无根据的声明。

公共物品

公共物品被定义为非竞争性(即一个个体消费不会减少其他个体消费的数量)和非排他性(即很难将消费限制在付费个人身上)的产品。公共物品的例子包括美丽的水景和干净的生活环境。由于私营公司无法从享受公共物品的人那里收回成本，因此私营公司要么没有生产该物品的动力，要么生产的数量低于社会(需求的)最优水平。政府往往需要通过强制执行或直接提供的方式进行干预，以优化公共物品的供给。

公共卫生(即舒适、宜人的环境,没有臭味和疾病)可以被视为一种公共物品。一个人对公共卫生的消费并不会减少另一个人享受公共卫生带来的好处。同时,难以排除非付费个体享受公共卫生的好处。因此,政府必须通过设定标准并执行来促进公共卫生目标的实现。那些被发现乱扔垃圾的人将被处以罚款或进行社区服务(如清理公共场所),以此作为一种威慑手段。(关于政府如何处理公共清洁问题的详情,请参见第 3 章。[1])

与公共卫生相关的是 ABC 水域计划。该计划旨在将水道和水体改造为美丽的河流和湖泊,以便人们能够享受划独木舟和帆船等水上活动,从而体会到拥有清洁水体的价值。由于 ABC 水域计划的好处惠及大众,政府在改造水道方面发挥了主导作用,这将为新加坡创造更好的生活环境并提高生活质量。

激励分裂和有限理性

一种新出现的市场失灵源于激励分裂和有限理性。推动建筑节能的举措就是很好的例子。开发商承担建筑的前期建设成本,而住户则承担建筑物使用过程中的经常性成本。在采用节能设施和设备方面,双方的激励机制出现分裂。开发商倾向采用最大限度降低前期成本的设施和设备,即使这意味着住户要承担更高的经常性成本。更复杂的是,住户受限于有限理性,即他们往往没有时间和资源去要求使用节能设施和装置,因为这些功能和装置的效益相对较小。

这种激励分裂和有限理性的结合导致了市场失灵,需要政府进行干预。政府已经开始通过设定标准来处理这个问题。例如,2007 年,新加坡建设局加强了现行立法,要求新建建筑和正在进行重大翻新改造的现有建筑必须符合特定的环境可持续性标准(称为"绿色标志"),涵盖能源效率、用水效率、项目管理、室内空气质量和建筑创新等多个领域。

---

1 《清水 绿地 蓝天》一书的第三章已收录于本书第二章。

结　论

本章强调经济学在指导环境政策和立法中的作用，其应用包括决策制定、制定价格、引入市场竞争和应对市场失灵。当经济学用于制定价格时，它有助于将有限的商品和服务分配给最重视它们的消费者，因为定价有助于揭示消费者愿意支付的价格。市场竞争有助于确定提供商品或服务的最高效、最有效的方式。在市场失灵的情况下，经济学有助于纠正市场失灵并使市场更好地运作。

经济学是做出符合公众利益的最佳决策的工具。严谨的经济分析确保所做的决策经得起时间的审查和考验。然而，有时候定价需调整以纳入其他政策考量，如满足社会需求。当成本和激励措施正确时，定价可以成为影响公众行为和消费的强有力工具。为补充定价机制，政府还可向低收入群体提供定向援助，如通过"水电费回扣"等形式。

仅靠应用经济学原理可能无法提供所有的答案，理解并认识到它们的局限性同样至关重要。对社会或环境问题的评估可能并不像成本效益分析那么简单，因为这些问题的量化取决于不同人的价值观和观点。然而，经济学是一个不断发展的领域，人们对将经济学应用于环境的兴趣日益浓厚，如运用经济学评估污染的成本或某些栖息地的丧失成本。这将为经济分析在指导环境政策方面提供更多的可能性。

归根结底，经济学只是一种工具。它可以作为支持和补充，但不能取代清晰的愿景和战略重点。

致　谢

以下官员于 2008 年协助研究和撰写了《清水　绿地　蓝天》一书的原始章节，或担任该书的主要顾问：

　　陈志荣(Chan Chee Wing)，新加坡环境及水源部清洁土地助理主任；

　　本尼迪克特·谢(Benedict Chia)，新加坡环境及水源部战略问题高级助理主任；

　　蔡顺源，新加坡环境及水源部战略政策司司长；

　　伊斯迈尔·里兹万(Ridzuan Bin Ismail)，新加坡环境及水源部水资源研究司副司长；

　　林静(Lin Jing)，新加坡环境及水源部水研究司政策执行官；

　　菲利普·王(Philip Ong)，新加坡环境及水源部气候变化办公室主任。

第四章
寻找新生水:新加坡水资源的故事[1]

李一添,DSO, PJG, BEng, Dipl, PHE, FIES, MIEM[2]

简 介

    新加坡经常被描述为缺水国家。这并不是因为缺少降雨,而是因为这个小岛国能够用于收集和储存雨水的土地面积有限。因此,新加坡水资源开发战略必须包括传统水源、降雨,更重要的是需要涵盖非常规水源,包括海水、工业废水和家庭污水。我想与大家分享新加坡如何通过封闭式水循环克服地理限制,开发新水资源的故事。图4-1展示了水循环:从雨水到暴雨管理,通过排水沟和河流收集并储存在水库中。原水经过处理后成为饮用水,供应给居民和工业。所有污废水都由污水管网收集处理,处理后的水进一步处理和回收为新生水,并泵入水库。

---

1 本章内容基于李一添在 2008 年 10 月 18 日第十八届陈宏基教授纪念讲座上的演讲。

2 译者按:撰稿人头衔解释:DSO:Distinguished Service Order(功绩勋章)。新加坡授予对国家有杰出服务贡献的个人的荣誉。PJG:Pingat Jasa Gemilang(Meritorious Service Medal,功绩奖章)。新加坡授予在公共服务中有卓越贡献的个人的奖章。BEng:Bachelor of Engineering(工程学士学位)。Dipl:Diploma(硕士文凭)。PHE:Public Health Engineer(公共卫生工程师),专注于公共卫生工程和基础设施的工程师头衔。FIES:Fellow of the Institution of Engineers,Singapore(新加坡工程师学会院士)。MIEM:Member of the Institution of Engineers,Malaysia(马来西亚工程师学会会员)。

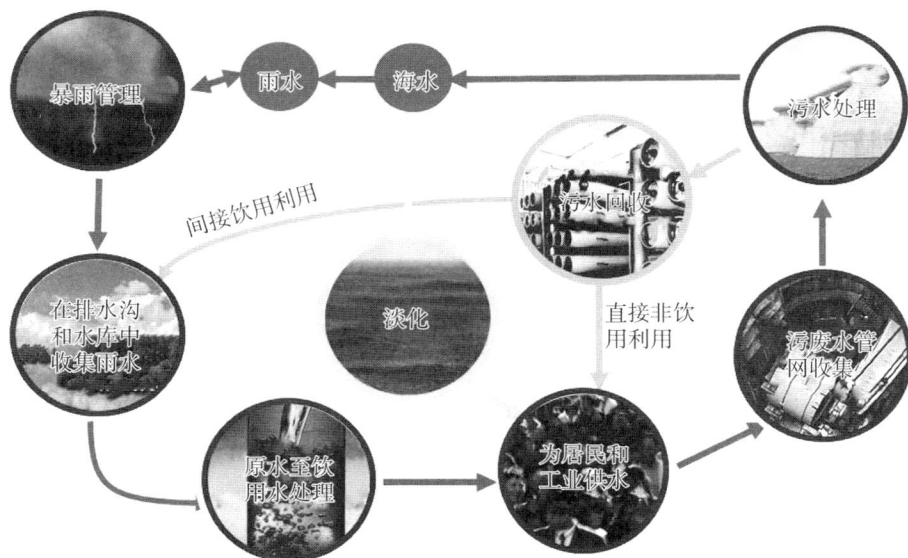

图 4-1 水循环闭环

历史背景

早在 1966 年,岛上的供水来源仅仅是英国人遗留下来的中央集水区的水库。即使在那个年代,新加坡的制造业和其他工业尚未起步,水库的水也不足以满足需求。我们不得不依赖根据于 20 世纪 60 年代初签订的两项供水协议从柔佛州获取水源。其中一份协议于 2011 年到期,另一份协议将于 2061 年到期。为了满足日益增长的人口用水需求和不断扩大的经济需求,寻找更多新的可持续水源已成为当务之急和国家优先事项。

寻找解决方案

从受保护集水区转向无保护集水区

这一探索始于新加坡的中央集水区,包括位于中央自然保护区的麦里芝水库(MacRitchie)、实里达水库(Seletar)和贝雅士蓄水库。但是,仅靠这些不允许开发的"受保护"水库,只能满足一小部分用水需求。为了平衡土地开发需求,在20世纪70年代和80年代,人们开始开发新加坡西部和北部的不受保护集水区(见图4-2)。这些集水区被称为"不受保护"的原因是允许进行一定程度的开发,不过开发范围主要限于住宅、轻工业和清洁用途。此外,还实施了严格的污染控制措施,以确保水源质量。

河口水库

从20世纪70年代开始,新加坡北部和西部启动了"河口水库"。河口水库的主要理念是筑坝拦截所有可能的河流。

部分水库位于森林茂密的西部集水区。而新加坡北部的克兰芝(Kranji)水库则位于半城市化集水区,那里有动物和蔬菜农场以及棚户区,导致地面径流受到污染。为此,需要采取污染控制措施以确保能够收集干净径流用于供水。例如,人们不得不将污染严重的养猪场从北部的克兰芝迁往东部的榜鹅。与马来西亚的做法类似,人们也曾尝试集约化养猪场管理。然而,即使是这些高密度的养猪场,也需要大量的土地进行废水处理。当时猪肉是新加坡重要的食物来源,人们希望在猪肉供应方面自给自足。但保障充足、干净的水同样关键。鉴于土地限制,1984年新加坡最终决定逐步淘汰所有养猪业,因为从长远来看,进口猪肉更具经济性。

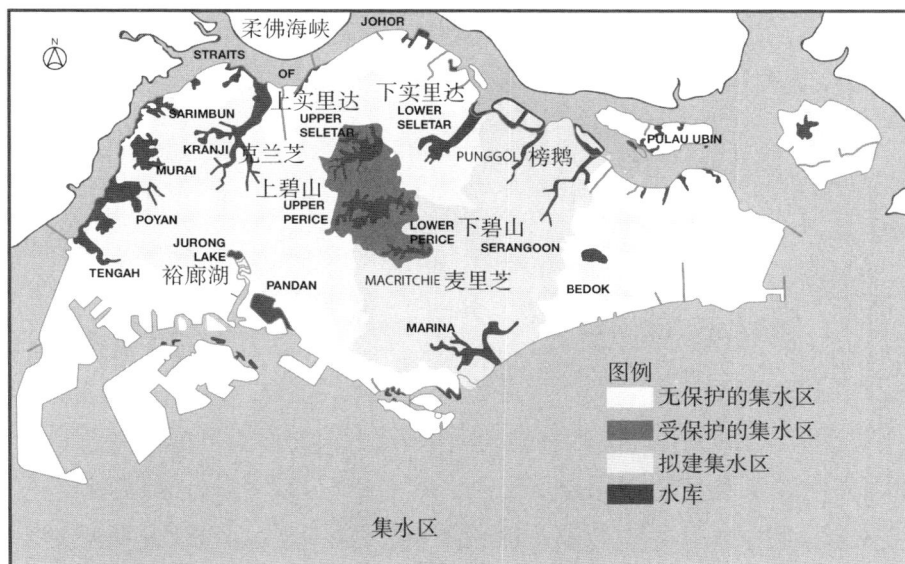

图 4-2　新加坡的水库和集水区(2008 年之前)

城市无保护集水区

城市无保护集水区比森林和半城市化的无保护集水区更具挑战性。换句话说,这些城市集水区将收集来自乡镇和建筑物的水,而不是传统集水区中未开发森林地区的径流。这意味着所利用的径流将不那么干净。

因此,不仅要采取措施确保必要的环境基础设施到位,同样重要的是有效执行污染控制措施并进行适当的水处理。城市集水区的开发还涉及一些有趣的工程。例如,在双溪实里达—勿洛供水计划下,雨水收集系统的设计确保只收集雨水中较干净的部分并将其纳入水库。该系统的设计原理是让通常污染最严重的"初期径流"绕过收集设施,而将雨水中较干净的部分转移到蓄水池并泵入水库。此外,该项目还采用了当时的先进技术,如臭氧消毒以有效处理水质。

新加坡河清理

在实施这些计划的同时,人们于 1977 年开始对新加坡河及其集水区进行大规模清理。河流清理工作规模庞大,涉及政府各部门、部委和法定机构的各个单位,包括收集所有场所的污水、建造新的城镇和住宅区以安置寮屋居民、开发新市场和小贩中心以安置街头小贩、搬迁污染严重的汽车修理厂,以及建造新码头和设施以将船舶运营和造船厂迁出河流。这些设施配备了供水、燃气、固体废物处理和污水处理系统。最后,随着河床疏浚和河岸美化,河水变得清澈,鱼儿重返河中。这次清理工作历时 10 年,于 1987 年完成,新加坡河重获新生——河边有了新的河滨步道,新餐馆林立河岸边,使新加坡河地区成为夜生活的热门场所。

进一步清理河水的努力推动了新加坡环境基础设施的不断更新和改进。在千禧年之交,新加坡决定在滨海湾水道上修建一座拦河坝,5 条流经市中心的河流(包括新加坡河)在此汇合,再流入大海。该水库还将成为城市低洼地区的防洪设施,配有顶闸和高流量轴流泵来调节水库水位和洪水水位。这个被称为"三合一水库"的滨海水库也成了市中心的娱乐场所。拦河坝于 2008 年完工,2009 年开始蓄水过程后,一座位于城市中心的大型淡水水库就这样形成了。这一水源开发成为额外的供水来源。

除了滨海水库外,人们还在新加坡东北部的榜鹅河和实龙岗河河口筑坝,建造第 16 个和第 17 个水库。就这样,新加坡三分之二的陆地面积将变成集水区,用于大规模收集雨水。

再生水

供应工业用水

早在 1964 年,新加坡就启动了首个再生水厂。这座名为裕廊工业水厂的设施采用传统的水处理技术——凝结、絮凝、澄清、砂滤和曝气,即对二级处理的废水进行深度处理,以供应低品质工业用水,主要供炼油厂、造船厂、造纸厂和纺织厂等需要大量用水进行冷却和清洗的行业使用。其他行业也进一步处理这种工业用水,用于其生产制造工艺。

1974 年尝试再生饮用水

尽管在 20 世纪 60 年代末再生水作为工业用水已经开始实施,但首次饮用水再生试验是在 1974 年进行的,当时建立了一座试点再生水厂。经过二级处理的污水同样经过反渗透工艺和其他先进处理工艺,如离子交换、电渗析和氨气提,生产出达到饮用水标准的水。这些水甚至达到世界卫生组织饮用水指南的标准。然而,由于膜的成本高昂,水再生工艺不具有成本效益。除此之外,膜技术当时还不可靠,因为膜污染是一个重大问题,需要频繁清洗。因此,这座先进的水再生示范工厂在连续运行 14 个月后,于 1976 年 12 月关闭。

新生水

新生水的发展

如今,随着膜技术的进步,从二级处理后的污水中再生达到饮用水标准的水变得更加经济且可靠。1998 年,新加坡重新审视了水再生的理念。这次,使用的技术有了重大突破。材料的重大进展使得新的微滤膜在预处理和反渗透膜中更具抗污染性,能够在低压下运行,并且制造成本更低。今天,我们使用多种安全屏障的水再生工艺,包括常规的污水处理过程、微滤或超滤、反渗透和紫外线消毒(见图4-3),生产出达到饮用水标准的水,这种水现在被注册并命名为新生水。图4-4所示为膜处理过程的污染物去除情况。

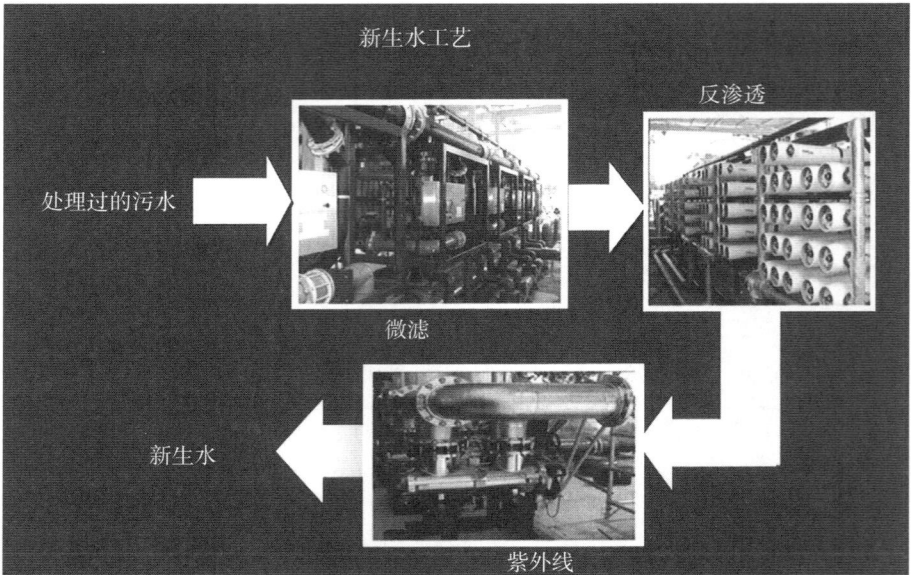

图 4-3　新生水工艺

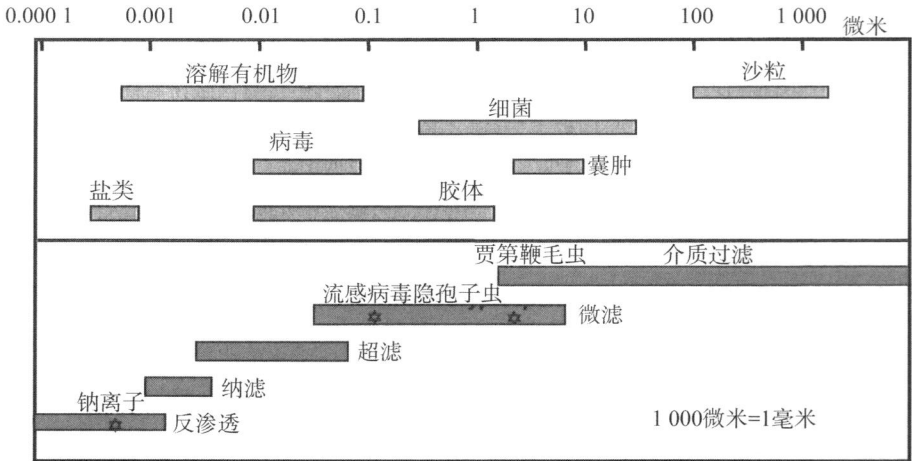

图 4-4　膜处理过程的污染物去除情况

　　首先,污水通过传统的生物处理工艺进行处理,产生出质量稳定的二级处理出水。然后是微滤或超滤工艺,使用孔径为 0.2 微米的膜过滤所有悬浮固体、胶体颗粒、细菌、某些病毒和原生动物囊肿。然后,采用反渗透(RO)工艺,其本质上是一种孔径为 0.000 1 μm 的半透膜，可有效去除溶解的盐类和有机污染物，同时允许水分子通过。因此，20 世纪 70 年代曾令人担忧的总溶解固体现在不再是问题，因为它们可以通过反渗透工艺轻松被去除。最后一道工序是高强度紫外线消毒这一安全强化步骤，以确保系统在反渗透过程中在不太可能发生故障的情况下保持完整性。

这些膜技术已经通过在 2000 年建造和运行的一座处理能力为 2.2 百万加仑/天（10 000 立方米/天）的示范规模工厂进行了广泛测试。新生水的水质也经过独立验证，并由一个国际知名水务专家和本地学术界专家组成的专家组确认。总体而言，超过 20 000 次测试，涵盖了约 190 个水质参数，结果显示，新生水的质量完全符合美国环境保护局（USEPA）和世界卫生组织的饮用水标准和指南。今天，该工厂继续稳定可靠地生产新生水，并定期接受由本地和国际水务专家组成的外部审计小组的审核。

海水淡化

自 2005 年 9 月起，新加坡开始对海水进行淡化处理，作为饮用水供应。同样使用了反渗透技术。但由于海水中盐分含量较高（是处理后污水的 50～100 倍），海水淡化处理的操作压力可高达 70 个标准大气压，是新生水生产所用压力的 7～8 倍。因此，海水淡化处理的能耗和成本远高于新生水生产。然而，当我们整合这两个水源时，淡化的海水形成了"新"的水源输入，不仅增加了水库的水存量，还可以通过重复使用作为新生水增加水资源。反渗透技术截留的盐分以盐水形式排放到海洋，因此供水系统中不会出现固体堆积。

新生水——公共教育

质量上，再生水几乎与蒸馏水一样纯净，可以安全饮用。问题在于心理层面，主要源自其水源和缺乏矿物质。即使工艺过程在科学上是可靠的，问题在于：怎样才能克服心理障碍，让新加坡人相信这种再生水能够安全饮用呢？

因此，我们需要为这种高品质再生水制定品牌和营销计划。希望品牌名字给人以创新的印象。我们不希望用名称描述水质——这会显得过于科学化，对大众没有吸引力。因此，我们拒绝了"纯净水""优质水"等名称，最终决定将其命名为"新生水"，一个不言而喻、富有自我表达力的名字。新生水不仅反映了污水的"重生"，而且在不明确涉及水质的情况下，寓意着清洁和纯净。现在新生水品牌已经确定，需要的是一个营销计划。

在新加坡，我们相信多方利益相关者共同参与的方法，包括社区、政府和私营企业。因此，我们邀请媒体到美国进行考察，了解水再生利用的实际应用；与社区领导人合作，向新加坡人介绍情况，并向他们传授所使用的先进技术；还推出一项宣传计划，通过报纸、电视甚至特别委托拍摄的纪录片等形式，向公众推广新生水。

除了通过媒体传播信息外，我们还将新生水装瓶供公众品尝，以便他们亲自品尝到水的纯净和新鲜。

为了持续开展公众教育，我们还推出新生水游客中心，通过互动游戏和生动有趣的展示，寓教于乐。游客在参观游客中心时，甚至可以看到新生水工厂的实际运行情况！

您可能已经注意到，我们用"已用水"一词代替了"污水"。这不仅仅是语义问题，而是因为我们坚信水是一种资源，可以不断地被反复使用和再利用，这在全世界都是一种惯例，即下游社区从接收上游社区排放已用水的同一条河流中取水。因此，它不是应被丢弃的废水流。

随着新生水的成功引入，我们利用膜技术生产超净水，实现了水循环闭环。新生水甚至可以被用于对水质要求比自来水更高的敏感的晶圆制造行业。

自 2003 年推出以来，新生水的需求迅速增长，部分原因是晶圆制造厂、炼油厂和石化公司等用水大户欢迎新生水作为高质量的饮用水替代品。其他客户包括发电站、电子公司和商业场所。目前，我们向大约 300 家客户供应新生水。

为了满足不断增长的需求，我们增加了新生水的供应。从最初在勿洛、克兰芝和实里达的 3 座新生水工厂开始,第 4 座新生水工厂于 2007 年在乌鲁班丹通过公私合作模式下的 DBOO 方案竣工。4 座新生水工厂能够满足新加坡约 15% 的用水需求。2008 年初,我们向另一家私营公司授予建设第 5 座、也是最大的一座新生水工厂——樟宜新生水工厂的投标合同,同样采用 DBOO 方案。这座工厂于 2010 年完工,新生水工厂总产能能够满足新加坡高达 30% 的用水需求。

水循环利用——城市供水解决方案

对于人口稠密的新加坡来说,水循环再生利用除了有一些显而易见的好处外,还有一些不那么明显的好处。

首先,水循环再生利用可以有效增加水资源。与单次使用的线性方式不同,通过新生水同样数量的水可以被无限次循环再利用。举例来说,如果能回收利用 50% 的水,那么理论上供水量将翻一番。你开始时有 1 升水,通过回收得到 0.5 升水;再回收这 0.5 升水得到 0.25 升水,然后是 0.125 升水,以此类推。从理论上讲,人们可以从回收的第 1 升水中提取 $0.5 + 0.25 + 0.125 + \cdots = 1$ 升水,从而使第 1 升水成倍增加。这样,对于喜欢数学的人来说,通过循环利用获得增加的水供应量,实际上可以用几何级数的求和公式来计算:$\sum_{n=0}^{\infty} ar^n$,其中,首项 a 等于第 1 升,公比 r 等于循环利用率。这个总和等于 $a/(1-r)$,给出了通过循环利用可以获得的总水量!

其次,对于一个小岛国来说,土地是一种非常宝贵的资源。通过循环回收利用,人们在使用水资源的过程中可以持续获得原水。人们不需要用大片的土地来建造水库,以便在两次降雨之间蓄水。现代的水再生技术使用可向上堆叠的模块化膜,减少了工厂的占地面积。因此,水回收技术不仅能够将水处理至非常高的标准,而且在土地利用方面也非常高效,非常适合新加坡或其他城市的发展。事实上,位于新加坡东部樟宜的新生水工厂,就是建在为其提供处理后的污水的回收工厂的屋顶上,从而最大限度地利用土地。

新生水之所以成为人们的主要水源之一，完全得益于人们在过去 40 年所作的努力，这些努力确保所有污水都通过覆盖整个新加坡 3 000 多公里污水管网收集，并在排放前经过符合国际标准的处理。有了新生水，每升水在使用后都成为一种资源。因此，水循环利用是覆盖整个城市污水管道的完美补充。

最后，水再生利用是一个不受天气变化影响的可控过程。与其等待降雨然后在水库中收集，不如利用处理后的污水进行水回收，这样人们可以提前规划获取所需数量和质量的水。

新生水成本

从能耗的角度，再生水比海水淡化的能源消耗要低得多。在现有的技术条件下，海水淡化生产清洁饮用水所需的能源大约是再生水的 4 倍。根据最新樟宜新生水工厂的投标价格，生产每立方米新生水的成本约为 0.30 新加坡元，而海水淡化的成本是新生水的 2 倍多。这与传统的集水区水源相比具有优势。

结论——新水资源管理战略

新加坡的水资源故事提供了一种可持续供水系统的新水资源管理策略。由于土地面积有限，人们只能通过传统方式收集、储存和处理有限的水资源，即通过在原始水库中收集水，再通过混凝、沉淀和砂滤进行处理。新加坡已经开始实施一种新的水资源管理策略，即从非常规水源中获取水。这项新战略必须采取软硬兼施的方法。通过利用成熟的技术，更重要的是通过消除心理障碍，水的再利用可以成为主流并成为未来可行的水源。这就是为什么新生水在新加坡的供水策略中至关重要的原因。

致　谢

　　作者谨感谢新加坡公用事业局在撰写本章时给予的所有帮助，以及为本章提供的所有数据支持。

第五章
可持续发展的环境规划

陈荣顺

　　清洁、绿色的环境不仅能为国民提供高品质的生活,还能促进经济增长。新加坡是一个土地和资源非常有限的小岛国,却能在经济增长与环境保护之间取得良好平衡。这需要清晰的愿景、长期的环境规划和有效的实施。

土地使用

　　长期综合土地使用规划在保护环境方面发挥着重要的作用。从宏观层面来看,新加坡的发展以概念规划为指导,概念规划是一项战略性的长期土地使用规划,描绘了新加坡未来 40～50 年的土地利用愿景,每 10 年审查一次。这一过程由国家发展部和市区重建局牵头,真正是一项涉及所有相关机构的协作努力,特别是环境和经济机构,以确保在发展的同时保护环境。因此,土地资源得到最佳利用,从而使新加坡在不断发展、人口增长的同时,生活质量也得到提高。再往下一层,总体规划将概念规划中的广泛长期战略转化为详细计划,甚至具体到每块土地的允许用途和开发密度。

　　环境控制因素被纳入土地使用规划中,以确保开发项目选址恰当。可能造成大量污染的主要土地使用者被集中在一起,尽可能远离住宅区和城镇中心。通过开发控制和建筑计划审批过程,项目开发商必须使规划部门和环境机构满意其环境污染防治措施,以限制其对环境的影响,并确保与周围土地利用的兼容性。

环境污染控制要求必须纳入开发项目的设计中,特别是在环境卫生、排水、污水处理和污染控制方面。可能造成大面积污染的行业和可能对环境造成重大影响的大型开发项目都必须进行污染控制研究,研究内容包括所有可能对环境造成的不利影响,以及为消除或减轻这些影响而建议采取的措施。

对工业污染的控制不只是限于规划和开发阶段,即使在获得批准之后,污染水平仍会被密切监测。随着技术进步,污染标准会定期审查并调整。

新加坡尽可能多地留出绿地用于休闲娱乐、保护环境和确保生物多样性。一些自然区域被指定为国家公园或自然保护区,受国会立法保护。在土地稀缺的新加坡,这些自然区域数量有限。在未受立法保护的生物多样性丰富的区域,尽可能长时间地避免开发。位于新加坡主岛东北海岸外的乌敏岛东南端的仄爪哇(Chek Jawa)就是一个典型例子,仄爪哇是一片占地 100 公顷并拥有不同的生态系统和生物多样性的湿地。然而,大多数地块都可供多种用途使用。为了增加绿地面积,在适当的情况下,道路和运河沿岸的排水保护区被改造成绿色走廊和公园连接道。

新加坡仅存的垃圾填埋场——近海的实马高垃圾填埋场,其设计和运营旨在保护周边地区的生物多样性,保护和维护海洋生态系统。它也是一个田园诗般的风景名胜,可供开展教育旅游、导览潮间带徒步、观鸟、运动钓鱼或夜间观星等活动。由于如此精心的规划,新加坡的绿化覆盖率在 1986 年至 2007 年间从 35.7% 增长到 46.5%。

在新加坡,土地永远是稀缺而珍贵的资源。展望未来,新加坡必须继续努力探索土地和空间优化方面的创新。为了利用研发优势,开发具有突破性和开拓性的技术解决方案,以增加新加坡的土地容量,满足其长期发展的需求,并为子孙后代创造替代方案,新加坡国家研究基金会(NRF)从 2013 年至 2018 年拨款 1.35 亿新加坡元,用于土地与宜居性国家创新挑战,旨在"以成本效益高的方式创造新空间,并优化空间使用,以维持新加坡的长期增长和韧性"[1]。

---

1 National Research Foundation, Singapore (NRF) (2014), National Innovation Challenges. Retrieved 10 January 2015 from http://www.nrf.gov.sg/about-nrf/programmes/national-innovation-challenges?

关键环境基础设施

　　还必须为排水、排污、供水和废物处理设施等关键环境基础设施预留土地。对这些基础设施的未来土地需求预测也被纳入概念规划，以确保有足够的土地满足这些需求。同时，生态资源丰富的选定区域也将受到保护。拥有良好的基础设施非常重要。

排水系统

　　新加坡位于赤道带，雨量充沛。如果雨水排放基础设施不足，就会经常发生严重的洪涝灾害。管理季风大雨造成的洪灾非常重要，因为洪水不仅给人们的生活带来极大的不便和破坏，还可能对财产造成巨大的破坏。一些洪灾甚至可能造成人员伤亡。充足的雨水排放基础设施需要预留大量土地来建设排水系统。因此，环境和水务机构与市区重建局、建屋发展局、新加坡裕廊镇公司以及其他开发机构协商，制定并实施了一项全面的排水总体规划，其中考虑了当前和未来的土地使用情况以及开发强度。排水总体规划还预留了土地用于拓宽现有的雨水排水沟和运河，以及修建未来的排水沟、运河和滞洪设施，以最大限度地减少未来的洪水并配合发展。为此还出台了新政策。例如，要求开发项目提高地坪高度，并要求新开发项目实施现场滞洪措施，以减少强降雨期间从其场地排放的峰值径流。因此，易受洪水侵袭的地区从 20 世纪 70 年代的约 3 200 公顷减少到 2013 年底的 36 公顷。

卫生设施

　　卫生设施是另一项重要的基础设施，否则疾病就会传播。根据概念规划拟议的土地用途分配，确定了污水处理总体规划。污水处理总体规划是污水处理设施开发的详细指南,制定了基于预定分区的污水流量,并考虑了污水管道的微观设计及污水处理设施的布局。根据污水处理总体规划,新加坡按照岛屿的地形轮廓将其划分为多个污水收集区。每个区域都有一个集中式污水处理厂,污水在按照国际标准处理后排入大海。岛上安装了泵站,将污水输送到污水处理厂。

新加坡污水处理管理系统设计时被明确要求有雨污水分流系统,以确保污水进入中央污水处理系统,并与雨水分开,这对保持新加坡及其周边水域清洁至关重要。从长远来看,这种单独污水处理系统是一种更加有效、经济的方法,因为它可以确保内陆水道、水库和新加坡周围海域不会受到未经处理或半处理的生活污水和工业废水的污染,并确保所有污水在排入大海或进一步处理以生产工业用水或饮用水之前都得到收集和处理。雨污水分流系统还可以防止雨水进入污水处理系统,在暴雨期间造成溢流,就像联合污水处理系统可能会发生的那样。

所有建筑物都必须接入公共污水管网。住宅区和工业区的开发商必须建设污水管道系统,以便有效收集和输送污水和工业废水至公共污水管道系统。发展提案经过审查,以确保不挤占公共污水系统(如污水管道、泵站、主管道等)。这有助于避免公共污水管道系统受到任何潜在的损害,进而防止污水溢流或泄漏导致的污染。此外,还通过立法对污水管道的铺设和卫生工作提出了严格要求。

随着新生水(从处理过的污水中回收的水,虽主要用于工业所需的高纯度水但也可作为饮用水)的发展,生活污水和工业废水成为可以回收再利用的资源。为了将污水收集到中央再生水厂进行处理并转化为新生水,新加坡建造了深隧道污水系统,从而腾出一些以前用于污水处理厂和泵站的土地,用于再开发。

供水系统

实现水资源的可持续性是一项战略目标。内陆河流被筑坝形成水库,并进行了扩建。河口河流也被筑起堤坝,将含盐的河水隔开,形成大量淡水。集水区必须受到保护,以确保收集的雨水符合饮用水原水的质量标准。在有必要开发的地方,这种开发仅限于住宅小区和清洁轻工业。除了土地使用规划外,还需要严格控制污染。然而,由于土地稀缺,我们无法保护所有的集水区。事实上,全岛三分之二的陆地都是集水区,其中大部分都没有受到保护。适当的卫生设施以及对污水和工业废水的严格监管使这些未受保护的集水区得以发展。

新生水、再生水(将废水净化至饮用水标准)和淡化水合在一起可以满足现在新加坡 40％的用水需求。

废物处理

还必须为有效的固体废物管理基础设施预留土地,以确保固体废物不会对公众的健康造成潜在威胁。最初,垃圾是在主岛上的卫生垃圾填埋场处理,这些填埋场位于沼泽地区等不适合开发的地区,并且远离人口稠密的地区。随着土地日益稀缺和固体废物不断增加,新加坡在 20 世纪 70 年代末引入了焚烧技术,以将送往垃圾填埋场的垃圾减少到其原始体积的 10％左右。关闭的垃圾填埋场经清理后,可重新规划用于其他用途。垃圾焚烧产生的热量可以用于发电。但是,必须为垃圾焚烧厂划拨土地,垃圾焚烧产生的灰烬仍需在垃圾填埋场进行处理,尽管对垃圾填埋场的需求大大减少。由于主岛上没有更多的沼泽地,因此在实马高岛建造了一个离岸垃圾填埋场,用于处理焚烧灰烬和无法焚烧的固体废物。

成功的关键因素：4Ps

虽然物理规划方面——土地利用规划和关键环境基础设施很重要,但良好的环境只有通过 4 个关键成功因素才能实现,即政治领导力(political leadership)、公共部门的效率和效力(public sector efficiency and effectiveness)、私营企业竞争力和社会责任(private sector competitiveness)以及民众参与和主人翁精神(people participation and ownership)。

政治领导力

政治领导力是实现经济增长与环境可持续性之间良好平衡的关键,因为政府最高层必须明确、清晰地认识到清洁和优质生活环境的重要性;必须坚定地致力于实现这一愿景;必须有能力传递这一愿景,以得到所有人的认同和支持。

在最初的 50 年里,新加坡拥有具有超越经济发展的富有远见的政治领导人,他们意识到保护环境和发展经济不仅不是相互排斥的,而且是相辅相成的。新加坡的领导人有足够的智慧和勇气出长远规划,并具有建设能力,同时也具备传递愿景并说服人民和企业调整他们过去的本可以满足一些迫切需求的经济发展模式。

公共部门的效率和效力

除了健全的政治领导外,一个有效和高效的公共部门对取得成功至关重要。政治领导层必须得到公共部门的有力支持,公共部门应帮助政治领导层制定良好的政策并有效实施。公共部门必须作为一个有效的整体政府机构进行组织和运作,良好开发和管理基础设施项目,不断创新,持续制定高标准的环境政策并审慎监管。公共部门还必须引入正确的市场机制,以遏制污染者,鼓励发展充满活力的私营公司,从而高效地生产环境产品和提供服务。

私营公司竞争力和社会责任

私营公司当然有能力为新的环境产品作出贡献,因为企业往往善于创新和寻找机会。因此,海水淡化厂、最新的新生水厂和焚烧厂都是私营的,并与相关政府机构建立公私合作伙伴关系。事实上,新加坡的吉宝、胜科和凯发等公司也已成功进军海外市场,如中国和中东地区,提供具有竞争力的环境和水服务。

私营公司必须承担社会责任。企业必须遵守政府制定的环境标准。政府鼓励企业对拟议的新法规和标准提供反馈意见,以便在合理的时间框架内有效地引入这些法规和标准。

民众参与和主人翁精神

民众一定希望为自己和孩子创造更好的环境。公众的参与和主人翁精神对于改善环境至关重要。第一次全国性公众教育活动是 1968 年为期一个月的"保持新加坡清洁"运动。经过多年的公众教育,公众的公民意识、社会责任感和自律意识才得以培养。现在,这种由政府主导的平台已在很大程度上被群众参与、分享长期计划和健康的民间社会自下而上的倡议所取代。

最初,人们可能更关注眼前的需求,这时需要说服人们认识到清洁环境的好处。一旦人们从清洁环境中获益,他们就会渴望清洁的环境。如果政府在提供清洁环境方面进展缓慢,他们甚至会比政府领先几步。

人们已经开始渴望一个清洁的环境,但还必须将他们组织起来,对他们进行教育,激励他们为自己的子女承担起环境管理者的角色,改变自己的行为,自愿协助,而不是仅仅依赖政府来创造一个清洁的环境。

新的环境挑战

新加坡通过有效的环境政策、规划和实施,在保护环境方面做得很好。由于环境良好和随之而来的经济进步,新加坡人受教育程度更高,旅行范围更广,因此对环境的要求也就更高。由此必须继续改善新加坡的环境基础设施,并提高标准,为人们提供更好的生活质量。在气候变化带来巨大危险和不可预测风险的情况下,这一点尤为重要。我们需要采取必要的措施来缓解和适应气候变化。

我们必须从环境保护的思维模式转向环境可持续性的思维模式。正如 1987

年联合国世界环境与发展委员会的报告《我们共同的未来》中所定义的那样,可持续发展是"既满足当代人的需求,又不损害子孙后代满足其自身需求的能力的发展"[1]。新加坡已经着手实施环境可持续性计划。这是一段持续进行的旅程。自上而下的环境保护方式仍然很有必要,但效果日渐微弱。如今,有效的自下而上的方式愈发重要。

生活环境的提升

随着新加坡的发展,新加坡人将更好地理解环境与人们的健康和社会福祉之间的联系,并认识到环境质量对人们的生活质量具有重要作用。人们将不再简单地满足于良好的基础公共卫生和人类健康。新加坡的环境基础设施和标准必须不断升级,才能真正达到国际先进标准。面临的挑战是引进和采用创新的环境基础设施和措施,并使这些设施高效、便捷,以便居民实施诸如废物回收、节约能源等环保计划。

必须有效应对新形式的污染威胁和环境恶化问题。公众理应期待并要求更高质量的环境。

气候变化

气候变化导致海平面上升、极端天气变化和强降雨,以及能源需求增加,这不仅对基础设施和经济构成了新的挑战,而且对环境、社会和健康也产生了重大的影响。人们必须解决这些问题,并牢记对未来的影响。人们越来越需要长期规划、政策和技术创新,以找到缓解和适应气候变化切实有效的解决方案。

1　UN World Commission on Environment and Development（WCED）（1987）, Chapter 2: Towards Sustainable Development, in *Our Common Future: Report of the World Commission on Environment and Development* . Switzerland: WCED. Retrieved 8 December 2014 from http：//www. un-documents. net /ocf-02. htm.

环境可持续性

新加坡人必定希望保持可持续的生活方式——无论是环境、社会还是经济。虽然许多新加坡人希望获得更好的环境质量,但他们也必须愿意付出代价,无论是通过改善行为和习惯来保持公共场所的清洁并减少能源消耗,还是为子孙后代保护环境而承担更高的直接经济成本。强有力的政治领导力和坚定的公众主人翁精神需要说服和引导公众支持良好的环境。改善环境需要付出代价,但不采取行动则代价更大。

环境:新加坡的竞争优势

新加坡从建国之初就非常重视环境。由于新加坡自然资源匮乏和腹地城市国家的独特环境,因此爱护环境和最有效地利用资源对人们来说是一种必需,而不是一种选择。

新加坡的环境机构,从反空气污染研究院(成立于 1970 年)到环境部(成立于1972 年,后于 2004 年更名为环境与水资源部)及其下属机构——公用事业局和国家环境局,始终着眼于长远规划,不断创新,有效而务实地开展工作,帮助新加坡实现可持续发展。

为确保将环境因素纳入新加坡的城市规划,土地利用规划一直都很重要,今后也将继续将其融入城市规划中。环境机构已经并将继续与城市规划当局合作,以确保综合土地使用规划。关键的环境基础设施也必须进行规划和实施。

清洁和绿色的环境是我们在确保居民生活质量和吸引投资方面的竞争优势。随着新加坡不断发展成为世界一流国家,我们要成功地从环境保护的思维模式转变为环境可持续发展的思维模式。政治领导人的愿景、公共部门帮助实施环境愿景的能力、私营公司的活力以及人民对良好环境的支持、个人责任感和主人翁精神,都是我们取得今天成就的因素,也是推动新加坡继续前进的巨大力量源泉。

致　谢

作者是新加坡环境及水源部前常任秘书和市区重建局前首席执行官,在此感谢环境与水资源部和市区重建局的前同事们为可持续发展的环境规划所做的出色工作。作者还要感谢国家环境局前副首席执行官兼环境保护总监卢雅娟(Loh Ah Tuan)、国家环境局前气象处处长兼污染控制处处长冯志良(Foong Chee Leong)以及公共工程局前排水处处长兼 3P(公共、私营和民间部门)网络处处长叶庆元(Yap Kheng Guan)对本章初稿提出了意见和建议。

第二部分

当前的挑战

第六章
环境与水资源的前沿研究：
可持续解决方案的综合研究方法

李来玉，王俊南
新加坡国立大学环境研究所

摘　要

　　新加坡国立大学通过新加坡国立大学环境研究所的协调研究，一直引领环境和水资源领域的前沿研究。这种研究方法基于可持续解决方案的多学科综合环境研究。自新加坡早期探索非常规饮用水供水以来，新加坡国立大学的研究人员一直积极参与运用毒理学评估再生水对健康影响的研究。如今，新加坡国立大学继续以集水区环境监测的创新理念和先进的处理技术，引领优质水供应的持续研究。新兴污染物(如可能影响亚洲城市空气和水中的小颗粒物质、纳米材料和持久性有机污染物)的挑战，也是新加坡国立大学环境研究所研究人员与当地机构和国际机构目前正在开展的主要研究项目。新加坡国立大学的气候变化研究有助于进一步了解潜在脆弱性，为新加坡和该地区制定可持续的气候变化适应和缓解措施。新加坡国立大学在水-食品-空气方面的多学科研究，为快速发展的新加坡和本地区国家提供了与安全、健康及环境影响有关的新知识和突破性发现。新加坡国立大学环境研究所是政府机构、工业界和研究机构在环境和水资源研究方面的联络点。这些合作是新加坡国立大学环境研究所的关键重点，旨在将创新的研究理念和成果商业化。

开端——寻找非常规水源

众所周知,新加坡是一个水资源匮乏的国家,这促使该国 30 多年前就着手研究创新技术,以实现全国范围内的水资源自给自足。随着膜技术的成熟,处理规模的经济性和依赖性催生了今天新加坡的新生水厂。该技术基于多屏障膜(即微滤和反渗透,最后是紫外线消毒),利用二级处理后的生活污水生产新生水。在新加坡,新生水被称为第三大国家水源。新生水为直接非饮用工业用途供应原水,而间接饮用的再利用是通过将一部分新生水与水库的原水混合后,在水处理设施中进一步处理后供家庭使用。后者对于维持饮用水供应至关重要,尤其是在干旱月份。目前,新生水满足了新加坡高达 30% 的用水需求,到 2060 年,这一数字还将增加一倍(PUB, 2014a)。

研究是新加坡成功实施新生水项目的主要基石之一。来自新加坡国立大学的多学科研究团队及其合作伙伴参与了运用毒理学研究再生水(后来在新加坡被称为新生水)对健康的影响。研究人员以小鼠和鱼类作为模型,评估新生水的短期和长期毒性及致癌性影响。这些再生水对健康影响的研究,是为了补充全面的取样和监测计划(包括 293 项水质参数,远超美国环境保护局规定的 100 项和世界卫生组织规定的 122 项)。此外,还评估了日本青鳉鱼(Oryzias latipes)对勿洛新生水试点工厂出水的雌激素效应(该工厂的产能为每天 10 000 立方米),并与新加坡公用事业局传统的勿洛水库水源进行了比对(PUB, 2002)。

改良后的鱼类测试在试验工厂进行了一年的设置和评估,而使用 B6C3F1 品系进行的小鼠测试,通过在新加坡国立大学的动物饲养单位喂食小鼠 150 倍和 500 倍的新生水和水库水浓缩物,进行了长达两年的实验(Rodriguez et al., 2009)。

为了进一步探索,利用水族生物进行水质健康监测类似技术的可能性,新加坡国立大学的研究小组开发了包括青鳉鱼和斑马鱼(Danio rerio)在内的转基因鱼类,它们对环境中存在的毒素产生荧光反应(Gong et al., 2001),与图 6-1(a)中的 GloFish 类似。第一系列转基因鳉鱼插入了编码绿色荧光蛋白(GFP)的基因，该基因是从一种能自然发出亮绿色荧光的水母中分离出来的(Gong et al.，2003)，并通过胚胎整合到鱼类基因组中。通过添加来自海珊瑚的基因和绿色荧光蛋白变体，还培育出其他颜色的荧光转基因鱼，如红色、黄色或橙色荧光转基因鱼(Gong et al.，2003)。这些活体彩色蛋白具有独特的特性，即鱼身上的荧光颜色可以在自然白光和紫外线下直接显现(Gong et al.，2001)。作为研究成果的一部分，该项研究还获得一项专利[1]，用于培育一种持续荧光的鱼，受到观赏鱼爱好者的热烈欢迎。美国约克城科技公司(Yorktown Technologies，L. P.)已获得授权，以"GloFish"品牌在全球销售这种转基因斑马鱼[见图 6 - 1(a)]。

(a)　　　　　　　　　　　　　　　　　(b)

图 6 - 1　荧光转基因斑马鱼(a)和斑马鱼自动培养系统(b)

(a)展示了目前商业化的 GloFish，它们是基于新加坡国立大学的专利生产的(由 Yorktown Technologies 提供)；(b)显示了一名研究人员在循环水斑马鱼水箱前工作的场景

在过去几十年里，水评估和水处理方面的研究能力为新加坡和全球的科学家和研究人员提供了基础，使他们能够在此基础上进一步开发先进技术，以改进水处理的效率和效果，开发快速、灵敏、在线传感技术，以及用于保护环境和人类健康的绿色技术。确保水资源始终以高质量供给是一项日益具有挑战性的任务。

1　Patent no.：WO2000049150 "Chimeric Gene Constructs for Generation of Fluorescent Transgenic Ornamental Fish." National University of Singapore.

包括新加坡国立大学环境研究所在内的研究机构不断探索前沿科学和技术,并与地区和国际机构及行业建立合作关系,将创新研究理念和成果商业化。这符合新加坡成为全球水利枢纽,并在水资源管理和技术方面处于全球领先地位的愿景(PUB,2014b)。

可持续供应优质水源

环境监测

水污染物的痕量检测

水是经济增长的重要资源,可维持工业活动和满足人们的日常需求。除了营养物(氮和磷)和重金属等传统污染物日益受到关注外,排放到环境中的新兴非传统污染物也引起了水专家的注意。这些污染物包括痕量药物化合物、化妆品和护肤品中的纳米材料、地表径流中的污染物等。此外,随着水再利用实践的增多,确保供应的水能够达到最高质量变得尤为重要。

为了了解非常规污染物对环境和人类健康的潜在影响,评估这些污染物是至关重要的。由于这些污染物大多以微克到纳克的痕量水平存在,因此使用传统分析方法进行检测极具挑战性。在某种程度上,有必要开发新方法以实现灵敏和准确的量化。此外,还需要利用体内或体外测试,如具有代表性的人类细胞系或动物模型,来补充有关环境中可能对环境和人类健康产生影响的浓度信息。以下是新加坡国立大学研究人员开发的一些水质监测实例。

用于环境污染物检测的绿色分析化学

水中新兴污染物一般可分为两大类,即有机化合物和无机物质。

使用气相色谱法(GC)或液相色谱法(LC)进行化学分析,可以快速评估环境中存在的有机化合物。至于新兴的无机污染物(如纳米材料),则可采用电感耦合等离子体质谱法(ICPMS)进行分析,该方法可与离子交换法结合进行物种分析。分析水体中的有机化合物和无机化合物都需要大量的样品制备工作,这是决定评估准确性的主要因素。传统上,样品制备需要使用大量危险、有害的化学品(溶剂或酸),至少从1～10升水样中提取污染物。最新的分析研究遵循绿色分析原则进行。这就需要尽量少使用危险、有害的化学物质,即溶剂,甚至进行无溶剂样品预处理。这将消除在使用气相色谱和液相色谱分析有机化合物、使用电感耦合等离子体质谱分析无机物之前的提取步骤中,有害物质的使用和处置问题。

　　液相微萃取(LPME)是一种样品制备程序,只需微升量的溶剂即可从水样中萃取,而无溶剂提取则可通过固相微萃取(SPME)实现。新加坡国立大学化学系的团队在过去几年中开发了各种液相微萃取的实施方案。其中包括使用聚合物涂层中空纤维萃取柱、溶剂棒微萃取、连续液相微萃取(CFME)和微固相萃取(μ-SPE)或俗称"茶包萃取"(见图6-2)。这些方法简单、环保且应用方便。

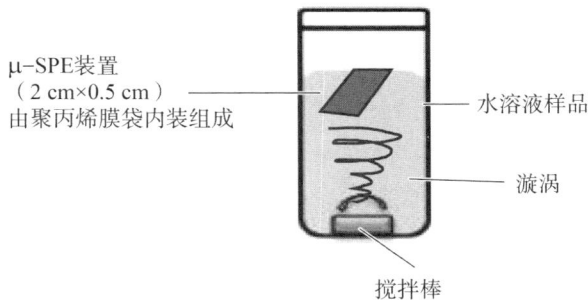

图6-2　微固相萃取示意

图片来源:李显基(Lee Hian Kee)教授提供

　　这种微固相萃取方法已被应用于水中药物化合物的测定。结果表明,液-液微萃取结合微固相萃取和液相色谱法具有回收率高、一致性好的优点。各种固相被用作吸附剂,包括沸石类咪唑框架-4(ZIF-4)、表面展示氨基团(APS)和非亲核脲基团(UPS)的极性吸附剂(Ge and Lee, 2013;Lim et al., 2013)。该方法一般只需几百微升有机溶剂和不到10毫升的样品,整个萃取过程可在几分钟内完成。然后将含有萃取目标化合物的解吸溶剂注入液相色谱做进一步定量分析。微量方法为在现场进行样品制备提供了便利,这样可以更好地储存样品,便于运输,甚至可以在现场进行分析,以避免样品分解。迄今为止,许多使用微量方法的研究团队都取得了良好的分析结果(Matheson,2008)。

工程纳米材料(ENM)对健康和环境有重大的影响,其属于无机新兴污染物的主要群体之一。由于难以区分人造纳米材料和天然纳米材料,以及它们存在于自然环境中的低纳克级别,因此给研究带来了挑战。银和钛是工程纳米材料中的重要成分,常用于个人护理和其他消费品。随着这些材料在工业中使用量的增加,它们也会进入环境中。据预测,这些工程纳米材料在地表水和污水处理厂排放物中的含量将达到纳米级。

利用显微镜、光谱和分离技术进行检测的方法主要局限于评估毒性和生物利用率。除此之外,工程纳米材料的研究重点主要集中在合成和纯化方面。因此,在环境开发中,工程纳米材料的定量检测方法将填补工程纳米材料在环境中可用浓度的知识空白,以提供更好的环境评估。

工程纳米材料的定量分析方法包括使用各种萃取和预浓缩步骤进行预处理。例如,使用 Triton X-114 进行浊点萃取(CPE)以实现各种纳米颗粒的热不可逆分离(Hinze and Pramauro,1993;Watanabe and Tanaka,1978),然后可以使用显微镜(如透射电子显微镜、扫描电子显微镜)结合能量色散 X 射线光谱法(EDS)和紫外可见光谱法进行分析,并在微波消解后使用电感耦合等离子体质谱法进行测定。这些方法的标准是重现性好、萃取效率高和检测限低。新加坡国立大学团队率先应用正交阵列设计(OAD)这一高效统计方法优化相关的复合萃取条件和双变量相互作用参数,并评估它们对水样中氧化锌纳米颗粒的萃取效率和形态分析的影响。这种化学计量学方法可以节省时间和化学品。结合方差分析(ANOVA),发现包括表面活性剂浓度和 pH 值在内的变量对萃取的影响最为显著,可以进一步优化(Majedi et al.,2012)。新加坡国立大学和其他国家机构(如公用事业局和国家环境局)正在开展研究,以进一步开发和改进工程纳米材料(尤其是环境中常见的工程纳米材料)的量化和形态分析。

利用水族物种进行生物监测

新兴污染物的生物评估提供了有关暴露浓度对健康和环境影响的详细信息。

如前所述,新加坡团队是利用转基因青鳉鱼进行在线水质监测的先驱之一,这项能力是在早期的新水测试中发展起来的。新加坡国立大学环境研究所研究团队进一步发展了利用斑马鱼监测环境污染的能力。他们开发了几种绿色荧光蛋白转基因鱼系,使用不同的诱导型启动子,这些转基因鱼可以特异性地在受到多种环境污染物类别影响时诱导绿色荧光蛋白表达,包括雌激素类化合物、多环芳烃和重金属(Lam et al.,2008;Wu et al.,2008)。

斑马鱼模型也已被证明对上述环境污染物的生物反应方式与哺乳动物相似(Lam et al.,2008;Parng et al.,2002)。此外,根据欧洲立法,斑马鱼胚胎在受精后 4~5 天(dpf)的自由摄食阶段前,可作为动物实验的替代品(Belanger,2010;EU,2010)。迄今为止,在过去 10 年中,斑马鱼模型已广泛用于胎儿致畸毒性、心脏毒性、神经感觉器官毒性筛查及组学应用(Sukardi et al.,2011)。

斑马鱼模型在环境毒物筛选方面也比动物模型具有更多的优势。斑马鱼的发育阶段仅需 5 天左右,从单细胞阶段开始,经过胚胎期、胚胎后期和具有完整器官系统的自由采食幼虫期,最终在 3~4 个月内达到性成熟期。在多达 96 个孔的微量滴定板中,使用斑马鱼胚胎/幼体,以污染物低浓度进行给药,可以实现高通量毒性筛选。这样就能快速筛查各类毒物在(斑马鱼)发育阶段对目标器官和系统的影响及致畸性(多代和生殖毒性)的评估。迄今为止,毒理学评估已涉及与神经、心脏、肝脏、免疫、肌肉骨骼、血管和肾脏相关的疾病,并对斑马鱼胚胎晚期和早期幼鱼阶段进行了评估。斑马鱼在发育阶段的透明特性也便于对内部器官进行直观评估。为了进一步促进这一工作,在组织特异性启动子下引入荧光(如绿色荧光蛋白)报告基因,以便实现实时监测和高分辨率定性定量评估特定器官组织毒性(Yang et al.,2009a)。

新加坡国立大学的研究人员目前正致力于确定用于检测环境污染物的特定生物标记基因,研究目标是利用斑马鱼的生物标记基因开发实用的聚合酶链反应阵列。

最近，"组学(omics)"技术涉及从鱼体中提取生物分子(如 mRNA 转录信使分子、蛋白质和代谢物)进行整体分析，补充了化合物暴露后的表型评估，从而为毒性的预测和机理研究提供了更多的见解(Lam et al.，2008)。该团队研究了斑马鱼胚胎发育的不同阶段的转录和蛋白质组学变化。使用气相色谱法和液相色谱法检测代谢产物水平，然后进行多元分析(OPLS‐DA)以识别负责差异调节胚胎发育过程的代谢产物(Huang et al.，2013)。这些数据将为未来毒理学或发育研究提供参考。

在所测试的一些新兴污染物中，新加坡国立大学的研究人员利用斑马鱼胚胎/幼体作为毒性基因组模型，已经开发出针对双酚 A 对早期发育阶段的筛选方案，双酚 A 具有内分泌干扰活性，源自聚碳酸酯塑料和环氧树脂制造(Lam et al.，2011)；以及通过分析成年雄性斑马鱼的基因转录组来研究 4‐硝基苯酚的肝毒性(Lam et al.，2013)。

到目前为止，青鳉鱼和斑马鱼模型都已成功应用于与水污染物相关的健康和环境研究。人们正在不断寻求使用这些模型的新筛查程序，以应对新兴污染物类别的研究。研究工作也在进行中，以更好地开发和了解使用代谢组学技术，这将有助于更深入了解生物对接触新兴污染物的反应。

传感器开发创新

环境传感器开发研究旨在提供更好的水资源和环境的监测、管理。传感器开发的主要标准是灵敏度、精确度、最低维护成本或免维护，以及能够在线传感并将数据无线传输到中央控制站。

在线传感技术有诸多优势，包括节省人力成本和分析成本，因为这需要专业人员处理样本和使用先进复杂的设备。此外，在线传感还可以在不同的地点同时进行监测，并可获得全面的数据点，以便及时进行数据分析和决策。

在线传感器种类繁多，涵盖从简单的物理参数(如 pH 值、溶解氧、温度)到更复杂的化学传感器(如用于检测氨氮、硝酸盐、亚硝酸盐、氯化物和各种重金属的离子选择电极)，一应俱全。此外，叶绿素 a 和蓝绿藻传感器也可用于监测地表水和预测潜在的藻华。过去 20 年中,世界各地发生的藻华事件导致饮用水出现味道和气味问题,在极端情况下,有毒藻类大量繁殖导致鱼类死亡,使处理过的水不再适合饮用。

磷酸盐是藻华事件的一个主要因素,限制磷酸盐也就限制了藻类繁殖的营养物质。一般来说,磷酸盐在地表水中的浓度很低,要做准确检测非常困难。总磷和正磷酸盐(生物可利用磷形式)的浓度需要分别低于 0.5 毫克/升和 0.05 毫克/升,才能长期防止水体富营养化,如果正磷酸盐浓度超过 0.08 毫克/升,则可能引发藻华(Dunne and Leopold, 1978)。

由于地表水中的磷酸盐浓度较低,传统的样品采集、运输和实验室测量需要大量仪器预处理步骤去除干扰污染物,并使用昂贵的设备进行痕量磷酸盐分析。新加坡国立大学团队与上海交通大学的研究人员在"超大城市的能源与环境可持续发展方案(E2S2)"项目下合作,开发了一种相对低成本的便携式系统,该系统基于薄膜扩散梯度技术(DGT),用于监测淡水中的溶解磷酸盐。该装置由两部分组成:①作为预浓缩器的薄膜扩散梯度技术装置,其中聚二烯丙基二甲基氯化铵(PDA)水溶液作为结合相,透析膜作为薄膜扩散梯度技术中的扩散层;②检测室。在检测室中通过紫外可见光谱进一步测量预先浓缩在薄膜扩散梯度技术装置中的磷酸盐量,以确定水样中的磷酸盐浓度(见图 6-3)。这种新开发的磷酸盐传感器的灵敏度与现有的实验室检测方法不相上下,在某种程度上甚至更灵敏,且预计成本仅为实验室分析设备的一小部分。这种新传感器已被用于测量合成河水和天然河水中的磷酸盐。结果与理论值吻合良好,并与标准方法相当(Li et al., 2014a)。研究团队还在探索将这种薄膜扩散梯度技术装置用于检测重金属和其他相关水污染物。

人们还利用分子技术开发了新型检测传感器,即分子信标(MB)传感器,用于检测环境样本中的重金属离子。其中一种广泛应用的重金属传感方法是用于检测汞离子(Freeman et al., 2009;Ono and Tagashi, 2004;Teh et al., 2014)。这种方法基于功能性核酸,即利用发夹状 DNA 探针与错配靶标和汞离子结合后,通过形成 $T-Hg^{2+}-T$ 配位而发生的"开启"反应。分子信标的构象变化导致荧光强度显著增加,可用于汞离子检测。这种检测方法灵敏度高、选择性强,即使在存在其他金属离子的情况下也能快速反应,并且可实现实时应用。在湖泊水样中,分子信标传感器已被证明与汞离子加标值具有良好的一致性,回收率高于95%,变异率低于5%(Teh et al., 2014)。

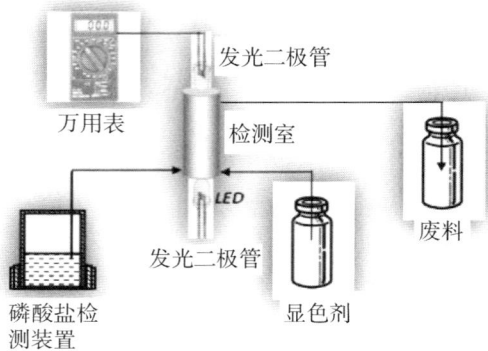

图6-3 利用先进技术保证水质;磷酸盐监测的原位预浓缩和现场分析。美国临时专利申请号:61/945,919.2014

图片来源:由李伟嘉(Li Weijia)博士提供

此外,新加坡国立大学团队还尝试开发微生物燃料电池(MFC),将其作为污水处理厂前污水流的预警传感器。微生物燃料电池是一种将细菌活动产生的化学能转化为电能的装置。许多研究都集中在优化微生物燃料电池设计上,以收集将污水中的有机物转化为电能而产生的微生物能量。这种绿色能量收集技术仍处于研究的初级阶段。然而,新加坡国立大学团队发现了微生物燃料电池的新应用,即在污水进入处理厂之前,将其作为污水流中的早期预警毒性传感器。该应用中所使用的概念是基于在污水中发现有毒物质的情况下对微生物活动的抑制作用,从而减少产生的电能。微生物燃料电池装置能够提供实时生物监测毒性传感。Shen等人(2012)通过向废水中添加盐酸来改变pH值,模拟毒性事件,证明了微生物燃料电池作为毒性传感的可行性。实验结果显示,添加了盐酸盐,电压立即下降,随后逐渐恢复。在这项研究中优化了微生物燃料电池的设计,并展示了在酸性毒性事件后的高灵敏度和快速恢复能力。研究发现,微生物燃料电池作为毒性传感器的灵敏度取决于废水流的水力滞留时间,并且毒性水平会影响抑制程度。

跨学科传感器开发方法是新加坡国立大学环境研究所的主要重点,该方法增强了协同效应,为更好、更高效地管理水和环境创造了新维度。

NUSwan:新型智能水质评估网络

淡水水质监测是一项极具挑战性的工作,尤其是当淡水水体作为处理为饮用水的原水来源时。此外,新加坡的"活力、美丽、清洁"计划正在推动水体的活力休闲用途,以提高这个人口稠密国家的城市宜居性。因此,持续监测对于确保淡水始终满足不同用途的质量要求至关重要。新加坡国立大学和新加坡公用事业局主导的众多研究重点之一是研究作为潜在致病性评估标志物的替代微生物指标,这可应用于热带城市流域地表水的源头追踪(PUB,2014c)。水质监测规划中的一个重要因素通常是成本。它包括主要的劳动力成本和实验室测试成本,这些成本限制了对水体进行广泛评估的范围。改善水质管理的标准是在时间和空间上以负担得起的成本获得更密集的数据集,同时也非常需要实时数据。

新加坡国立大学环境研究所与热带海洋科学研究所(TMSI)[1]合作,将STARFISH技术转化为一种低成本的机器人。STARFISH是一种鱼雷形状的自主水下机器人(Koay et al.,2011),而改进后的机器人能够根据全球定位系统自主收集空间数据,以实现连续的数据采集和传输。因此,新型智能水质评估网络(NUSwan)被开发成为一种全新的空间-时间水质监测概念,以为更强的弹性评估提供解决方案,从而实现资源使用和成本效益最大化(见图6-4)。这就形成多节点、高速的同步传感能力,使开辟观测浓度梯度成为可能,从而可更好地表征场域特征和检测随时间变化的热点。该平台监测技术的最初原型采用天鹅的物理形状,以天然水库或湖泊的美学和娱乐休闲特质为基础,增强清洁地表水的功能。这

1　热带海洋科学研究所是新加坡国立大学旗下一个专注于热带海洋科学和环境科学研究、开发和咨询中心。其研究范围涵盖物理海洋学、声学、海洋生物学、海洋哺乳动物、生物燃料、水资源和气候变化等相关项目。网址:http://www.tmsi.nus.edu.sg。

功能
1. 自主、协作
2. 移动、空间覆盖
3. 实时数据流
4. 在线任务控制
5. 可扩展

NUSwan 可自主返回对
接站进行充电和维护

维护
1. Wi—Fi
2. RC 控制
3. GSM

GSM

外勤操作员

云端

用户访问的潜在应用
1. 数据解读
2. 任务控制
3. 事件干预
4. 决策支持系统输入

1. 数据存储和备份
2. 授权访问

信息中心

管理员

用户

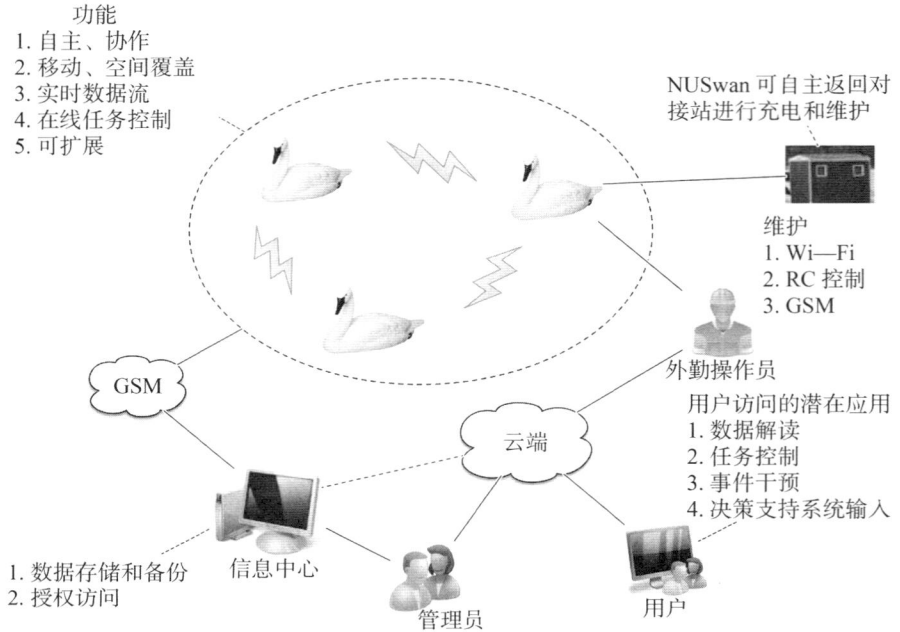

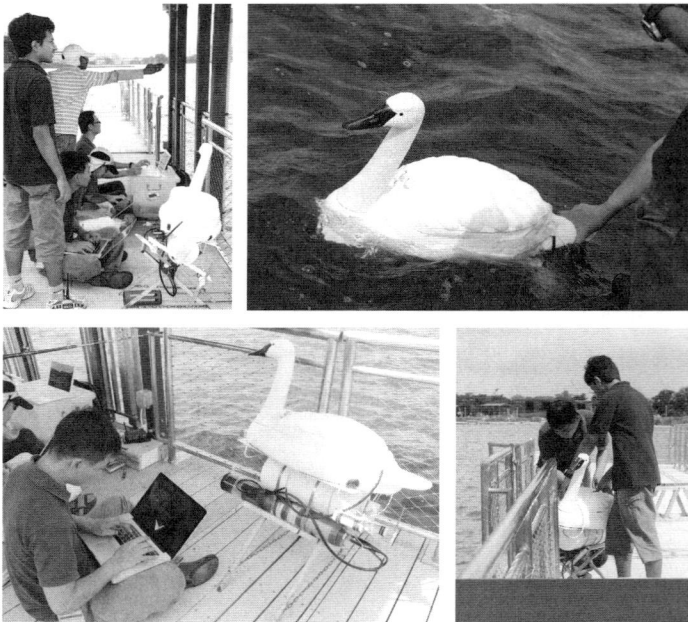

图 6-4   NUSwan 原型机接受水质监测和任务控制软件测试

图片来源:由郭栋梁(Koay Teong Beng)先生提供(照片拍摄于班丹水库,由新加坡国家水务局提供)

种以天鹅外形作为外壳和载体的机器人,携带监测传感器及用于任务控制和数据传输的电子设备。具有高度的灵活性和可塑性,可以调整成为其他形状,与当地的环境融为一体。

部署在不同地点的 NUSwans 船队能够同时提供水质测量结果,并驱动模型引导 NUSwans 前往最有价值的数据地点,可用于污染源追踪任务。NUSwans 的程序会根据动力源的范围返回指定地点进行充电(EConnect, 2014)。通过补充 NUSwan 现有监测站的时空维度,增强人工监测和商业监测系统的能力,提升监测效果。

NUSwan 已吸引众多国内外政府机构及商业部门,他们对技术转让很感兴趣,并希望根据国外环境定制这一平台技术。这是因为 NUSwan 在节约成本方面具有巨大的潜力,而且数据收集的高时空维度将加强和改善对水质的监测。

从集水区到处理厂的创新处理方法

利用生物滞留系统去除地表径流中的污染物

作为新加坡公用事业局"活力、美丽、清洁"计划的一部分,生物滞留池(俗称"雨水花园")和生物滞留洼地正在住宅区、商业区和公共区域实施,以利用人工土壤和植被拦截和处理地表径流,防止其进入排水系统和流入水库(PUB, 2014d)。除了去除污染物外,这些雨水花园和洼地还具有美观和生态的功能。巴兰(Balam)雨水花园是新加坡第一个试点雨水花园,它收集来自道路和公共住宅区停车场的地表径流并进行处理,然后排放到附近的运河中(Ong et al., 2012)。此后,许多生物滞留系统在全岛范围内实施,以提升新加坡作为"花园之城"和"水之城"的景观。

处理地表径流的生物滞留系统概念已在欧洲、美国和澳大利亚等许多国家得到广泛应用。亚洲国家也逐渐对这一概念产生了兴趣。除新加坡外,中国大陆和中国台湾地区也投入了大量的研究,并已将其全面应用和实施。

许多生物滞留系统的应用都是基于海外的气候条件、植物种类和建筑材料的,因此,主要是针对热带气候。但生物滞留系统的设计资料十分有限,特别是新加坡和该地区的国家。

当地的降雨事件和(降雨)强度对制定设计标准非常重要,在设计生物滞留系统规模时可避免过大或过小,从而优化处理效率。此外,所使用的建筑材料应为当地能够充分供应的,并具有成本效益。砂壤土是美国和澳大利亚设计指南中推荐用于雨水花园的典型土壤类型,但在新加坡此类土壤并不常见。因此,需要使用含有不同材料、优化比例的工程土壤,以提供所需的水力传导率,以保持稳定的污染物处理效率和植物生长能力。为生物滞留系统选择合适的植物,可以通过植物养分吸收提高处理效率。选定的植物还能提高重金属的去除率。此外,植物根系还能创造(土壤的)微环境,有助于维持健康、多样化的微生物群落用于污染物去除,并保持生物滞留系统的土壤水力传导率。后者对避免土壤板结至关重要,因为土壤板结会导致生物滞留系统长期积水而造成不良影响。

在新加坡公用事业局的支持下,新加坡国立大学抽调了一支由土木与环境工程系、生物科学系和地理系的环境、岩土工程、水力学和植物生理学领域工程师和科学家组成的跨学科团队。该团队致力于为在热带条件下的生物滞留系统优化建立设计标准和准则。团队与公用事业局的工程师合作,在实验室、试点和全规模测试中对共同开发的工程化土壤进行实验,筛选并选择适合的本土和非本土植物,制定设计标准和维护要求,以提供稳定的高径流处理效率,满足"活力、美丽、清洁"计划的设计准则。

新加坡国立大学团队开发的工程土壤包含少量回收材料,包括本地自来水厂的残留物(俗称"水处理残留物")和堆肥或椰子纤维,可以去除径流中90%以上的总悬浮固体(TSS)、总氮(TN)和总磷(TP)(Guo et al.,2014)。通过对不同材料成分及可回收材料的广泛研究,科研团队最终开发出一种专利工程化土壤[1],其中30%—60%的工程化土壤由挖掘现场的表层土组成,其余部分由沙子和少量废料构成。表层土的再利用大大降低了材料成本,尤其是对沙子的需求,而沙子在新加坡是一种昂贵的建筑材料。

---

1 新加坡专利申请号:201308272-2。一种工程土壤组合物及其制备方法。Hu J. Y., Ong S. L., Chiew S. H., Tan C. Y., Guo H. L., Lee L. Y., Lim F. Y., Ong B. L., Chen X. T., Chang T. H., Lim H. S., National University of Singapore。

　　研究小组还通过研究植物根系的发育、养分吸收能力及在生物滞留系统条件下的健康状况,筛选并测试了植物、灌木丛和树种维持水力传导的能力(Chang et al.,2013;Chen et al.,2013)。为避免向水体中增加额外污染物,生物滞留系统中不使用化肥和杀虫剂。因此,为生物滞留系统选择的植物必须能够适应低养分条件并存活。该团队还设计了种植方案,列出适合在系统最低洼或湿区和干旱区种植的植物(Chen et al.,2013)。植物清单包括开花和不开花、本地和非本地物种,旨在增强生物滞留系统中的植物群落和动物群落。

　　新加坡国立大学团队与公用事业局合作开发了新设计的"渗透式雨水花园",该设计采用仅有一层的过滤介质,结构简单。这种设计不需要典型雨水花园中常见的地下排水管道。这一优点使得即便在缺乏深层排水系统的场地、新型雨水花园也都够得到实施。此外,简单的渗透式雨水花园设计不需要复杂的工程技术,从而促进其在新加坡全岛范围内推广(PUB,2014d)。迄今为止,已经在当地4所学校实施4个试点渗透式雨水花园。教师和学生都参与设计教育标识、采集样品和维护工作。试点生物滞留系统最终将被采用,并作为学校和机构教育活动的一部分。

　　项目团队举办培训研讨会,与工程师、设计师、景观承包商和学校分享知识及研究成果。该项目引起学校和高等院校的兴趣。项目团队还通过科学指导计划和其他类似计划,指导学校的研究团队开展雨水花园项目。这些活动有助于让社区更好地了解雨水花园及其在新加坡花园和水计划中的贡献。

控制和清除水中的毒素和异味化合物

　　新加坡虽然没有大规模的农业活动,但也未能幸免藻华现象。新加坡是一个热带国家,高温和充足的光照为湖泊和水库中的藻类繁殖提供了适宜环境。藻华以蓝藻为主,可产生毒素,其中微囊藻毒素是最常见的蓝藻毒素,会损害肝脏和神经系统(USEPA,2012),还会产生异味化合物,即使经过处理,也会对水的味道和气味产生不利影响。

　　由于微囊藻毒素 LR(microcystin-LR)对健康的潜在不利影响,新加坡的饮用水质量标准按照世界卫生组织的暂定值(1.0微克/升微囊藻毒素-LR)对微囊藻毒素 LR 进行监管(EPH，2008；WHO，2003)。然而，尽管异味化合物可在人类嗅觉系统中以极低的阈值浓度被检测到(2-甲基异莰醇的阈值为 10 纳克/升，土臭素的阈值为 30 纳克/升，这两种化合物是水中异味的主要来源)(Persson，1980)，但目前尚未对其进行监管。典型的传统饮用水处理设施包括混凝、沉淀和过滤，不足以去除味道和异味化合物。更先进的水处理技术，如臭氧、紫外线和过氧化氢等高级氧化工艺，在味道和异味控制方面取得了令人满意的效果。然而，应用这些方法会显著增加饮用水处理成本，因其运营成本非常高(PUB，2014e)。

新加坡国立大学的研究人员采取从源头到水龙头的全方位整体方法控制藻华。一个由生物学家和环境工程师组成的团队参与了源头控制研究。这些工作包括筛选产生毒素和异味化合物的藻类物种，并了解这些化合物产生和释放到水中的环境条件。

在藻类毒素产生研究中，研究团队从新加坡水库中分离出本土蓝藻物种，包括微囊藻(Microcystis)、细鞘螺旋藻(Cylindrospermopsis)、黎曼螺旋藻(Limnothrix)、假鱼腥藻(Pseudanabaena)、聚球藻(Synechococcus)、串球藻(Merismopedia)和鱼腥藻(Anabaena)。通过遗传基因序列和形态特征对这些分离物进行鉴定，同时利用针对产毒基因的聚合酶链反应和酶联免疫吸附测定(ELISA)筛选微囊藻分离物的肝毒素和微囊藻毒素生产能力。在受控的实验室条件下培养分离的藻类，以评估在何种环境和/或遗传因素下产生蓝藻毒素(Te and Gin，2011)。

此外，研究小组还获得了能够导致蓝藻(微囊藻和安纳巴藻)裂解的本地噬蓝病毒(攻击蓝藻的病毒)的分离物。研究小组建立了两种蓝藻病毒分离方法，即井式检测法(well assay)和双层斑块检测法(double layer plaque assay)(Yeo and Gin，2013)。研究表明，蓝藻在指数生长阶段最容易受到蓝藻噬菌体的攻击，并且裂解效果显著。分离出的蓝藻噬菌体可用作生物控制剂，用于控制地表水中有害的蓝藻藻华事件(Yeo and Gin，2013)。

在饮用水处理过程中，去除异味化合物的可行技术需高效，以避免再次产生有害的副产物。此外，如果该技术具有低能耗和低运营成本的优势，那么将具有更强的竞争力。新加坡国立大学与哈佛大学合作开发了一种低能耗且高性能的替代高级氧化工艺的新技术。与传统膜技术不同,这项新开发的膜技术将电能引入过滤过程,并结合了一种新型石墨烯电化学过滤器。电化学技术可以通过原位破坏污染物和生物灭活来降低滤膜堵塞率,从而减少保持最佳渗透性所需的物理和/或化学清洗频率。

石墨烯是一种二维单原子厚的石墨层,具有高达 2 630 立方米/克的比表面积。此外,石墨烯还具有高电导率、高热导率和高机械强度,与碳纳米管(CNT)相比,石墨烯的毒性潜力更低,使得石墨烯成为一种极具前景的环境应用材料(Novoselov et al. , 2004;Schipper et al. , 2008;Stoller et al. , 2008; Yoonessi et al. , 2012)。近年来,石墨烯能够以经济高效的方式形成高度有序的膜或薄膜的能力,这推动了石墨烯在进一步应用领域的发展(Hu et al. , 2013;Jeon et al. , 2012)。

由于活性位点饱和,基于吸附机制的石墨烯膜的使用受到了限制。Liu 等人(2014a)报告称,对于 0.1 毫摩尔/升的四环素和 0.53 毫摩尔/升的苯酚,在不到 30 分钟的短过滤时间内就取得了突破。基于这些信息和石墨烯的特性,即高比表面积和高导电性,研究团队进一步尝试开发了一种新型的基于石墨烯的电化学过滤器,用于对化学污染物进行物理吸附和电化学氧化(Liu et al. , 2014b)。

研究团队通过将碳纳米管作为导电黏合剂添加到石墨烯纳米片中以优化过滤器的制造,石墨烯纳米片充当污染物吸附的支架(Liu et al. , 2014b)。这种方法增强了新型电化学过滤器的耐用性和导电性。在进一步应用中,过滤器的最佳石墨烯纳米片与碳纳米管的比例为 70∶30。过滤器的操作条件是使用模型目标分子亚铁氰化物优化的。该分子不具有吸附性,并且只需要进行一次电子转移,可以通过分光光度法和计时电流法轻松且定量地监测氧化过程。研究结果表明,在电化学过滤模式下,氧化动力学可达传统批处理系统的 15 倍(Liu et al. ,2014b)。这是由于对流增强了目标分子向电极表面的转移,并降低了传质过电位。此外,电化学过滤系统仅需低电压即可对物理截留于滤膜上的目标化合物进行电化学降解,因此可以显著减少膜污染问题。

实验室规模的电化学碳纳米管过滤器在最佳操作条件下,即使存在干扰的天然有机物的情况下,对两种常见的异味化合物——土臭素(geosmin)和 2 -甲基异莰醇(2 - MIB)的去除效率也超过了 90%(Liu et al., 2014a)。这些去除条件仅需 1.2 秒的短暂停留时间,施加电压为 1 伏,流速为 1.5 毫升/分钟。除了这些化合物外,电化学石墨烯纳米片-碳纳米管过滤器还展现了对其他有机污染物的高去除效率(见图 6 - 5a 和 5b)。这些污染物包括在废水中常见的抗生素化合物四环素、工业废水中常见的有机化合物苯酚,以及被分类为废水中难降解的有机化合物草酸,通过单次过滤去除率均超过 85%(Liu et al., 2014b)。

该系统可以利用由太阳能等驱动的可再生能源。这将提高该系统在没有电力供应的偏远地区的适用性。新加坡国立大学团队正在探索进一步优化和改造实验室规模的设计,以适用于中试规模和全面规模化的应用,从而将该系统推向商业和实际应用阶段。

水回收的新维度——仿生物膜

沿海和海洋的植物和鱼类具有独特的生存能力,能够在盐度变化等环境压力下调节水和离子,以维持其生存的基本需求。了解这些过程所涉及的机制可以为开发新型仿生节能水净化设备提供启示。

电化学过滤器的工作原理

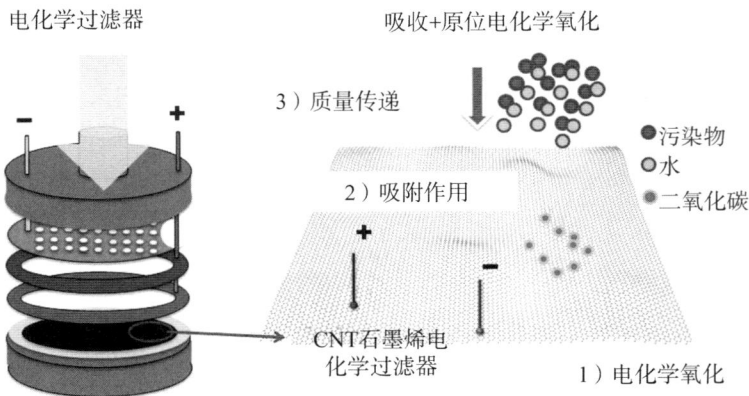

(a)

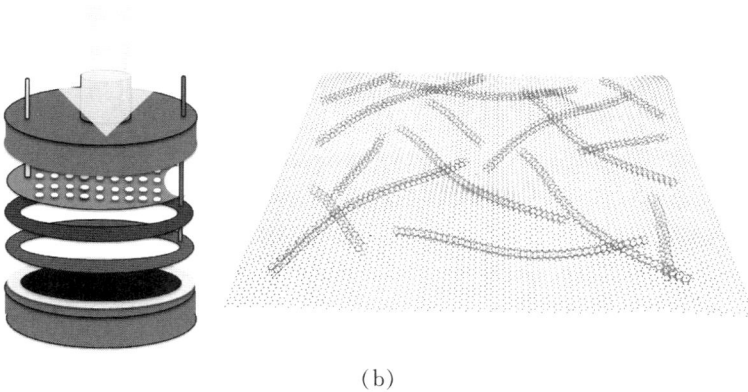

(b)

图 6 - 5　(a)电化学石墨烯过滤器示意;(b)用于使用点的石墨烯/碳纳米管过滤器

图片来源:由刘彦彪(Liu Yanbiao)博士提供

新加坡国立大学生物科学系的研究团队多年来致力于研究沿海物种,特别是红树林和广盐性鱼类如何应对盐分和环境压力,并研究驱动生物调节机制的潜在过程。新加坡国立大学与工程学院的研究人员合作,在开发新型仿生膜技术(顾名思义,从自然中汲取灵感以解决人类问题)方面取得了突破,这种膜可以将盐水淡化生产出纯净水,而无需像传统压力驱动膜那样耗能很高。

研究团队对新加坡沿海地区较常见的一种红树林(Avicennia officinalis,当地又称"Api-api Ludat")进行了广泛、深入的研究。这种红树植物是一种盐分泌植物。它能够通过根部过滤85%—95%的盐分,并通过叶片上的盐腺进一步分泌多余的氯化钠,从而维持植物体内较低的钠离子水平(Drennan and Pammenter,1982; Sobrado, 2001)。

红树根部吸收盐分过程中的排盐作用是双列外皮层(biseriate exodermis)和内皮层(endodermis)疏水屏障沉积增强的结果。双层外皮层有效降低了细胞间隙的通透性,从而提高了红树林对高盐条件的耐受性。这使这种红树植物能够减少85%—90%的盐分,并降低木质部的钠离子负荷(Krishnamurthy et al. , 2014)。系统中剩余的盐分通过红树物种叶片表面的微小盐腺(每个盐腺直径为30—40 微米)分泌出来,进一步充当生物脱盐工厂,调节盐分和水分(Tan et al. , 2013)。盐腺中分泌出的多余盐分最终会变干,形成盐晶体。这使该植物能够从海水或咸水中获取纯净水,以满足其新陈代谢的需要。

新加坡国立大学研究团队清楚地记录了红树盐腺的生物脱盐过程。研究人员从新加坡南部海岸的红树林湿地中采集了新鲜的芒柄芹属(A. officinalis)的嫩枝,并在实验室中用不同浓度的氯化钠进行处理。不到一天的时间就观察到了叶片表面分泌的盐分。用较高浓度的氯化钠处理时,叶片上的盐分分泌量更为明显。对这些盐晶体进行 X 射线显微分析显示,其主要成分是钠和氯,这表明盐腺的功能是清除多余的离子,这些离子主要是钠和氯——咸水和海水中的主要盐分。

新加坡国立大学的研究团队开发了一种新颖的表皮剥离技术,从红树属植物的叶子中提取表皮,以研究其盐腺分泌模式并确定分泌速率。这项技术能够分离出表皮上的单个盐腺,以便实现在短时间内连续监测分泌曲线的动态变化。研究表皮对盐度变化的反应极其烦琐,对制备表皮的技术要求很高。研究团队需要为每种盐度处理制作 60 块表皮样本,每块表皮样本中至少需要观察 30 次盐分分泌。借助实时成像技术和激光扫描共聚焦显微镜,研究团队记录了盐腺分泌现象,观察间隔为 1 秒,持续 8 分钟。记录显示了一个有规律的节奏模式,盐腺分泌率在正值与零值或负值之间交替出现。然而,盐腺上方分泌直径的增加是非线性的,并且波动显著。因此,负值分泌表明一些排出的水分可能会被植物重新吸收以节约水分。目前,研究人员仍在调查负值分泌的原因。

水通道蛋白(通常称为"水通道")在节律性分泌率中的作用是显而易见的。使用水通道蛋白阻断剂氯化汞导致分泌率显著降低,研究进一步表明,这种降低与所用氯化汞的剂量相关。使用还原剂二硫苏糖醇(DTT)或克莱兰试剂(Tan et al., 2013)可逆转阻塞。此外,利用分子技术从红树的叶子中克隆出两种对应质膜内在蛋白(AoPIP)和液泡膜内在蛋白的 cDNA,这两种水通道蛋白基因也被发现与各种植物水通道蛋白高度同源,并在盐腺细胞中迅速诱导和表达。因此,水通道蛋白在盐腺中的作用至关重要,它们提供选择性通道,只允许水分子通过,而盐分则被保留。

水通道蛋白在极端环境压力条件下,对耐盐鱼类的生存也起着至关重要的作用。与水通道蛋白通常被认作为"水通道"的角色不同，新加坡国立大学的研究人员证明了来自淡水攀鲈(Anabas testudineus)的分支鳃水通道蛋白 1aa(aqp1aa)能够促进氨渗透的功能。淡水攀鲈是一种淡水远洋鱼类，能够在海水、陆地暴露环境中生存，并且是能在高浓度氨环境下生存的淡水硬骨鱼。研究发现，这种蛋白在这种鱼的鳃和皮肤中表达量很高(Ip et al.，2013)。这是因为这种鱼在陆地上时会将氨基酸作为运动能量的来源，从而增加氨的产生。在浮出水面时，aqp1aa mRNA 表达增加，被认为是促进增加氨排泄的必要条件。当鱼暴露于高浓度氨环境时，鳃和皮肤中的 aqp1aa mRNA 表达会降低，这可能是为了减少氨的流入。因此，不同的水通道蛋白异构体具有多种不同的作用和功能，包括对生物系统生存至关重要的离子转运的高选择性。

莫桑比克罗非鱼，学名为 Oreochromis mossambicus，是一种独特的仿生模型，因为它具有适应淡水、海水，甚至高浓度盐度(盐度高达海水的 4 倍)变化的能力(Fiol，2007；Whitfield，1979)。已有大量文献表明，罗非鱼需要通过调节离子渗透来动态调节离子和水的平衡，以维持其体液稳态(Li et al.，2014b)。新加坡国立大学的研究人员首次进行了罗非鱼研究，以确定在适应 3 种不同的环境盐度条件(淡水、海水和高浓度盐)时，罗非鱼的鳃、食管、胃、前肠、中肠和后肠的调节离子渗透作用。

研究人员利用最先进的基因表达和免疫组织化学染色技术，对这些功能的作用进行了深入的研究。该团队成功地克隆并利用基因表达定量分析了罗非鱼鳃和消化道的肠中 7 种对钠和氯离子调节至关重要的主要离子转运蛋白(nkcc1a、nkcc1b、nkcc2、ncc、cftr、nka‐a1 and nka‐a3)。这些转运蛋白在淡水、海水和高浓度盐水(盐的浓度为海水的两倍)中均有存在，同时首次对罗非鱼前肠和后肠中编码的蛋白质进行了免疫组织化学定位，以确认所研究部分对钠和氯离子调节的作用。

上述技术提供了新的见解，清楚表明了当罗非鱼暴露在不同浓度盐时，负责调节离子渗透部分的表达和功能。这项研究填补了知识空白，即罗非鱼的鳃和肠道后部对盐浓度变化的反应最为敏感，而胃肠道、食管的其他部分反应较弱。一方面，在淡水环境中，鳃中高度表达的基因表明其功能是通过主动吸收离子来减少盐分流失和补充盐分,而胃肠道、食管则通过摄入食物来吸收盐分以维持体内盐的水平。另一方面,在海水和高浓度盐水环境中,通过鱼鳃吸收盐水来补充水分的流失,并通过胃肠道中的食管吸收盐分和水分。水分被保留在体内,多余的盐分则通过鳃排出体外。

这项研究还发现,罗非鱼的胃肠道、食管在调节离子渗透中发挥重要的作用,尤其是其在高盐条件下,对生存起着重要作用。本研究中所选定的基因表达可作为生物标志物,在今后的研究中,用于了解不同胃肠道中食管节段在调节渗透中的作用。

除了淡水攀鲈和罗非鱼外,新加坡国立大学的研究团队还研究了大理石虾虎鱼(Oxyeleotris marmorata)和肺鱼(Protopterus annectens),它们分别能够适应波动的盐浓度和水压力条件。对不同鱼种的研究可为小分子通道和转运蛋白提供不同的来源,从而为生物仿生膜使用的潜在成分提供更多的选择。进一步的研究正在进行中,利用组学技术评估广盐性鱼类中选定通道蛋白和转运蛋白的遗传蓝图、蛋白质结构和功能(S. H. Lam, personal communication, 2 september 2014)。

新加坡国立大学和国际学界科学家的研究结果表明,生物系统中不同的水通道蛋白异构体在调节渗透和离子中发挥至关重要的作用,提供了具有高渗透性和选择性的被动水/离子通道。对生物系统中结构与功能关系的了解,形成了生物学家和工程师之间的多学科研究纽带,使得突破性的新型仿生膜的设计成为可能。

近年来,关于水通道蛋白仿生膜的研究与开发已经取得显著进展,主要集中在膜的合成方法,以增强其坚固性和水渗透率。大多数仿生膜研究使用的是细菌水通道蛋白,称为水通道蛋白 Z(AqpZ),大肠杆菌可在实验室通过发酵产生,并高度纯化。水通道蛋白 Z 是水通道蛋白家族中最小的成员,分子量仅为 32 千道顿尔,只允许水分子渗透,因此成为淡水生产应用中的首选(de Groot and Grubmuller, 2005)。

新加坡国立大学的科研团队也为设计和合成方法中的一些新技术作出了贡献,其中包括悬浮在膜孔上的囊泡(Wang et al. , 2011);将囊泡与支撑基质耦合在一层基本不透水的材料中形成膜(Xie et al. , 2013)[1];通过共价结合将水通道蛋白

1　专利号:WO2013180659。"一种膜的制备方法和用于水过滤的膜"。W. Xie、Y. W. Tong、H. Wang、B. Wang、F. He、K. Jeyaseelan、A. Armugam, National University of Singapore。

嵌入囊泡固定在膜支撑上(Sun et al. , 2013),或通过逐层聚多巴胺-组氨酸涂层工艺进行稳定化(Wang et al. , 2013),这些技术已提高了水通道蛋白生物仿生膜的稳固性。Wang 等人(2013)设计和合成的生物仿生膜,其通水量比商用反渗透膜高一个数量级,同时使用 6 000 百万分比浓度的氯化钠作为进料和 0.8 摩尔蔗糖作为提取溶质,实现较高的盐保留率(超过 90%)。

新加坡国立大学最近的研究也集中于提高膜的性能,特别是其长期应用性能,以及扩大生产制造技术以生产大块高性能仿生物膜,并设计用于工业应用的膜模块(Wang et al. , 2013)。此外,其他来源(如红树林植物和广盐性鱼类)的水通道蛋白异构体的适用性可为水通道蛋白 Z 提供替代选择和功能,以开发不同的生物仿生膜应用甚至是多功能膜。因此,水通道蛋白的基础科学研究为水净化技术革命提供了关键技术,为未来水净化的下一个新颖的仿生模型奠定了基础。

气候变化、空气质量和环境影响

由于新加坡位于热带辐合带(ITCZ),其空气成分和气候在很大程度上受到来自北半球和南半球的云层和空气的风,以及该地区的自然和人为活动的影响。除本地排放源外,土地利用变化和泥炭地的相关活动等区域性人为活动也会通过跨境传输影响新加坡的空气质量。此外,新加坡的地形相对平坦,大部分土地海拔低于 15 米。因此,这个地势低洼、人口稠密的国家极易受到气候变化的影响(NEA,2010)。2007 年,新加坡政府通过国家环境局委托由新加坡国立大学热带海洋科学研究所领导、由本国和外国专家组成的气候变化研究小组对新加坡易受气候变化影响的程度进行研究,并预测气候变化的影响,如下一个世纪新加坡气温、海平面和降雨模式的变化,以及这些影响所带来的后果,包括洪水的增加和对水资源的影响(NCCS, 2011)。该研究结果旨在促进确定新的适应措施以及审查现有的适应措施,以增强新加坡应对气候变化影响的准备。新加坡国立大学的专家强调的一些气候变化问题及其对新加坡的影响(H. F. Cheong, personal communication,

24 september 2014)。包括：①城市排水，特别在低洼地区——高强度和短时降雨增加将需要更大的暴雨储存能力；②水资源规划——应对最坏情况的应急计划，特别是在长时间少雨或无雨的情况下；③平均气温升高和热岛效应对经济的影响——通过植被遮阳可将温度降低约 2℃，而物理遮阳由于吸热和放热的特性效果较差。

由新加坡国立大学环境研究所成立的气候变化研究中心(C3S)研究的土地-空气-气候关系，补充了关于气候变化对新加坡影响的研究。气候变化研究中心的方法侧重于可能影响新加坡的区域活动，如土地利用变化、跨境空气污染物的影响、区域和全球辐射强迫及其对气候变化的影响。这些研究填补了知识空白，加深对潜在脆弱性的理解，从而为新加坡和该地区制定更加全面和可持续的气候变化适应和缓解措施。

这些跨学科研究项目由新加坡国立大学环境研究所、遥感成像、传感和处理中心(CRISP)[1]、热带海洋科学研究所以及工程和科学学院的研究人员参与。研究领域包括：利用现代生命科学和计算方法研究土地利用变化对泥炭氧化生物地球化学基础的影响；识别泥炭地排放的指纹，特别是生物质燃烧过程中的烟雾，以评估跨境气溶胶对新加坡城市环境的影响；估测气溶胶对包括新加坡在内的东南亚地区大气的影响；对区域和全球辐射强迫、这些大气排放造成的负担以及对相关全球气候响应的有效影响进行计算机建模；估算碳信用(特别是二氧化碳和一氧化二氮等温室气体)的获取方式，以及如何通过缓解泥炭地排放温室气体来获取实际的气候影响(下一代碳信用)。

海岸保护与管理

海平面上升是新加坡面临的主要问题之一。新加坡是一个低洼的海岛国家，海平面上升的不利影响远不只是土地流失和海岸侵蚀，还威胁到新加坡的供水。

---

1 CRISP 是新加坡国立大学的一个研究中心，其使命是发展先进的遥感技术能力，以满足新加坡和该地区在科学、运营和商业方面的需求。网址：http://www.crisp.nus.edu.sg。

如果海平面上升，新加坡沿海水库的淡水供应极易受到海水入侵的影响。

根据政府间气候变化专门委员会（IPCC）第四次评估报告（AR4；IPCC，2007），预计到 21 世纪末，在最坏的情况下，海平面将上升 59 厘米。新加坡采取了多项措施应对这一问题，1991 年，要求新的填海项目必须建在高于最高潮位 125 厘米的地方，这一标准在 2011 年进一步修订为 225 厘米。此外，新加坡还发展并改善了排水基础设施，完成了独特的三合一滨海堤坝（Marina Barrage）以及其他防洪项目，并在重建方案中实施提高低洼地区的政策（NEA，2010）。2010 年，新加坡建设局还开始绘制风险图，以确定易受侵蚀或洪水影响的沿海地区，并考虑潜在的生物多样性损失可能带来的相关损害。

新加坡国立大学热带海洋科学研究所的研究人员应用多种技术，包括使用地理信息系统来整合和分析实地数据——短期和长期的海岸线变化数据，以制定侵蚀危险和风险地图（Raju et al.，2010）。该研究以新加坡东海岸公园为例进行说明。研究结果有助于更好地进行海岸线和土地利用管理，以及制定有效的侵蚀控制措施和战略。然而，该研究受到缺乏有关海岸线变化和用于海滩修复的沙量信息的影响。尽管如此，该研究产生的侵蚀危险和风险地图提供了一个初步的近似估算，一旦获得更多的实地监测数据，可对其进行进一步调整和细化。该研究强调由于侵蚀速率和模式的动态变化，频繁审查和更新侵蚀危险和风险地图的必要性。

可持续土地利用管理——泥炭地研究

陆地过程导致的气候变化是东南亚面临的主要问题。泥炭地占东南亚陆地总面积的 12%，是土壤碳的主要储存地，储存了约 69 吉吨（1 吉吨 = 10 亿吨）的碳和淡水（Page et al.，2011）。泥炭地中丰富的碳含量是由部分腐烂的植被、在水涝条件下经过数百年积累形成的。然而，近几十年来，由于土地利用的变化和反复的燃烧活动，泥炭地严重退化，正在迅速从碳汇转变为全球重要的温室气体排放源。据估计，东南亚泥炭地排水产生的二氧化碳排放量占全球化石燃料二氧化碳排放量的 1.3%—3.1%（Hooijer et al.，2010）。这些数值可能被低估，因为它们并未包括其他与泥炭地相关活动产生的二氧化碳排放。即便如此,这些排放量对新加坡和周边国家的空气动态和气候系统造成的严重影响,依然令人担忧。陆地过程产生的生物源气体和雾霾的跨境传输导致大气中的颗粒物变化显著,并产生改变气候的物质。随着泥炭地的进一步开发,如果不采取可持续的管理措施,这种二氧化碳排放源的影响在未来几年将更加严重。

从生态可持续性角度考虑,土地利用活动的变化也会导致微生物多样性的变化(Putten,2012)。新加坡国立大学的科学家意识到,在泥炭地活动所涉及的微生物和代谢过程方面存在巨大的知识空白和科学证据缺乏。这些关键知识将有助于开发科学的方法,以管理泥炭地原始条件下土地利用的快速变化,并监测生态系统恢复干预措施的进展和效果。新加坡国立大学与包括新加坡环境生命科学工程中心(SCELSE)、印度尼西亚科学研究所(LIPI)、占碑大学和荷兰三角洲研究院在内的国家、地区和国际合作伙伴密切合作,主导了这项任务(见图6-6)。研究团队采

图6-6　苏门答腊的泥炭地。温室气体排放量测量

图片来源:由新加坡国立大学副教授桑杰·斯瓦鲁普(Sanjay Swarup)和 S. 米什拉(S. Mishra)提供

用分子分析和代谢分析两种方法。分子分析用于捕捉微生物群落结构的变化,代谢分析则用于反映微生物、植物根系及其分泌物的代谢活动功能结果。通过这两种方法,研究团队能够确定地下水位的深度、氧气供应、土地利用模式、排水时间和泥炭厚度对印度尼西亚退化泥炭地中细菌多样性的影响(Mishra et al., 2014)。这是因为微生物群落对泥炭地的生物地球化学连锁反应起着关键作用,因此,微生物和代谢谱分析分别被用作群落结构和功能的替代指标。

研究团队在印度尼西亚一个 48 平方千米的连续研究区域内,从 5 种不同的土地利用模式中收集了土壤样本,分别为退化森林、退化土地、油棕榈种植园、混合作物种植园和定居点;采集的样本包括地下水位以上和地下水位以下的土壤。该工作是与占碑大学合作开展的,后者协助现场样本采集。从土壤样本中发现 230 个细菌 16SrDNA 片段和 145 个代谢标志物。研究表明,地下水位和土地利用模式对细菌群落特征的影响最大,其次是排水时间和泥炭厚度。混合作物种植园的土壤样本最具有多样化的细菌和代谢特征,从而产生"根际(根区)效应"(Mishra et al., 2014)。在植物根部发现的微生物和代谢物多样性,可能是由于泥炭地表面各种植物根系产生的分泌物。该团队还致力于识别植物根部中维持微生物多样性和群落结构的酶。更重要的是,这项研究让人们了解大自然是如何在这些混合作物种植园中保持最低的泥炭地损失率。因此,混合作物种植园的实践可以为管理种植园和减少泥炭地的温室气体排放提供解决方案。

该研究结果有助于提出热带泥炭地分类、改善管理和可持续性的建议。从长远来看,这些信息将有助于缓解温室气体对环境的影响,转化和促进区域资源可持续发展。

城市环境中的空气质量

新加坡的空气质量受到城市交通产生的城市污染源(陆地、空中和海上航运)、动态工业污染源(化工、电子和冶金工业、石油精炼厂、发电厂等)、垃圾焚烧炉,以及邻国周期性发生的森林火灾和土地清理产生的跨境污染物的严重影响(Velasco and Roth, 2012)。

2012 年,新加坡国立大学的研究人员与新加坡环境传感与建模中心 (CENSAM)合作发表一篇关于新加坡空气质量和温室气体排放的综述(Velasco and Roth, 2012)。根据现有数据,当地空气质量分别符合美国环境保护局和世界卫生组织空气质量标准和准则规定的所有污染物标准。该综述指出,缺乏有关 $PM_{2.5}$(空气动力学直径≤2.5 微米颗粒)的信息,在审查时,$PM_{2.5}$ 尚未被列为新加坡的标准污染物之一。文章建议应经常监测 $PM_{2.5}$,因为它是当地空气中对健康产生不利影响的主要污染物。鉴于 $PM_{2.5}$ 数值的重要性,新加坡国家环境局自 2014 年 5 月起每小时发布 $PM_{2.5}$ 数值(取自前 24 小时的平均读数)供公众查阅。

城市空气质量和气溶胶科学一直是新加坡国立大学的主要研究重点之一。研究人员一直在研究包括气溶胶在内的燃烧源污染物的特性(Lim et al. , 2009),以及大气颗粒物中含氧有机化合物的行为,特别是二羧酸的光氧化和化学转化过程 (Stone et al. , 2012;Yang and Yu,2009;Yang et al. , 2009b)。

二羧酸占有机气溶胶的 50% 以上,并对气溶胶的吸湿性和辐射强迫效应产生影响。不同大气环境(如城市和郊区)下的草酸($C_2H_2O_4$)和丙二酸($C_3H_4O_4$)这两种二羧酸的浓度值已有报道,但差异很大,这可能是因采样地点和季节因素造成的。新加坡国立大学的研究小组还发现,这些浓度差异是由于量化二羧酸时采用的不同分析方法,特别是草酸和丙二酸(Yang and Yu, 2009)。该团队推荐适当量化 $PM_{2.5}$ 中草酸和丙二酸及其相应二羧酸盐的方法,该方法包括分开使用水萃取和溶剂[四氢呋喃(THF)]萃取,然后使用离子色谱或气相色谱-质谱进一步量化 (Yang and Yu, 2009)。该研究还通过使用新加坡大气样本中获得的草酸盐与草酸的浓度比以及丙二酸盐与丙二酸的浓度比,估算 $PM_{2.5}$ 中草酸和丙二酸二羧酸的浓度。然而,研究小组提醒说,这一估算仅基于研究期间收集的两个数据集,因此需要更多现场测量准确量化这些浓度比。对 2000 年 1 月至 12 月在新加坡收集的 $PM_{2.5}$ 气溶胶的综合表征显示了几个影响其构成的因素,包括土壤粉尘成分、冶金工业因素、代表生物质燃烧和汽车排放的因素、海盐成分以及石油燃烧因素 (Balasubramanian et al. , 2003)。

　　该团队还与地区合作伙伴合作，实现知识共享，更好地了解该地区的城市空气污染情况。新加坡国立大学及其地区合作伙伴是亚洲最早对环境中气溶胶的有机硫酸盐进行定性的研究团队之一。研究人员从马尔代夫哈尼马杜、韩国高山、新加坡和巴基斯坦拉合尔的城市和偏远地区收集城市空气中气溶胶，以确定其分子式和大气丰度。通过这项研究确定，观测到的有机硫酸盐主要是来自异戊二烯或单萜烯的次生生物有机气溶胶(Stone et al., 2012)。

　　区域性火灾事件，特别是与土地清理活动相关的火灾，通常会导致周期性的"烟雾霾"，这是由跨境污染物引起的。众所周知，生物质燃烧是气溶胶的重要主要来源，这些气溶胶会影响全球变暖(Simoneit, 2002)。这与早期由新加坡国立大学研究人员进行的关于新加坡空气质量的研究结果一致。研究结果表明，生物质燃烧影响了来自印度尼西亚苏门答腊岛的气团，导致新加坡在 2000 年 3 月至 5 月和 2001 年 6 月至 9 月期间，空气中 $PM_{2.5}$ 气溶胶的浓度显著升高(Balasubramanian et al., 2003; See et al., 2006)。

　　新加坡国立大学的研究人员还利用左旋葡聚糖(1,6-脱水-β-D-吡喃葡萄糖)作为烟雾霾跨境传输的指纹物质，为进一步了解这种污染物的化学途径和归宿奠定了基础。在生物质燃烧事件中，以左旋葡聚糖含量最高，占总碳质气溶胶的1%—6%。研究发现，左旋葡聚糖在空气中的液滴内，经过光氧化过程后会在 2.5 小时内完全消耗。然而，左旋葡聚糖是燃烧事件相关颗粒物中大量短链二羧酸和单羧酸的前体，因此在研究中确定并描述了这些中间体的浓度曲线(Yang et al., 2009b)。这也解释了在新加坡收集的 $PM_{2.5}$ 和 PM_{10} 空气样品中发现的较高浓度的二羧酸的原因，2008 年 9 月/10 月的生物质燃烧事件期间。烟雾霾中的光化学过程可能使 C2—C5 DCA 的浓度增加，其中以草酸盐的浓度最高，而苹果酸则更加显著(Yang et al., 2013)。

　　了解泥炭地燃烧排放物在大气传输过程中的物理化学演变，可以更好地预测其对新加坡和周围区域环境的影响，以及对公众健康可能产生的影响。由于近年来土地利用、泥炭地成分和生物质类型发生了巨大变化，因此需要更多共同努力以更好地描述泥炭地燃烧烟雾的特征。最近，由新加坡国立大学环境研究所领导的研究团队与印度尼西亚合作,开始研究解决泥炭地火灾烟雾排放中的信息缺失。该团队目前正致力于描述泥炭地火灾烟雾排放源和受体地点(即新加坡)的特征,以确定泥炭地火灾烟雾排放在跨境传输过程中可能发生的大气演变,并进一步评估跨境泥炭地燃烧烟雾对新加坡城市环境的影响。

在新加坡环境及水源部的合作和支持下,由新加坡国立大学环境研究所领导的一支由新加坡国立大学城市气溶胶和空气质量专家、分析化学和健康科学家组成的团队,启动了一项为期 5 年的计划,对新加坡的城市空气质量进行深入研究。该计划涵盖城市空气中气溶胶和新出现的污染物(包括工程纳米材料)的检测和特征描述、来源解析、演变和去除,以及对健康的潜在影响。该项目的总体方案是通过整合新加坡国立大学与遥感成像、传感和处理中心建立的地面监测和遥感技术,以及先进的实验室研究和分析,如气溶胶采样与分析、光氧化动力学、化学分离、化学物种分析等,来解决与新加坡空气质量相关的复杂问题。通过利用新加坡国立大学包括新加坡国立大学环境研究所各个实验室现有的最先进的仪器、硬件和软件方面的高水平专业知识,以及来自新加坡国立大学、新加坡环境及水源部、新加坡国家环境局的研究员、科学家和工程师,还有来自新加坡或东南亚大气环境方面经验丰富的海外合作者,该项目将能够产生有见地的成果,并能有效地实现揭示维持新加坡良好空气质量的科学方法和提升空气质量监测能力的目标。

为快速发展的新加坡和该地区开展研究

多年来,新加坡已发展成为一个水资源自给自足的国家。然而,洁净的空气和安全的食品是维持生活质量的另外两个不可或缺的基本要素。新加坡是一个高度城市化的岛国,90%以上的食品供应都来自进口,了解潜在的饮食习惯、确保食品中的污染物降至最低,对快速发展的新加坡的现在和未来至关重要。

此外,人们越来越关注新兴污染物和安全评估问题,尤其是生活方式、饮食习惯和食品污染物。新加坡国立大学通过环境研究所创建了一个综合而多功能的研究平台，让来自工程、科学和医学的多学科团队参与系统调查。这些团队已经具备现成的评估能力，并不断研究新的评估方法，以应对需求。新加坡国立大学环境研究所在水-食物-空气领域的四个核心研究重点包括：①饮食和疾病的生物标志物评估；②检测食品污染物以进行安全评估；③空气和水污染物对人类健康的影响；④工程纳米材料的安全性，以及对健康和环境影响。

食物化学成分的复杂性和人类对饮食的生理反应给科学研究带来了巨大挑战。新加坡国立大学环境研究所的科学家采用流行病学和实验室综合的方法来确定和评估有用的分子生物标志物。这种方法将有助于确定疾病预防的新目标。目前的研究重点是饮食与癌症和心脏病等慢性疾病的关系。该团队还研究了代谢酶甘氨酸脱羧酶（GLDC）在非小细胞肺癌（NSCLC）的肿瘤起始细胞（TICs）中发挥的关键作用（Zhang et al.，2012）。

另一个日益令人担忧的领域是食品安全评估。潜在的食品污染物的安全评估涉及复杂的化学和生化分析。这些分析对于揭示可能的毒性及致癌、生殖系统影响至关重要。新加坡国立大学化学系和环境研究所的团队已成功采用氢-1核磁共振（1H NMR）光谱、气相色谱/质谱指纹图谱识别和化学计量学来表征油脂，以便进行质量控制，从而能够检测（食品）掺假（Fang et al.，2013）。该团队还优化了评估方法，使用耦合微波辅助萃取和固相萃取，即通过液相色谱-串联质谱联用技术测定婴儿配方奶粉中的农药残留（Fang et al.，2012）。新加坡国立大学环境研究所的核心研究实验室设施完善，拥有先进的食品分析设备，可以高灵敏度、准确地识别食品中的化学污染物。

空气和水是人们日常生活中接触到的两种基本物质。因此，这些物质中的任何污染物都不可避免地会对人体健康产生直接影响。新加坡国立大学跨学科研究团队对水和空气中不同粒径和化学成分的空气污染物对健康的影响很感兴趣。新加坡国立大学环境研究所的研究人员还研究了空气污染物的潜在致病机制，如可能导致慢性炎症的疾病、氧化应激和生物分子谱的变化。这些研究已经扩展到研究气候变化对该地区空气质量的环境和健康的影响，特别是热带森林火灾造成的雾霾。

新加坡国立大学的研究团队在 20 世纪 90 年代末再生水健康影响研究的基础上,建立了更先进的技术,对新兴的水污染物及其对人体的潜在健康风险进行全面研究。这些先进的技术提供了更加快速和高通量的研究。例如,利用斑马鱼胚胎和代谢组学技术更好地了解污染物对目标器官的相关影响,从而使人们能够做出更加准确的评估。新加坡国立大学的研究人员与全球其他研究人员一样,正在使用代谢组学平台来提高评估技术。代谢组学平台能够对单细胞到整个生物系统的所有代谢物进行全面(定性和定量)的分析。因此,代谢组学分析有可能提供关键信息,帮助了解相关代谢途径在应对任何新兴的污染物或环境条件时发生的变化(Xu et al.,2014)。

在斑马鱼研究中,通过转录组学分析确定导致 4-壬基酚(4-NP)(一种常用于制造业的有机化合物)诱导成年雄性斑马鱼急性肝毒性的分子事件(Lam et al.,2013),以及利用气相色谱和液相色谱-质谱法对发育中的斑马鱼胚胎进行代谢组学分析,将为未来的毒理学或发育研究奠定基础(Huang et al.,2013)。对这些污染物进行风险评估有助于制定相关控制策略和保护水环境。新加坡国立大学的研究人员还成功应用代谢组学方法评估了长期接触镉(Cd)的人体尿液代谢变化(Gao et al.,2014),以及重金属在水生食物链小球藻(Chlorella vulgaris)中的积累和解毒(Zhang et al.,2014)。代谢组学平台为深入了解生物反应提供了一种新方法,可为改善水和环境管理实践提供关键信息。

另一类新兴污染物是工程纳米材料,这类物质已在工业领域广泛应用,因此不可避免地会进入环境。评估其对人类健康的潜在影响将有助于制定更加环保的管理策略。工程纳米材料的暴露影响主要通过体外和体内模型进行研究。人类细胞系作为一种高效的体外模型,能够实现毒性物质的高通量快速筛选,而利用啮齿动物和秀丽隐杆线虫(C. elegans)进行的体内研究,则为揭示作用机制提供了见解,并为探索纳米粒子在生物系统中的健康影响创造了条件。图 6-7 显示了在啮齿动物模型中,通过吸入和静脉注射途径进入体内的纳米材料可能存在的生物累积情况。新加坡国立大学团队通过静脉注射方式评估了金纳米粒子(AuNPs)在啮齿动物体内的生物分布(Balasubramanian et al.,2010)。在单次静脉注射金纳米粒子后的两个月内，对啮齿动物超过 25 个器官进行了评估。在接触金纳米粒子一个月后，发现金纳米粒子在肾脏的生物累积量最高，其次是睾丸；但在两个月后，肝脏成为最主要的累积器官，其次是脾脏。这一发现与微阵列分析结果一致，表明肝脏和脾脏中与解毒、脂质代谢、细胞周期、防御反应和昼夜节律相关的基因表达均发生了显著变化。

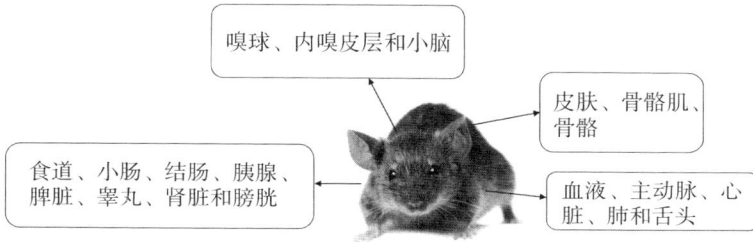

图 6-7　注射 15 天金纳米粒子后发现，啮齿动物的组织/器官含有该粒子

图片来源：感谢新加坡国立大学的于莉亚（Yu Liya）教授和王玮怡（Ong Wei Yi）教授提供

　　虽然啮齿动物模型的研究结果很容易外推至人类，但该模型存在反应时间慢、研究维护成本高等局限性。而使用补充模型秀丽隐杆线虫，可以借助小动物开展高级评估之前，对工程纳米材料进行快速预筛选。秀丽隐杆线虫补充模型提供了独特的评估手段，包括体长、运动、吞咽（咽泵）、寿命、氧化应激、基因表达（有些很难在啮齿动物身上进行）（W. Y. Ong, personal communication, 11 March 2014）。随后利用目标细胞系进行体外研究，以确定对纳米材料影响机制的认识，以及其在受影响组织/器官中的积累。这揭示了其对健康和纳米药物输送的潜在影响。细胞和组织中的先进成像技术，有助于深入了解细胞内纳米材料的特性和机理行为，以及细胞对纳米材料存在的反应。这些方法可对工程纳米材料的潜在毒性进行快速、高通量的评估，还能原位实时监测空气中的工程纳米材料，可应用于药物输送、毒性筛选、风险评估、成像和计量学研究。该研究团队与南洋理工大学的研究人员一起进一步证实，内皮细胞接触二氧化钛（TiO_2）纳米材料会导致内皮细胞渗漏。这种效应源于二氧化钛纳米材料与内皮细胞粘连连接蛋白 VE-钙黏蛋白之间的物理相互作用。他们进一步发现，二氧化钛纳米材料会导致小鼠皮下血管渗漏，并

增加肺转移数量(Setyawati et al.，2013)。这些发现揭示了一种新的非受体介导机制,即纳米材料通过与 VE 钙黏蛋白的特异性相互作用,触发细胞内信号级联反应,进而导致纳米材料诱导的内皮细胞渗漏。

综上所述,在 4 个重点领域建立的研究能力,有助于增强新加坡的准备能力,并为应对水、空气和食物等基本生活需求方面的挑战提供所需能力。

关于区域问题的区域和国际合作研究

新加坡国立大学环境研究所是新加坡国立大学与政府机构、行业和研究机构在环境与水资源研究领域的联络点。该研究所发挥着关键作用,促使政府机构、行业和机构了解研究需求,并汇集大学的研究人员和专业知识,以制定可行的研究计划和解决方案来满足这些需求。

新加坡国立大学环境研究所还通过各类资助计划,聘请杰出科学家担任客座教授。其中一项计划是环境与水技术(EWT)客座教授计划(VPP),旨在培养战略研究领域的专业人才,以应对新加坡水务行业的未来挑战。两位国际知名的水资源专家——耶路撒冷希伯来大学的阿夫纳·阿丁(Avner Adin)教授和亚利桑那大学的肖恩·斯奈德(Shane Snyder)教授,正与新加坡国立大学及当地行业专家合作,分别研究纳米材料的检测和去除方法、再矿化海水反渗透产品对输水管道中水稳定性的影响,以及"绿色"样品制备程序的开发和实际应用。该计划在分享国际和新加坡水资源专业知识和经验交流方面成效显著。

作为海外研究和研究人员培训外联合作的举措,国家研究与创新院还开展了两项重要计划:①新加坡-北京-牛津研究企业计划(SPORE),由新加坡国家研究基金会通过环境与水工业计划办公室(EWI)、新加坡国立大学、牛津大学和北京大学提供支持。该计划聚焦水生态效率领域的研究,以及教育和技术商业化,最终目标是使用更少的能源和资源开发新的水技术解决方案。②上海交通大学(SJTU)与新加坡国立大学超大城市能源与环境可持续发展方案(E2S2),由新加坡国家研究基金会根据卓越研究与技术企业校园计划（CREATE）提供支持，重点关注超大城市面临的挑战，针对废物管理和能源回收、新兴污染物对大城市环境的影响等耦合问题提出可持续性方案。

新加坡国立大学环境研究所与新加坡及地区政府机构、研究机构和业界建立了紧密的合作关系，已成为促进认知提升和开发共同感兴趣项目的重要纽带。这种合作在新加坡国立大学气候变化研究中心所取得的成绩中表现突出。该研究中心牵头跨学科研究项目，重点评估应对气候变化的脆弱性、适应方法、减缓策略、计划和解决方案。在新加坡国立大学内部，环境研究所和土木与环境工程系、热带海洋科学研究所和遥感成像、传感和处理中心密切合作，以推进气候变化研究，并与地区机构（博戈尔印度尼西亚科学研究所、博戈尔和印度尼西亚占碑大学）开展泥炭地研究。在生物膜和环境代谢组学研究方面，新加坡国立大学环境研究所正在与环境生命科学工程中心（SCELSE）合作，创建新加坡第 5 个卓越研究中心（RCE），旨在推动该领域的基础设施和能力建设。

产业合作也是新加坡国立大学环境研究所的核心重点，有助于把握行业趋势，跟进行业研究需求，并实现创意和技术的商业化。新加坡国立大学环境研究所一直支持新加坡经济发展局的使命，吸引跨国公司和组织在新加坡设立研究基地。多年来，该所与多家主要本地和国际公司建立了密切联系，包括①水和环境领域公司：通用电气新加坡水务中心（开展水处理研究、联合研讨会、制定学生培训计划和联合接待来访科学家）、黄芳工业公司（从事废物变能源项目），②水和环境仪器领域领先企业：安捷伦科技公司（在人力开发和培训、仪器设备及联合研发项目新方法开发方面开展合作）、赛默飞世尔科技公司（开展城市水系统代谢组学研究）、岛津（亚太）有限公司（合作建立 NUS 岛津高级生态分析设施、LSS 实验室科学解决方案有限公司（就布鲁克质谱仪在代谢组学、化学分析和新兴污染物领域的环境应用开展合作）、沃特世科技公司（围绕环境微生物代谢组学相关合作研究框架开展合作）。

在超大城市的能源与环境可持续发展项目框架下，新加坡国立大学环境研究所、上海交通大学和上海城市水资源开发利用国家工程中心有限公司（NERC）开展的三方合作,将为中国水质研究带来技术转移的机遇,并为中国科研机构及行业提供联合研究的合作平台。

新加坡国际水周自 2008 年创办以来,与亚洲废物管理峰会(WasteMet Asia)、新加坡清洁环境峰会(CleanEnviro Summit)和世界城市峰会(World Cities Summit)一起吸引了越来越多的全球参与者。这些在新加坡举办的重大活动为来自本土和国际的学术界和产业界提供了一个有效的平台,创造了环境和水资源领域的合作机会。研究机构在研发方面的进步以及日益增多的本地和国际合作,为新加坡成为全球水资源中心以及创造可持续发展的城市生活提供了技术支持和产品开发方案,推动新加坡和其他亚洲城市向可持续发展目标迈进。

致　谢

新加坡国立大学环境研究所(官网:http://www. nus. edu. sg/neri/)谨此感谢新加坡国家研究基金会、环境及水资源部、环境与水工业计划办公室、新加坡公用事业局、新加坡国家环境局、新加坡经济发展局、新加坡教育部(MOE)、SPORE 资助计划、E2S2 资助计划、NUS - GE 支持及各合作组织提供的科研资助和支持。

参考文献

Balasubramanian, R., Qian, W. B., Decesari, S., Facchini, M. C., and Fuzzi, S. (2003). Comprehensive characterization of $PM_{2.5}$ aerosols in Singapore. *Journal of Geophysical Research, 108*, 4523 - 4533.

Balasubramanian, S. K., Jittiwat, J., Manikandan, J., Ong, C. N., Yu, L. E., and Ong, W. Y. (2010). Biodistribution of gold nanoparticles and gene expression changes in the liver and spleen after intravenous administration in rats. *Biomaterials, 31*, 2034 - 2042.

Belanger, S. E., Balon, E. K., and Rawlings, J. M. (2010). Saltatory ontogeny of fishes and sensitive early life stages for ecotoxicology tests. *Aquatic Toxicology, 97*, 88 - 95.

Chang, T. H. A., Chen, X. C., and Ong, B. L. (2013). Plant selection criteria. Presented at the Workshop on Design and Construction of Soak Away Rain Garden, 25 July 2013, National University of Singapore, Singapore.

Chen, X. C., Chang, T. H. A., and Ong, B. L. (2013). Planning of plant layout. Presented at the Workshop on Design and Construction of Soak Away Rain Garden, 25 July 2013, National University of Singapore, Singapore.

Intergovernmental Panel on Climate Change (IPCC). (2007). Contribution of Working Groups I, II and III to the Fourth Assessment Report of the Intergovernmental Panel on Climate Change, Core Writing Team, Pachauri, R. K. and Reisinger, A. (Eds.), IPCC, Geneva, Switzerland. p.104.

de Groot, B. L., and Grubmuller, H. (2005). The dynamics and energetics of water permeation and proton exclusion in aquaporins. *Current Opinion in Structural Biology, 15*, 176.

Drennan, P., and Pammenter N. W. (1982) Physiology of salt secretion in the mangrove Avicennia marina (Forsk.) Vierh. *The New Phytologist, 91*, 1000 – 1005.

Dunne, T., and Leopold, L. (1978). *Water in Environmental Planning*. New York, NY: W. H. Freeman and Co.

EConnect. (2014). NUSwan — A tool for persistent monitoring of water bodies. *EConnect, 8*, March 2014.

European Union. (2010). Directive 2010 /63 /EU of the European Parliament and of the Council of 22 September 2010 on the protection animal used in scientific purposes.

Fang, G., Lau, H. F., Law, W. S., and Li, S. F. Y. (2012). Systematic optimisation of coupled microwave-assisted extraction-solid phase extraction for the determination of pesticides in infant milk formula via LC-MS /MS. *Food Chemistry, 134*, 2473 – 2480.

Fang, G., Goh, J. Y., Tay, M., Lai, H. F., and Li, S. F. Y. (2013). Characterization of oils and fats by 1H NMR and GC /MS fingerprinting: Classification, prediction and detection of adulteration. *Food Chemistry, 138*, 1461 – 1469.

Fiol, D. F., and Kultz, D. (2007). Osmotic stress sensing and signaling in fishes. *Federation of European Biochemical Societies (FEBS) Journal., 274*, 5790 – 5798.

Freeman, R., Finder, T., and Willner, I. (2009). Multiplexed analysis of Hg^{2+} and Ag^+ ions bynucleic acid functionalized CdSe /ZnS quantum dots and their use for logic gateopera-tions. *Angewandte Chemie International Edition, 48*, 7818 – 7821.

Gao, Y. H., Lu, Y. H., Huang, S. M., Gao, L., Liang, X. X., Wu, Y. N., Wang, J., Huang, Q., Tang, L. Y., Wang, G. A., Yang, F., Hu, S. G., Chen, Z. H., Wang, P., Jiang, O., Huang, R., Xu, Y. H., Yang, X. F., and Ong, C. N. (2014). Identifying early urinary metabolic changes with long-term environmental exposure to cadmium by mass-spectrometry-based metabolomics. *Environmental Science & Technology, 48*, 6409 – 6418.

Ge, D., and Lee, H. K. (2013). Ionic liquid based dispersive liquid-liquid microextraction coupled with micro-solid phase extraction of antidepressant drugs from environmental water samples. *Journal of Chromatography A, 1317*, 217 – 222.

Gong, Z., Ju, B., and Wan, H. (2001). Green fluorescent protein (GFP) transgenic fish and their applications. *Genetica, 111*, 213 – 225.

Gong, Z., Wan, H., Tay, T. L., Wang, H., Chen, M., and Yan, T. (2003). Development of transgenic fish for ornamental and bioreactor by strong expression of fluorescent proteins in the skeletal muscle. *Biochemical and Biophysical Research Communications, 308*, 58 – 63.

Guo, H., Lim, F. Y., Zhang, Y., Lee, L. Y., Hu, J. Y., Ong, S. L., Yau, W. K., and Ong, G. S. (2014). Soil column studies on the performance evaluation of engineered soil mixes for bioretention systems. *Desalination and Water Treatment, 1 – 7*, Paper presented at 5th IWA-ASPIRE Conference, 8-12 September, 2013, Daejon, Korea. Retrieved 17 February 2015 from http: // www. tandfonline. com /doi /abs /10. 1080 /19443994. 2014. 922284 #. VONboPmUfD8.

Hinze, W. L., and Pramauro, E. (1993). A Critical review of surfactant-mediated phase separation (cloud-point extractions): Theory and applications. *Critical Reviews in Analytical Chemistry, 24*, 133 – 177.

Hooijer, A., Page, S., Canadell, J. G., Silvius, M., Kwadijk, J., Wosten, H., and Jauhiainen, J. (2010). Current and future CO_2 emissions from drained peatlands in Southeast Asia. *Biogeosciences, 7*, 1505 – 1514.

Hu, K., Gupta, M. K., Kulkarni, D. D., and Tsukruk, V. V. (2013). Ultra-robust graphene oxide-silk fibroin nanocomposite membranes. *Advanced Materials, 25*, 2301 – 2307.

Huang, S. M., Xu, F., Lam, S. H., Gong, Z., and Ong, C. N. (2013). Metabolomics of developing zebrafish embryos using gas chromatography-and liquid chromatography-mass spectrometry. *Molecular Biosystems, 9*, 1372 – 1380.

Ip, Y. K., Soh, M. M., Chen, X. L., Ong, J. L., Chng, Y. R., Ching, B., Wong, W. P., Lam S. H., and Chew, S. F. (2013). Molecular characterization of branchial aquaporin 1aa and effects of seawater acclimation, emersion or ammonia exposure on its mRNA expression in the gills, gut, kidney and skin of the freshwater climbing perch, Anabas testudineus. *PLoS One, 8*, e61163.

Jeon, I. Y., Shin, Y. R., Sohn, G. J., Choi, H. J., Bae, S. Y., Mahmood, J., Jung, S. M., Seo, J. M., Kim, M. J., Chang, D. W., Dai, L. M., and Baek J. B. (2012). Edge-carboxylated graphene nanosheets via ball milling. *Proceedings of the National Academy of Sciences of the United States of America, 109*, 5588 – 5593.

Koay, T. B., Tan, Y. T., Eng, Y. H., Gao, R., Chitre, M., Chew, J. L., Chandhavarkar, N., Khan, R., Taher, T., and Koh, J. (2011). STARFISH — A small team of autonomous robotic fish. *Indian Journal of Geo-Marine Sciences, 40*, 157 – 167.

Krishnamurthy, P., Jyothi-Prakash, P. A., Qin, L., He, J., Lin, Q., Loh, C.-S., and Kumar, P. P. (2014). Role of root hydrophobic barriers in salt exclusion of a mangrove plant Avicennia officinalis. *Plant, Cell and Environment, 37*, 1656 – 1671.

Lam, S. H., Hlaing, M. M., Zhang, X. Y., Yan, C., Duan, Z., Zhe, L., Ung, C. Y., Mathavan, S., Ong, C. N., and Gong, Z. (2011). Toxicogenomic and phenotypic analyses of bisphenol-A early-life exposure toxicity in zebrafish. *PLoS One*, *6*, e28273.

Lam, S. H., Mathavan, S., Tong, Y., Li, H., Karuturi, R. K. M., Wu, Y., Vega, V. B., Liu, E. T., and Gong, Z. (2008). Zebrafish whole-adult-organism chemogenomics for large-scale predictive and discovery chemical biology. *PLoS Geneics*, *4*, e1000121.

Lam, S. H., Ung, C. Y., Hlaing, M. M., Hu, J., Li, Z.-H., Mathavan, S., and Gong, Z. (2013). Molecular insights into 4-nitrophenol-induced hepatotoxicity in zebrafish: Transcriptomic, histological and targeted gene expression analyses. *Biochimica et Biophysica Acta (BBA) — General Subjects*, *1830*, 4778 – 14789.

Li, W. J., Lee, L. Y., Yung, L. Y. L., He, Y., and Ong, C. N. (2014). Combination of in situ preconcentration and on-site analysis for phosphate monitoring in fresh waters. *Analytical Chemistry*, *86*, 7658 – 7665.

Li, Z., Lui, E. Y., Wilson, J. M., Ip, Y. K., Lin, Q., Lam, T. J., and Lam, S. H. (2014b). Expression of key ion transporters in the gill and esophageal-gastrointestinal tract of eury-haline Mozambique Tilapia *Oreochromis mossambicus* acclimated to fresh water, seawater and hypersaline water. *PLOS One*, *9*, e87591.

Lim, J., Lim, C., and Yu, L. Y. E. (2009). Composition and size distribution of metals in diesel exhaust particulates. *Journal of Environmental Monitoring*, *11*, 1614 – 1621.

Lim, T. N., Yang, C., He, C., Hu, L., and Lee, H. K. (2013). Membrane assisted micro-solid phase extraction of pharmaceuticals with amino and urea-grafted silica gel. *Journal of Chromatography A*, *1316*, 8 – 14.

Liu, Y., Zhou, Z., Vecitis, C. D., and Ong, C. N. (2014a). Graphene-based electrochemical filters for water purification. A poster presented at Water Convention, Singapore International Water Week (SIWW), 1 – 5 June 2014, Singapore.

Liu, Y., Lee J. H. D., Xia Q., Ma Y., Yu Y., Yung L. Y. L, Xie J. P., Ong C. N., Vecitis C. D. and Zhou Z., (2014b). Graphene-based electrochemical filters for water purification. *Journal of Materials Chemistry A*, *2*, 16554 – 16562.

Majedi, S. M., Lee, H. K., and Kelly B. C. (2012). Chemometric analytical approach for the cloud point extraction and inductively coupled plasma mass spectrometric determination of zinc oxide nanoparticles in water samples. *Analytical Chemistry*, *84*, 6546 – 6552.

Matheson, A. (2008). Seeing green. *The Column*, *4*(4), 30 – 32.

Mishra, S., Lee, W. A., Hooijer, A., Reuben, S., Sudiana, I. M., Idris, A., and Swarup, S. (2014). Microbial and metabolic profiling reveal strong influence of water table and land-use patterns on classification of degraded tropical peatlands. *Biogeosciences*, *11*, 1727 – 1741.

National Climate Change Secretariat (NCCS), Prime Minister's Office Singapore. (2011). Adaptation measures. http://app.nccs.gov.sg/(X(1)S(i2a31q45urdr35eor0mpyn3m))/page.aspx?pageid=84&AspxAutoDetectCookieSupport=1.

National Environment Agency (NEA). (2010). Chapter 3: Vulnerability and adapta-tion measures. In *Singapore's Second National Communication*. Retrieved 2 September 2014 from https://www.nccs.gov.sg/sites/nccs/files/SINGAPORE% 27S% 20SECOND%

20NATIONAL%20COMMUNICATIONS%20NOV%202010. pdf.

Novoselov, K. S. , Geim, A. K. , Morozov, S. V. , Jiang, D. , Zhang, Y. , Dubonos, S. V. , Grigorieva, I. V. , and Firsov A. A. (2004). Electric field effect in atomically thin carbon films, *Science, 306*, 666 – 669.

Ong, G. S. , Kalyanaraman, G. , Wong, K. L. , and Wong, T. H. F. (2012). Monitoring Singapore's first bioretention system: Rain garden at balam estate. In *WSUD 2012: Water sensitve urban design; Building the water sensitive community* (pp. 601 – 608); 7th international conference on water sensitive urban design, 21 – 23 February 2012, Melbourne Cricket Ground. Barton, A. C. T. : Engineers Australia.

Ono, A. , and Togashi, H. (2004). Highly selective oligonucleotide-based sensor for mercury (II) in aqueous solutions. *Angewandte Chemie International Edition, 43*, 4300 – 4302.

Page, S. E. , Rieley, J. O. , and Banks, C. J. (2011). Global and regional importance of the tropical peatland carbon pool. *Global Change Biology, 17*, 798 – 818.

Parng, C. , Seng, W. L. , Semino, C. , and McGrath, P. (2002). Zebrafish: A preclinical model for drug screening. *Assay and Drug Development Technologies, 1*, 41 – 48.

Persson, P. E. (1980). On the odor of 2-methylisobornol. *Water Research, 32*(7), 2140 – 2146.

Public Utilities Board, Singapore (PUB). (2002). Singapore Water Reclamation Study, Expert Panel Review and Findings, June 2002.

PUB. (2010). Environmental Public Health (EPH) (Quality of Piped Drinking Water) Regulation 2008 (updated 1 Nov 2010). Retrieved 29 January 2015 from http: //www. pub. gov. sg /general /watersupply /Pages /DrinkingWQReport. aspx.

PUB. (2014a). NEWater. Retrieved 29 January 2015 from http: //www. pub. gov. sg /about / historyfuture /Pages /NEWater. aspx.

PUB. (2014b). *Innovation in Water, Singapore, 6*, June 2014.

PUB. (2014c). Keeping the waters in Singapore safe for recreational activities. *Innovation in Water, Singapore, 6, 30*.

PUB. (2014d). Active, beautiful and clean waters design guidelines. Retrieved 29 January 2015 from http: //www. pub. gov. sg /abcwaters /abcwatersdesignguidelines /Documents /ABC_ DG_ 2014. pdf.

PUB. (2014e). Removing off-flavour compounds in water. *Innovation in Water, Singapore, 6, 31*.

Putten, W. H. V. (2012). Climate change, aboveground-belowground interactions, and species' range shifts, *Annual Review of Ecology, Evolution and Systematics, 43*, 365 – 383.

Raju, D. K. , Santosh, K. , Chandrasekar, J. and Teh, T. S. (2010). Coastline change measurement and generating risk map for the coast using geographic information system. *The International Archives of the Photogrammetry, Remote Sensing and Spatial Information Sciences, 38, Part II*, 492 – 497.

Rodriguez, C. , Buynder, P. V. , Lugg, R. , Blair, P. , Devine, B. , Cook, A. , and Weinstein, P. (2009). Indirect potable reuse: A sustainable water supply alternative. *International*

Journal of Environmental Research and Public Health, 6,1174 - 1209.

Schipper, M. L., Nakayama-Ratchford, N., Davis, C. R., Kam, N. W., Chu, P., Liu, Z., Sun, X., Dai, H., and Gambhir, S. S. (2008). A pilot toxicology study of single-walled carbon nanotubes in a small sample of mice. *Nature Nanotechnology*, 3,216 - 221.

See, S. W., Balasubramanian, R., and Wang, W. (2006). A study of the physical, chemical, and optical properties of ambient aerosol particles in Southeast Asia during hazy and nonhazy days. *Journal of Geophysical Research-Atmospheres*, 111(D10), D10S08,1 - 12.

Setyawati, M. I., Tay, C. Y., Chia, S. L., Goh, S. L., Fang, W., Neo, M. J., Chong, H. C., Tan, S. M., Loo, S. C., Ng, K. W., Xie, J. P., Ong, C. N., Tan, N. S., and Leong, D. T. (2013). Titanium dioxide nanomaterials cause endothelial cell leakiness by disrupting the homophilic interaction of VE-cadherin. *Nature Communications.*, 4:1673,1 - 12.

Shen, Y. J., Lefebvre, O., Tan, Z. and Ng, H. Y. (2012) Microbial fuel-cell-based toxicity sensor for fast monitoring of acidic toxicity. *Water Science and Technolnology*, 65, 1223 - 1228.

Simoneit, B. R. T. (2002). Biomass burning: A review of organic tracers for smoke from incomplete combustion. *Applied Geochemistry*, 17,129 - 162.

Sobrado, M. A. (2001). Effect of high external NaCl concentration of xylem sap, leaf tissue and leaf glands secretion of the mangrove Avicennia germinans (L.) L. *Flora*, 196,63 - 70.

Stoller, M. D., Park, S., Zhu, Y., An, J., and Ruoff, R. S. (2008). Graphene-based ultracapacitors. *Nano Letters*, 8,3498 - 3502.

Stone, E. A., Yang, L., Yu, L. E. and Rupakhetic M. (2012). Characterization of organosulfates in atmospheric aerosols at four Asian locations. *Atmospheric Environment*, 47, 323 - 329.

Sukardi, H., Chng, H. T., Chan, E. C., Gong, Z., and Lam, S. H. (2011). Zebrafish for drug toxicity screening: Bridging the in vitro cell-based models and in vivo mammalian models. *Expert Opinion on Drug Metabolism Toxicology* 7,579 - 589.

Sun, G. F., Chung, T. S., Jeyaseelan, K., and Armugam, A. (2013). Stabilization and immobilization of aquaporin reconstituted lipid vesicles for water purification. *Colloids and Surfaces B: Biointerfaces 102*,466 - 471.

Tan, W. K., Lin, Q., Lim, T. M., Kumar, P. and Loh, C. S. (2013) Dynamic secretion changes in the salt glands of the mangrove tree species *Avicennia officinalis* in response to a changing saline environment. *Plant Cell Environ*, 36,1410 - 1422.

Te, S. H., and Gin, K. Y. H. (2011). The dynamics of cyanobacteria and microcystin production in a tropical reservoir of Singapore. *Harmful Algae*, 10,319 - 329.

Teh, H. B., Wu, H., Zuo X., and Li, S. F. Y. (2014). Detection of Hg^{2+} using molecular beacon-based fluorescent sensor with high sensitivity and tunable dynamic range. *Sensors and Actuators, B: Chemical*, 195,623 - 629.

United States Environmental Protection Agency (USEPA). (2012). Cyanobacteria and Cyanotoxins: Information for Drinking Water Systems. EPA-810F11001, July, 2012.

Velasco, E., and Roth, M. (2012). Review of Singapore's air quality and greenhouse gas emissions: Current situation and opportunities. *Journal of the Air and Waste Management Association, 62*,625 – 641.

Wang, H. L., Chung, T. S., Tong, Y. W., Chen, Z. C., Hong, M. H., Jeyaseelan, K., and Armugam, A. (2011). Preparation and characterization of pore-suspending biomimetic membranes embedded with Aquaporin Z on carboxylated polyethylene glycol polymer brush. *Soft Matter, 7*,7274 – 7280.

Wang, H. L., Chung, T. S., Tong, Y. W., Jeyaseelan, K., Armugam, A., Duong, H. H. P., Fu, F. J., Seah, H., Yang, J., and Hong, M. H. (2013). Mechanically robust and highly permeable Aquaporin Z biomimetic membranes. *Journal of Membrane Science, 434*, 130 – 136.

Watanabe, H., and Tanaka, H. (1978). A non-ionic surfactant as a new solvent for liquid — liquid extraction of zinc(II) with 1-(2-pyridylazo)-2-naphthol. *Talanta, 25*,585 – 589.

Whitfield, A. K., and Blaber, S. J. M. (1979). The distribution of the freshwater cichlid *Sarotherodon mossambicus* (Peters) in estuarine systems. *Environmental Biology of Fishes, 4*,77 – 81.

World Health Organization (WHO). (2003). Cyanobacterial toxins: Microcystin-LR in Drinking-water: Background document for development of WHO guidelines for drinking-water quality. WHO, WHO /SDE /WSH /03.04 /57.

Wu, Y. L., Pan, X., Mudumana, S. P., Wang, H., Kee, P. W., and Gong, Z. (2008). Development of a heat shock inducible gfp transgenic zebrafish line by using the zebrafish hsp27 promoter. *Gene, 408*,85 – 94.

Xie, W., He, F., Wang, B., Chung, T. S., Jeyaseelan, K., Armugam, A., and Tong, Y. W. (2013). An aquaporin-based vesicle-embedded polymeric membrane for low energy water filtration. *Journal of Material Chemistry A, 1*,7592 – 7600.

Xu, Y. J., Wang, C., Ho, W. E., and Ong, C. N. (2014). Recent developments and applications of metabolomics in microbiological investigations. *TrAC Trends in Analytical Chemistry, 56*,37 – 48.

Yang, L., and Yu, L. Y. E. (2009). Measurements of oxalic acid, oxalates, malonic acid, and malonates in atmospheric particulates. *Environmental Science and Technology, 42*,9268 – 9275.

Yang, L., Ho, N. Y., Alshut, R., Legradi, J., Weiss, C., Reischl, M., Mikut, R., Liebel, U., Müller, F., and Strähle, U. (2009a). Zebrafish embryos as models for embryotoxic and teratological effects of chemicals. *Reproductive Toxicology, 28*,245 – 253.

Yang, L., Nguyen, D. M., and Yu, L. E. (2009b). Photooxidation of levoglucosan in atmospheric aqueous aerosols. *Geochmica et Cosmochimica Acta, 73*(13S), A1477.

Yang, L., Nguyen, D. M., Jia, S., Reid, J. S., and Yu, L. E. (2013). Impacts of biomass burning smoke on the distributions and concentrations of C2 – C5 dicarboxylic acids and dicarbo-xylates in a tropical urban environment. *Atmospheric Environment, 78*,211 – 218.

Yeo, B. H., and Gin, K. Y. H. (2013). Cyanophages infecting Anabaena circinalis and Anabaena cylindrica in a tropical reservoir. *Bacteriophage*, *3*(3), e25571.

Yoonessi, M., Shi, Y., Scheiman, D. A., Lebron-Colon, M., Tigelaar, D. M., Weiss, R. A., and Meador, M. A. (2012). Graphene polyimide nanocomposites: Thermal, mechanical, and high-temperature shape memory effects. *ACS Nano*, *6*, 7644 – 7655.

Zhang, W. C., Shyh-Chang, N., Yang, H., Rai, A., Umashankar, S., Ma, S. M., Soh, B. S., Sun, L. L., Tai, B. C., Nga, M. E., Bhakoo, K. K., Jayapal, S. R., Nichane, M., Yu, Q., Ahmed, D. A., Tan, C., Sing, W. P., Tam, J., Thirugananam, A., Noghabi, M. S., Pang, Y. H., Ang, H. S., Mitchell, W., Robson, P., Kaldis, P., Soo, R. A., Swarup, S., Hsuen, E. and Lim, B. (2012). Glycine decarboxylase activity drives non-small cell lung cancer tumor-initiating cells and tumorigenesis. *Cell*, *148*, 1066 – 1066.

Zhang W., Tan, N. G., and Li, S. F. (2014). NMR-based metabolomics and LC-MS/MS quantification reveal metal-specific tolerance and redox homeostasis in Chlorella vulgaris. *Molecular Biosystems*, *10*, 149 – 160.

第七章
能源转型——热带地区的能源效率与可再生能源挑战

尼列什·Y.贾德夫、苏博德·梅赛尔卡和汉斯·B.(特迪)普特根
南洋理工大学能源研究所

摘　要

　　新加坡的战略地位使其成为亚洲各种经济活动的区域中心,包括能源和碳密集型产业,如石油炼制、制造业、港口业,也拥有规划完善的城市基础设施。然而,新加坡没有自己的化石能源资源,直到最近才开始在能源安全、电力脱碳和节能的关键战略目标下,逐步转向探索可再生能源。能源转型是一个全国范围内向可持续发展迈进的过程,这需要通过提高能源效率和部署清洁能源来实现。新加坡南洋理工大学的能源研究院率先在这些领域开展研究,最近启动了两个旗舰项目,旨在为创新解决方案的开发提供大胆的设想和动力,这将对新加坡的能源转型和绿色增长产生重大影响,也将使新加坡在开发热带地区相关解决方案方面处于领先地位。

简　介

新加坡的能源状况

　　新加坡地处印度洋和太平洋之间的战略位置,毗邻马六甲海峡。因此,除了

发挥制造、贸易、商业和金融中心的作用外,新加坡还大力发展成为亚洲主要的石化和石油炼制中心。新加坡的世界级港口和机场为广泛的经济发展提供了支持。

截至 2013 年底,新加坡人口已达 547 万,国土面积为 718 平方公里,人口密度为 7615 人/平方公里,是除中国澳门和摩纳哥以外世界上人口密度最高的地区之一。新加坡本国没有天然化石能源资源。

新加坡唯一的能源生产来自当地四家垃圾焚烧发电厂,2012 年达到 600 千吨油当量,不到最终总消费量的 4%。垃圾焚烧厂产生的灰烬用驳船运往实马高垃圾填埋场。

新加坡的能源平衡

根据国际能源署(IEA)2012 年的能源平衡数据,下面是新加坡最新的全球公开信息(www. iea. org)。

(1) 总共进口 49 781 千吨油当量的原油,其中 301 千吨油当量被再出口,因此原油总初级能源供应总进口量为 49 480 千吨油当量。

(2) 共进口 98 910 千吨油当量石油产品(含少量库存减少)。其中:

① 83 330 千吨油当量经过各种加工后出口;

② 41 100 千吨油当量用于港口活动的船用海上燃料;

③ 6 850 千吨油当量用于机场活动的航空燃料。

石油产品总初级能源供应总出口量为 32 370 千吨油当量。

(3) 天然气的总初级能源供应总进口量为 7 330 千吨油当量。

2012 年新加坡的总初级能源供应总进口量为 25 000 千吨油当量。其中:

(1) 4 920 千吨油当量用于发电厂。

① 发电厂消耗的总初级能源供应总进口量为 8 960 千吨油当量,其中 75% 为天然气;

② 总发电量为 4 035 千吨油当量,整体效率为 45%。

(2) 3 820 千吨油当量被石油炼油厂和能源行业自身消耗。

(3) 300 千吨油当量因统计误差和损失所致。

2012 年新加坡的最终能源消费总量为 16 000 千吨油当量。

最终各行业能源消费的分布如表 7-1 所示。

表 7-1　各行业能源消费分布

行业	能源消费量/千吨油当量	占比/%
工业	5 170	32.3
交通运输	2 520	15.7(不含航运和航空)
商业和公共服务	1 620	10.1
住宅	650	4.1
化学和石化	5 300	33.1
其他非能源用途	750	4.7

制造业(工业)和化学及石化行业在最终能源消费中所占比例为 65.4%,这印证了它们的重要性。

向天然气转型

如上所述,除了经过回收和仔细分类后的焚烧废物外,新加坡没有天然的化石能源。尽管该国从未依赖煤炭作为能源来源,但传统上仍依赖原油,其中超过 50% 的原油从阿拉伯联合酋长国、沙特阿拉伯和卡塔尔进口。近年来,新加坡政府正在推动天然气的使用。自 2008 年以来,马来西亚和印度尼西亚通过管道为新加坡提供了 80% 以上的天然气。图 7-1 展示了该国从石油向天然气的转变。

为了支持这一政策,裕廊的液化天然气(LNG)码头/港口设施已竣工,并于 2013 年 5 月开始运营,2014 年 2 月由新加坡前总理李显龙主持正式落成典礼。液化天然气设施的产能正在不断扩大,以便在 2024 年管道合同到期后,可以仅依赖

国际能源署能源统计 网络统计数据：http://www.iea.org/statistics/

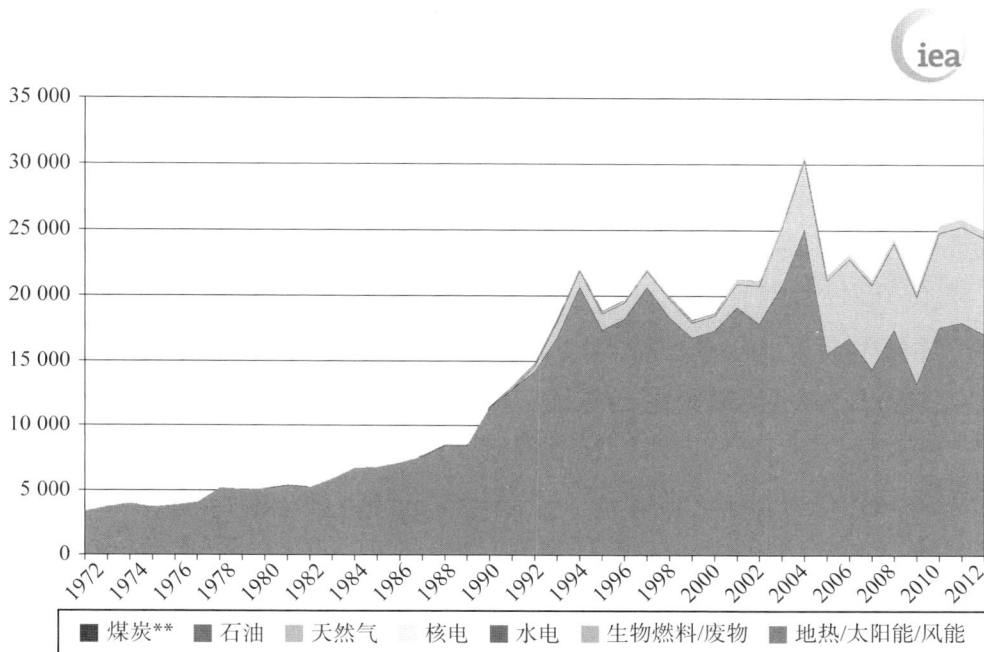

© OECD/IEA ＊不含电力贸易 ＊＊在本图中，泥炭和油页岩在相关情况下与煤炭合在一起

单位：ktone

图 7 - 1 新加坡一次能源供应总量(1972—2012 年)

如需更详细的数据，请查询在线数据服务 http://data.iea.org

液化天然气进口。

新加坡的能源指标

表 7 - 2 概述了新加坡 2012 年的主要能源指标，这些是全球公开的最新统计数据(www.iea.org)。

表 7 - 2　新加坡的主要能源指标(2012 年)

新加坡主要能源统计数据		2012	2000	1990
人口	百万	5.31	4.03	3.05
国内生产总值	十亿美元(2005)	183.37	99.35	49.83
能源生产	百万吨油当量	0.60	0.20	0.07
净进口额	百万吨油当量	70.74	40.83	24.52
总初级能源供应(TPES)	百万吨油当量	25.05	18.67	11.53
人均总初级能源供应	人均吨油当量	4.72	4.63	3.78
总初级能源强度	每千美元(2005)的吨油当量	0.14	0.19	0.23
二氧化碳排放量	百万吨	49.75	44.40	30.25
人均二氧化碳排放量	人均吨二氧化碳排放量	9.36	11.02	9.93
初级能源供应的二氧化碳排放量	每吨油当量吨二氧化碳排放量	1.99	2.38	2.62
二氧化碳排放量强度	每美元(2005)的千克二氧化碳排放量	0.27	0.45	0.61
电力消耗	太瓦时	46.16	30.51	15.18
人均电力消耗	人均兆瓦时	8.69	7.58	4.98

下面是一些突出的观察结果：

1990—2012 年,该国的国内生产总值年均增长率为 6.1%。

虽然人均能源强度从 1990 年的 3.78 吨油当量/人增加到 2012 年的 4.72 吨油当量/人,但基于国内生产总值的能源强度从 2005 年的 0.23 吨油当量/千美元下降到 0.14 吨油当量/千美元。

这清楚表明了新加坡对提高能源使用效率的总体承诺。

虽然人均二氧化碳排放量仍然高达 9.36 吨二氧化碳/人,但两个关键指标自

1990 年以来已显著下降——二氧化碳/总初级能源供应(反映该国整体能源结构)和二氧化碳/国内生产总值(反映当地工业为减少环境足迹所作的努力)。

这两个指标证实了新加坡致力于降低经济碳强度的目标。

电力能源行业

2013 年,新加坡的总用电量增长了 1.6%,达到 45 太瓦时(1 太瓦 = 10^{12} 瓦)时。

图 7-2 显示了可竞争负荷和不可竞争负荷的分布情况。

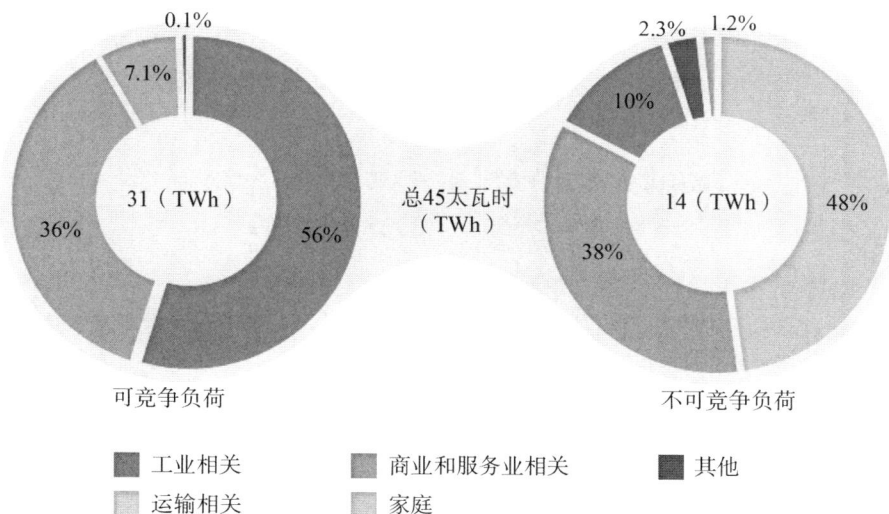

图 7-2　2013 年按竞争性和行业划分的电力消费

图片来源:EMA,2014

根据新加坡能源市场管理局的数据,截至 2014 年 6 月底,新加坡 17 家发电许可证持有者的总装机容量为 12 521 兆瓦,2013 年总发电量为 48 太瓦时(EMA,2014)总体系统容量系数为 48.6%,表明新加坡保持着较大的发电余量。

在这 17 家发电公司中,最大的 6 家公司占据了总发电容量的 95％。图 7－3 展示了过去 6 年发电量的增长情况及发电公司的市场份额分布。

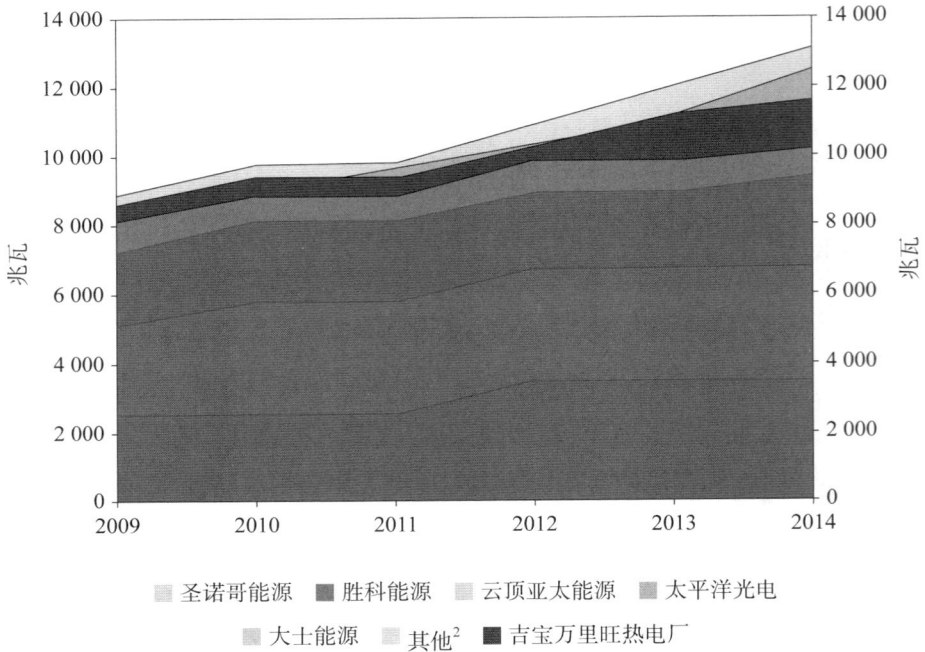

图例:
- 圣诺哥能源
- 胜科能源
- 云顶亚太能源
- 太平洋光电
- 大士能源
- 其他[2]
- 吉宝万里旺热电厂

[1] 2014 年数据为 2014 年上半年的数据。

[2] 其他是指 2013 年的所有其他发电厂,具体有国家环境局、吉宝西格斯大士垃圾焚烧发电厂、圣诺哥垃圾焚烧发电厂、壳牌东方石油公司、埃克森美孚亚太公司、辉瑞亚太公司、ISK 新加坡公司、新加坡液化空气制氧公司、默沙东国际有限公司、亚洲绿色能源公司和葛兰素史克生物制品公司。

图 7－3　各发电公司的许可发电能力

图片来源:EMA,2014

图 7－4 显示天然气对电力生产的贡献正在快速增长,2012 年天然气占发电量的 84％,2013 年占比高达 92％,至 2014 年中期已达到 95％,相比之下,石油产品占比不足 1％,其他能源(包括城市垃圾、煤炭和生物质)占比为 4％(EMA,2014)。

国际能源署能源统计 网络统计数据：http://www.iea.org/statistics/

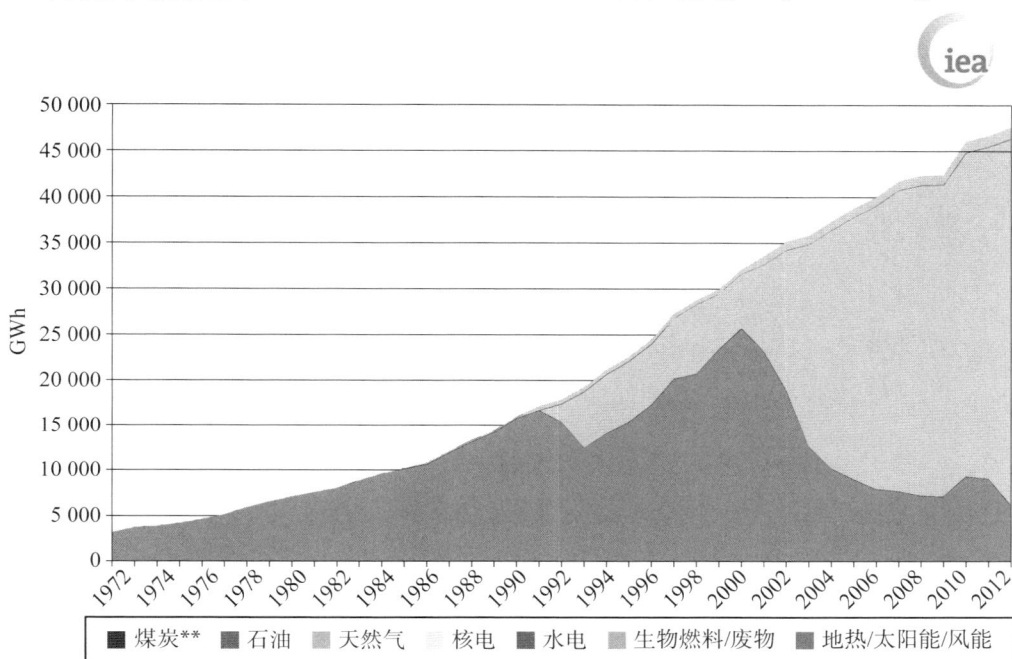

图 7 - 4 新加坡按燃料类型分列的发电量(1972—2012)

图片来源：IEA

可再生能源

截至 2014 年底,新加坡太阳能光伏系统并网装机容量达到 33 兆瓦,遍布全岛的 636 个安装点。这些光伏系统月发电量足可满足当年诺维娜全岛所有公共住房住户的月用电量。其中,410 个非住宅安装点(占总装机容量的 93%,即 30.8 兆瓦)由市政委员会和建屋发展局运营。共有 226 户家庭安装光伏系统,总并网容量2.3 兆瓦(EMA,2015)。

2014 年初,新加坡政府宣布在公共建筑上安装 350 兆瓦光伏电池板的计划。

根据新加坡可持续能源协会的预测,到 2025 年太阳能发电可满足新加坡 4.8% 的电力需求(SEAS, 2014)。

风能

根据风能资源评估结果,已明确风能在新加坡未来电力供应体系中将不会发挥主要作用。

海洋能源

当前研究重点聚焦于全面评估新加坡周边海域的海洋能源开发潜力,同时重点关注内流潮汐发电机。

能源转型

全球人口不断增长、生活水平不断提高,城市化对气候变化的影响以及对可靠低碳能源供应的担忧,使能源成为全球优先关注的事项。各国企业通常将这些挑战视为威胁和/或机遇;而这些挑战也催生了支持能源转型和发展绿色经济的创新技术与政策。

能源转型是一个在全国范围内通过提高能源效率和部署清洁能源实现可持续发展的精心实施过程。德国、瑞士等国家通过太阳能、风能和水力发电等可再生能源实现能源转型;美国则利用页岩油和页岩气资源,力争到 2035 年实现能源独立。

2011 年 2 月,新加坡国家研究基金会(NRF)和国家气候变化秘书处(NCCS)及其他政府机构发起了能源国家创新挑战赛(NIC)。2011—2015 年,该挑战赛分配到 3 亿新加坡元预算,旨在开发可在 20 年内部署的具有成本竞争力的能源解决方案,以提高新加坡的能源效率、减少碳排放并拓宽能源选择范围。新加坡能源转型的两大关键战略为:更加注重天然气供应,确保液化天然气稳定供应;到 2020 年部署至少 350 兆瓦的太阳能。住宅和工业综合体的能源效率提升、绿色数据中心的部署、有效的废物管理,以及以公共交通为核心的低碳交通解决方案,被视为新加坡可持续发展战略的关键。

绿色增长或绿色经济意味着将战略重点放在经济增长和环境保护上,同时投资于资源节约以及自然资本的可持续管理。德国和丹麦等国家已承诺,到 2020 年使可再生能源占能源总量的 35%,并通过全球出口能源效率和可再生能源解决方案,将绿色经济视为经济增长的重要驱动力。

在全球范围内,清洁技术领域的年度新投资在过去十年中增长了 5 倍,从 2004 年的 550 亿美元增至 2013 年的 2 540 亿美元,其中亚太地区的贡献占比达 47%(Bloomberg New Energy Finance,2014)。为将清洁技术行业定位为经济增长的引擎,新加坡正从整个价值链入手,采取多管齐下的策略,包括对研发、测试平台和示范试点项目的投资。

新加坡拥有的机遇包括快速自我重塑的现代化大都市、可检验新思想和社会态度的社会经济文化多样性,以及丰富的全球人才资源库。新加坡的独特之处还在于将两个劣势转化为优势,一是土地稀缺(人口密度极高),二是可再生能源处于劣势(太阳能因雨水/云层/城市密度受限;与温带气候相比,风能/潮汐资源较少)。

考虑到这些挑战和机遇,南洋理工大学能源研究所与经济发展局、新加坡裕廊镇公司和建设局等合作伙伴共同发起一项重大挑战:在 10 年内将电力、水资源和废物资源及碳排放量减少 35%。该生态校园项目依托南洋理工大学的热带校园和裕廊镇公司主导的清洁技术园区,旨在以研究和创新为导向,为校园环境的能源效率制定标准,其成果不仅为大规模部署提供了技术准备,也为热带环境中的其他住宅区或工业综合体提供了可复制的蓝图。

除能源效率外,为支持热带地区的能源转型,新加坡可再生能源集成示范项目旨在实马高垃圾填埋场开展分布式发电和孤岛微电网环境中可再生能源整合集成的系统研究,该垃圾填埋场是新加坡废物管理生态系统的典范。在新加坡经济发展局和国家环境局的支持下,该示范项目将为实马高垃圾填埋场运营提供无碳电力供应,这在东南亚尚属首例。当新加坡和其他国家在各自能源转型进程中取得进展时,需关注可再生能源的高渗透率和电网稳定性(包括能源储存与可再生能源整合需求),此时该示范项目将具有特别重要的意义。

生态校园和新加坡可再生能源集成示范项目均为创新解决方案的开发提供了大胆愿景和动力,这不仅将对新加坡的能源转型和绿色增长产生重大影响,也将为从中国南部、东南亚、印度次大陆到非洲和南美洲的热带地区的类似实践提供借鉴。

生态校园:建筑环境可持续发展的框架

愿景

生态校园计划的愿景是通过展现高效节能和可持续发展理念,使校园成为世界上最绿色环保的校园,并将创新和绿色增长作为城市可持续发展的基石。

目标

生态校园计划的目标是开发一个基于研究和创新的校园可持续性发展框架,为示范和部署提供途径,以实现能源、碳、水和废物强度减少 35% 的目标。该计划的主要使命是成为前沿的"生活实验室"平台,通过利用技术专长和行业参与,成为研究、创新和"绿色增长"的典范。这将对能源部门基于创造就业机会、提高生产力、能力建设和创业发展的增长产生乘数效应。生态校园计划将成为先进典范,旨在实现到 2030 年将能源强度(每美元 GDP)从 2005 年水平降低 35% 的国家目标。图 7-5 描绘了生态校园的可持续发展框架,其中教育和研究、生活实验室理念和产业合作是三个关键支撑支柱。

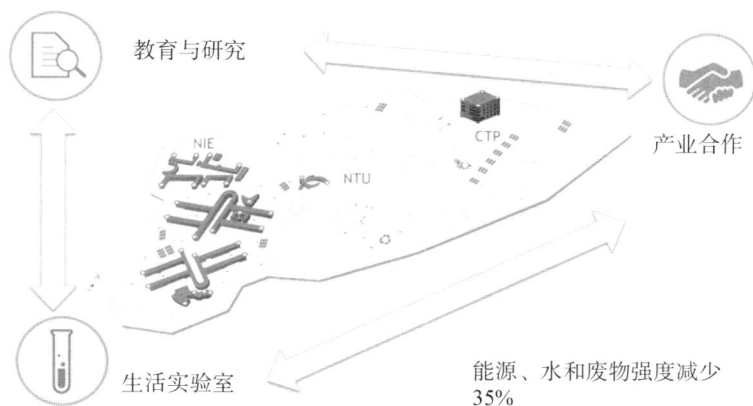

图 7-5　生态校园框架示意

背景

如今,城市仅占地球表面积的 2%,却容纳了世界 50% 的人口,消耗世界 75% 的能源。新加坡便是这样一座城市,由于其土地和自然资源有限,在可持续发展方面面临着独特的挑战和机遇。随着城市化的快速发展,预计到 2050 年,全球 75% 的人口将居住在城市。发展中城市对能源的需求将急剧增长,其中亚洲城市将占据相当大的份额。因此,关注城市的可持续发展,强调未来能源效率和替代能源整合方案成为当务之急。生态校园计划旨在通过开发高影响力的能源效率和可持续性解决方案,帮助新加坡在该地区城市的可持续发展中占据领导地位。

南洋理工大学校园作为试验基地("生活实验室")

南洋理工大学校园内有 100 多栋建筑,建筑面积超过 100 万平方米。校园内原本有 10 000 名学生和 600 名教职员工,还有大型住宿区,随着更多学生入住校园,住宿区数量将翻一番。目前,南洋理工大学校园内约 33 000 名学生和 7 000

名教职员工在校学习和工作。办公室、实验室、演讲厅和住宅公寓等各种类型的建筑,使南洋理工大学成为城市的代表性试验基地。南洋理工大学也是新加坡西部大开发项目的一部分,其周边即将建成集工业、商业和住宅于一体的综合设施。例如,清洁技术园区(CTP)是新加坡首个生态商业园区,聚集了清洁环境技术领域的公司和机构。在校园内开发和测试的技术,可应用于邻近的新开发项目(见图7-6),也可用于该地区其他校园和城市环境。

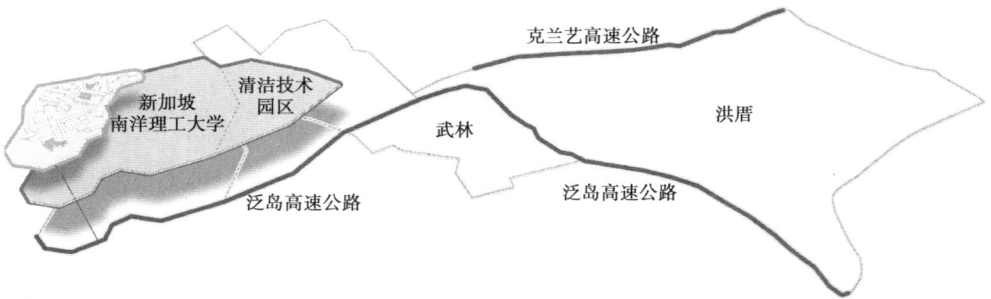

图7-6　南洋理工大学校园及周边开发项目

生态校园计划涵盖多个可持续发展领域,包括绿色建筑、交通、可再生能源和用户行为管理。在此,我们将讨论各个领域及其与新加坡的相关性,以及生态校园计划研究项目正在开发和展示的一些尖端技术。

1. 绿色建筑

由于人口不断增加和世界大部分地区城市化进程加快,建筑行业的能源消耗呈上升趋势。在新加坡,非住宅建筑和住宅建筑(家庭)的耗电量约占全国终端用电量的50%(见图7-7)。

新加坡建设局于2014年9月制定并发布了第三期绿色建筑总体规划,其愿景是将新加坡打造成为"绿色建筑领域的全球领导者,并在热带和亚热带地区拥有特殊专业知识,从而实现可持续发展和高品质生活"。

绿色建筑领域的技术取得了长足进步,南洋理工大学能源研究所的可持续建筑技术小组,在建筑设计的先进建模和仿真工具、先进的外墙材料、热带地区的创新冷却技术和智能建筑控制等领域引领技术发展。

新加坡各行业的用电量
□ 工业　■ 建筑　■ 住宅　■ 交通　■ 其他

新加坡建筑业用电量
■ 制冷　■ 照明　□ 通风　■ 直梯　■ 自动扶梯

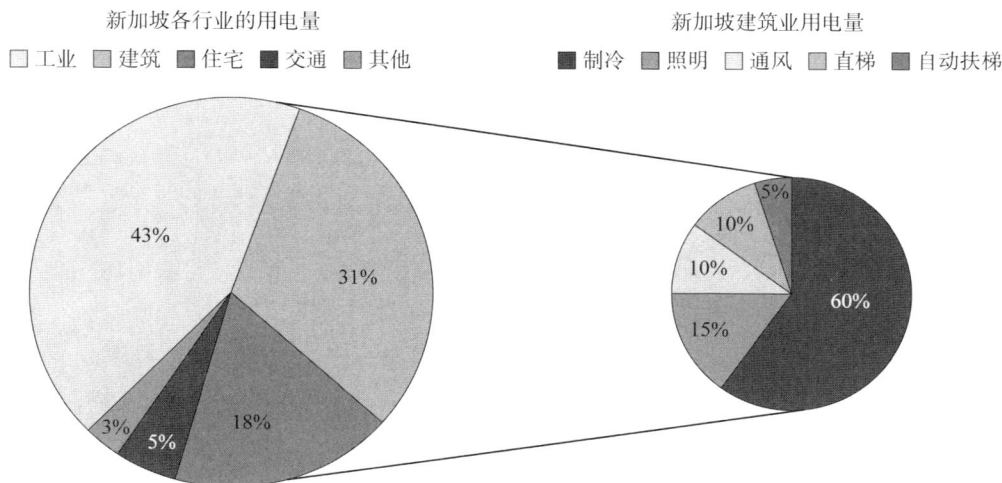

图 7-7　新加坡建筑行业按最终用途划分的典型耗电量

图片来源:Chua et al. ，2013

　　通过使用 Energy-Plus 和计算流体力学(CFD)等建模和模拟工具,建筑师和工程师完全有能力在早期设计阶段对建筑物的能源性能进行评估,并就需要引入的节能技术和工具做出适当决策。从选择正确的建筑朝向、外形和立面到冷却系统,建筑设计可评估其自然通风和节能功能的潜力,与符合规范的建筑相比,可节约 30%—50% 的能源。

　　南洋理工大学能源研究所参与了清洁技术二号大楼(见图 7-8)的设计工作,通过科学规划和支持流程,能够从大楼的固有设计中实现高能效。这是通过先进的建模和模拟工具,采用科学和综合的建筑设计方法完成的。

　　由于新加坡位于赤道附近,其建筑物全年受到大量太阳辐射热的影响。南洋理工大学能源研究所的科学家已经能够设计和开发出"制冷涂层"材料,可以减少热辐射对建筑物屋顶和外墙的影响。通过与阿克苏诺贝尔、SkyCool 和立邦涂料公司等行业伙伴合作,这些涂层材料经过开发和测试,能够大幅降低室内温度(建筑物室内温度最高为 20℃)。图 7-9 所示为热扫描成像展示了冷涂层材料对新加坡建筑物的影响。

　　由于制冷需求占建筑物能源消耗的大部分,关注节能制冷系统显得非常重要。

图 7-8 清洁技术园区内的清洁技术二号大楼,其本质上是一座绿色建筑,采用了科学、综合的设计过程

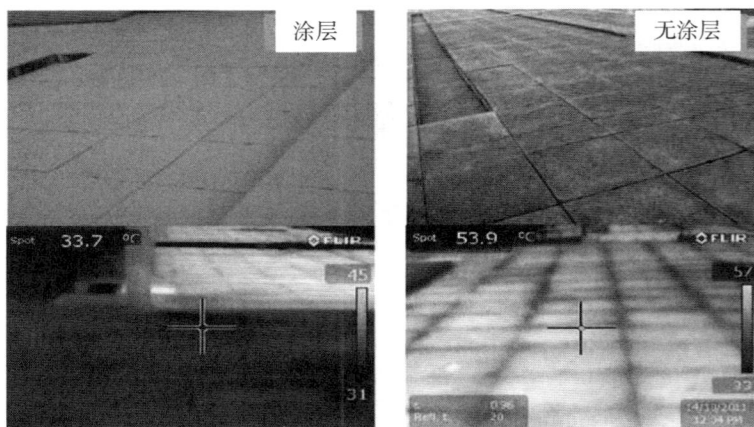

图 7-9 热扫描成像展示了冷涂层材料对新加坡建筑物的影响

"制冷吊顶"概念的测试平台已证明可将制冷系统的能耗降低约26%,该概念需要的空气流动远少于传统冷却系统,并以辐射和自然对流为基础的冷却。该试验平台已与行业合作伙伴西格里碳素公司合作成功实施,并自2012年11月以来,在清

洁技术一号大楼的南洋理工大学能源研究所办公室持续运行(见图 7-10)。

图 7-10 与传统空调相比,制冷吊顶依靠辐射和自然对流可减少 26% 的能源需求

由于新加坡地处热带雨林气候地区,在空调房中要将空气的湿度降至舒适水平也需要消耗大量能源。南洋理工大学能源研究所正在开发一项新技术,即利用基于膜系统,通过称为液体干燥剂材料来降低空气的湿度(见图 7-11)。

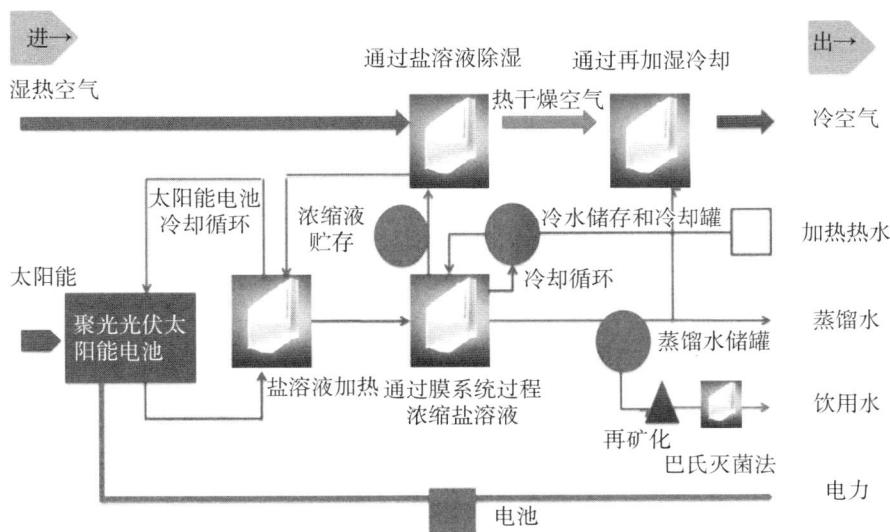

图 7-11 基于膜的液体干燥剂冷却系统示意图

　　该系统使用的膜可确保液体干燥剂不会直接与空气接触,同时允许该系统采用模块化紧凑设计。目前,南洋理工大学能源研究所正在开发该系统,由 A-Star和国家发展部研究计划提供资金支持,并与行业合作伙伴 memsys 合作。

　　制冷也是数据中心的主要能源消耗因素,数据中心素有"能源消耗大户"的名声。新加坡正朝着成为亚洲地区数据中心枢纽的目标迈进,2012 年承载了该地区58%的数据。新加坡拥有良好的电信基础设施,预计在未来几年,电信基础设施将大幅增长。南洋理工大学能源研究所与东芝等行业伙伴合作开发并展示了高效的室外空气冷却的数据中心,可减少能源消耗高达 50%(见图 7 - 12)。

图 7 - 12　位于南洋理工大学的室外空气冷却数据中心试验台

　　在"生态校园"计划下,目前正在进行实验,以展示数据中心的浸入式冷却系统,该系统可以直接冷却服务器,而无需空调,从而大幅减少数据中心运行过程中的冷却能耗。该项目将在南洋理工大学的高性能计算中心实施。

　　2. 能源信息管理和分析

　　未来的智能能源系统需要收集、分类和分析大量数据,以便有效控制能源平衡。这就需要智能传感器和控制器以及数据分析能力提供支持。建筑和设施的管理人员需要了解其设备的能源使用情况和性能,从而为节约能源和资金支出创造机会。

　　南洋理工大学能源研究所与恩智浦(NXP)等研究伙伴合作开发无线自主传感器和传感器网络,以快速、非侵入性的方式收集建筑物内的数据。在生态校园计划下,南洋理工大学能源研究所正与行业研究伙伴共同研究和开发一个覆盖整个校园的智能能源监测和控制系统(见图7-13)。

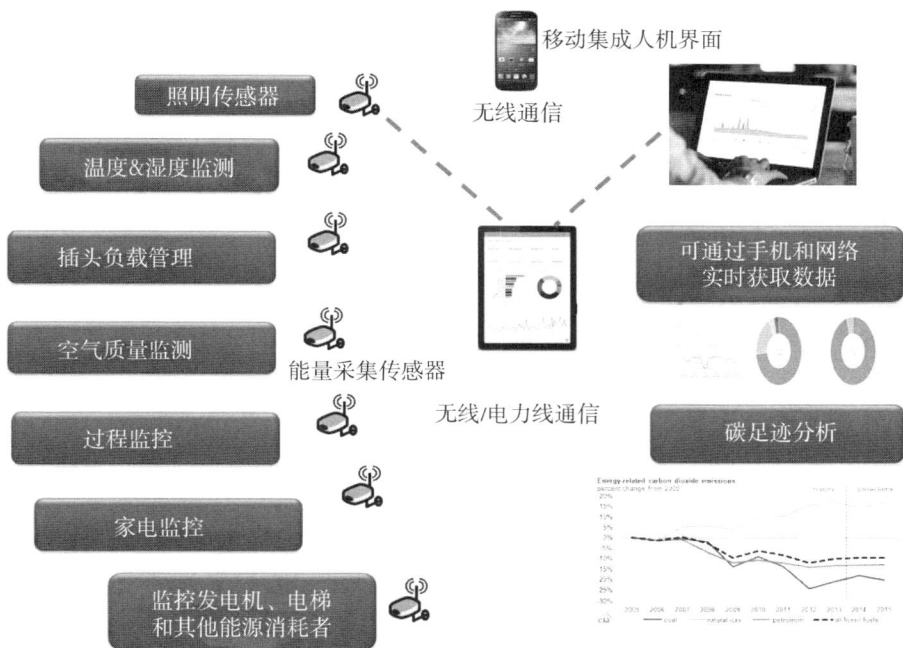

图 7-13 校园监控和分析系统框架

图片来源:Wifinity

3. 可再生能源和智能电网

南洋理工大学正在安装新加坡最大的太阳能光伏系统之一,到 2015 年其峰值容量将达到 5 兆瓦。该系统安装在南洋理工大学建筑物的屋顶,首批 3.5 兆瓦系统已于 2014 年底安装并投入运行。图 7-14 展示了南洋理工大学校园内的屋顶太阳能光伏系统。由于太阳能光伏发电受天气条件影响,其输出具有波动性,因此对电网稳定性和适应性提出了挑战。除了优化预测和预报工具外,还必须开发能源存储解决方案和需求响应机制,以实现可再生能源在城市电网中的高渗透率。

新加坡的传统电网结构非常可靠,用户年均断电时间为 1 分钟。新加坡已采

图 7‑14　南洋理工大学校园的屋顶太阳能光伏装置

用监督控制和数据采集系统来检测电力供应的中断情况。

　　这使得新加坡成为实施"智能电网"的理想市场,智能电网被视为 21 世纪的电力输送系统。智能电网将电网与信息技术和自动化相结合,以提高能源效率以及发电和配电系统的可持续性。作为这项计划的一部分,为了优化各种可再生能源产生的能源,新加坡能源市场管理局推出"智能能源系统"试点项目,该项目已在南洋理工大学校园和榜鹅实施。

　　新系统将有助于增强现有电网的能力,使其更容易适应电力负荷变化,增加智能电表等传感器/信息设备,并为消费者提供动态定价计划。新电网系统还将能够嵌入来自可再生能源和储能来源的新发电方式(EMA, 2010)。智能电网还具有与建筑能源管理系统整合的潜力。例如,作为一个试点项目,马林百列和西海岸的约 400 名居民有机会实时监控用电量,还可以使用智能电表根据自己的需求选择合适的零售商。

南洋理工大学能源研究所正与村田制作所(Murata)等企业合作伙伴合作开发和测试智能能源管理系统,该系统可在整合可再生能源的同时提高电网稳定性和自给自足能力。它将直流可再生能源(如太阳能光伏和燃料电池)、蓄电池和电网电源集成至一个系统中,并在不同的情况下对能源分配进行智能管理(见图7-15)。该系统能够自主运行,决定如何将电网电力和太阳能光伏或蓄电池的电力分配给家用电器,并通过直流-交流逆变器和双向直流-直流转换器控制能源分配。

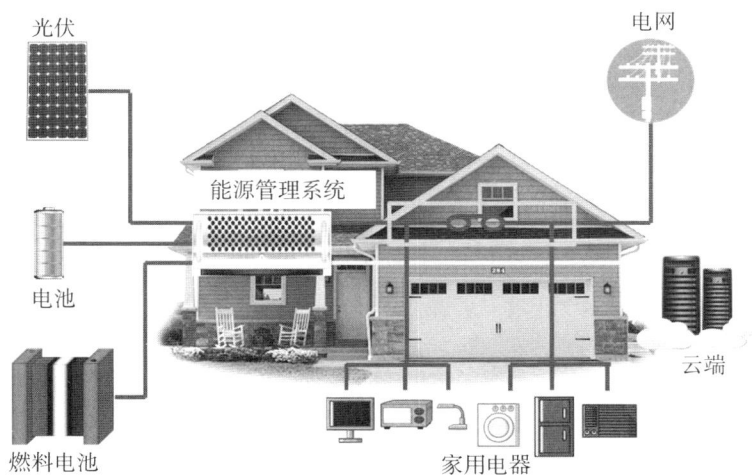

图7-15　通过智能能源管理系统集成整合可再生能源

图片来源:Murata

世界各地的智能电网主要集中关注电力网络。南洋理工大学与其合作伙伴正在开展一个名为"智能多能源电网"的项目,该项目将利用电力、热能和天然气/燃料这三大能源载体的协同作用和相互作用,实现能源效率和可持续性的显著提升。智能多能源电网系统是通过与智能电网类似的智能控制策略,对不同的能源进行组合、整合和操作。

智能多能源电网系统可应用于从发电、配电、储能到转换的整个能源供应链。

预计智能多能源电网系统的大规模部署(如新加坡校园、住宅区和工业园区)将有助于提高能源利用效率,减少温室气体排放,并帮助新加坡有效适应包括太阳能和液化天然气在内的可持续的能源转型。

4. 低碳城市交通解决方案

2010年,交通运输部门消耗了新加坡总能源的15%。其中90%以上由内燃机消耗。可以通过以下4种方式减少道路交通产生的温室气体排放:①提高传统化石燃料车辆的燃料效率;②使用生物燃料;③氢能和燃料电池汽车;④电动汽车。鉴于新加坡没有汽车工业,电动汽车是减少能源使用和碳排放的最重要的途径。

清洁节能交通系统技术的设计、开发和部署旨在为环保高效电动汽车和其他车辆开拓广泛的市场。这些技术将带来商业竞争力、创造市场价值链、降低二氧化碳排放量、创造更高质量的生活、实现智能增长的可持续性、转向资源节约型经济以及建设有吸引力的绿色校园。该研究领域侧重典型校园交通的需求,并与业界合作开发,以展示生态校园低碳和可持续交通解决方案的创新方案。下面介绍该领域的部分技术发展。

基于机会充电的电动公共交通

众所周知,电池能量密度较低,导致重量和空间增加,从而增加成本,因此应用电动公交车需要克服巨大的障碍。电动公交车的电池缺点导致人们要么选择有限的续航里程,要么选择有限的载客量。

为了应对这些挑战,正在探索使用混合动力电动公交车闪充/机会充电等替代方法。这些公交车将在未来过渡至全电动解决方案。南洋理工大学能源研究所与其行业合作伙伴正在开发一个基于"即充即行"战略的测试平台项目,该项目使用优化的电池组和备用柴油发动机,从而实现24/7全天候的电动解决方案和机会充电(见图7-16)。

配备无线闪充功能的自动驾驶汽车

要实现公共交通服务,需要便捷的替代交通技术。这就需要采用不同的安排,通过整合随叫随到的自动驾驶接驳车来弥补"最初一英里/最后一英里"(1英里=

图 7-16　在南洋理工大学校园提议的基于机会充电的公共交通测试平台

1 609.34 米)差距。这些车辆和服务是专为短距离(小于 20 公里)交通需求而定制的,被认为有望满足短途通勤和多用户的需求。这项研究工作的重点是解决公共交通或生态交通枢纽设计中的这些问题,这些枢纽完全由清洁、便捷和具有成本效益的系统组成。

南洋理工大学能源研究所与业界合作伙伴 Elbit 和 Navya 共同开发了一个项目,旨在构建自动驾驶交通模型,用于解决人员和货物的最初一英里和最后一英里的运输,为现有交通运输系统提供支持(见图 7-17)。为实现全天候运行,储能概念基于超级电容技术,可实现全电动解决方案,系统可在 2 分钟内完成 50 千瓦功率的快速充电。充电系统由太阳能电池板供电,并通过无线方式为自动驾驶汽车的车载超级电容充电。

基于个人轻型电动车(PLEV)的多式联运:端到端城市出行需求

为满足个人用户的门到门交通需求,需要用简易型的交通技术来补充其他交通方式。这项与标致公司(Peugeot)合作开展的研究工作,重点在于通过安全、便捷和成本效益的电动自行车/轻型电动车来补充大众运输,以解决这些方面的问题。该项目将重点设计和开发适合热带气候条件、满足单用户/个人出行需求的经济高效的轻型电动车。它包括一个中央智能连接和管理系统,使用户能够通过智能手机查询共享车辆的可用性和位置,并预订车辆。

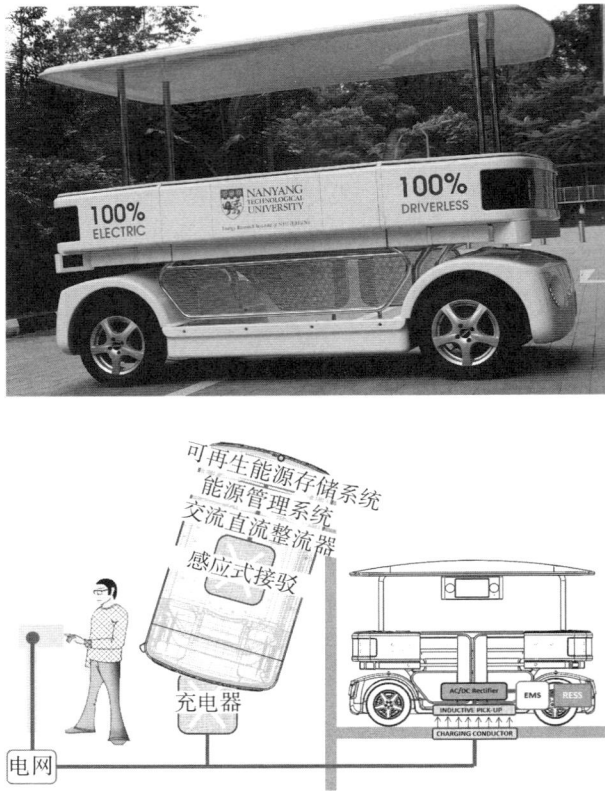

图 7-17 拟在南洋理工大学校园内建造的先进自主穿梭车试验台

5. 用户节能行为方面

在个人、家庭和工作场所层面,节能与用户行为、意识和教育密切相关。2013年,新加坡陆路交通管理局(LTA)在其捷运列车(MRT)上成功测试并实施了"早出行一免票"计划,以影响出行行为变化,将通勤者转移到非高峰时段以避免拥堵。这种行为社会经济模式需要推广到其他可持续发展领域,如节能。

其中一个基于用户行为的节能项目将在南洋理工大学校园与业界合作伙伴法国燃气苏伊士集团(GDF-Suez)一起进行试点。该项目将把节能概念游戏化,通过以节能为重点的移动应用程序吸引学生和教职员工参与(见图 7-18)。

图 7－18　南洋理工大学的试点项目,通过游戏化方法让用户参与
　　　　　节能。视频演示可在 http://youtu.be/RnFyGkF9riQ
　　　　　观看

生态校园计划正式启动

生态校园计划于 2014 年 4 月 30 日正式启动,新加坡总理公署部长兼内政与贸工部第二部长易华仁(S. Iswaran)先生出席了启动仪式。生态校园计划与新加坡经济发展局和裕廊镇公司合作,将南洋理工大学占地 200 公顷的校园和毗邻的清洁科技园(CleanTech Park)改造成尖端绿色技术研究项目的超级试验基地。在该计划的启动仪式上,10 多家行业合作伙伴对该计划表示了浓厚的兴趣,其中包括西门子、法国燃气苏伊士集团、村田、3M 和飞利浦等跨国公司,以及焦耳航空(Joule Air)和阿尔法泰克(Alfatech)等本地公司。易华仁部长在启动仪式上指出:“作为一个具有高度影响力的综合生活实验室,生态园区将创造具有吸引力的绿领工作岗位,提高我们的国际地位,并激励新加坡人践行可持续的生活方式。”图 7－19 展示了生态校园计划启动仪式上,易华仁部长与来自新加坡经济

发展局和裕廊镇公司的机构代表,以及签署支持协议的行业合作伙伴代表的合影。

图 7 - 19　在行业和机构合作伙伴的支持下启动生态校园计划

可再生能源集成示范项目——新加坡

愿景

　　新加坡可再生能源集成示范项目的愿景是在广泛的能源市场中促进技术开发和商业化工作,以支持新加坡企业与利益相关者,从而加强他们在快速增长的可再生能源和微电网市场中的地位,并支持新加坡致力于实现更广泛的能源结构,包括不断增长的可再生能源份额和更加高效的能源终端使用。

目标

可再生能源集成示范项目的目标是在大规模应用上测试和展示各种可再生能源生产(陆上和海上)、能源储存和高效的能源终端使用技术的有效整合,以便为各种工业、商业和住宅用电负荷供电。该项目计划将为广泛的私营和公共部门实体提供一个独特的平台,以支持他们的研发工作。该平台将用于早期测试,以及后续进行的大规模示范,并最终展示周期较长的能源技术和产品开发过程。

混合微电网技术可根据需要在各种能源、存储组件和终端用户之间实现灵活的"即插即用"互联。例如,为岛屿和偏远村庄提供电力,以及在紧急情况下快速部署能源供应和分配系统。

可再生能源集成示范项目的目标是建立一个合作伙伴关系,由以下机构组成:①新加坡公共机构;②活跃于能源领域的企业,专注于整合广泛的能源来源、终端用途和存储;③学术界和公共研发机构。南洋理工大学能源研究所将领导该合作联盟。

背景

随着工业化国家在积极推进能源转型战略计划,它们面临两大挑战:①支持更基础性的"前瞻性"研究,以设想和开发将在能源领域带来重大变革的技术;②支持广泛部署现有的或即将推出的众多技术,以证明在不久的将来在保持现有生活质量的同时,又能朝着更可持续的能源结构方面取得重大进展是可能的。

第二个挑战只能通过大规模的示范项目才能应对,各种技术以适当协调的方式进行应用,以满足实际应用场景的能源需求。

此外,要满足世界上尚未充分发展的地区未来的能源需求,就必须大幅提高包括偏远村庄或岛屿在内的电力供应。这些需求在很大程度上可以通过微电网系统整合可再生能源的方式来满足。微电网也将在紧急情况下越来越多地部署,以便在各种情况下快速地将当地可用电源与需要服务的负载连接起来。

能源转型虽然充满挑战,但同时也为出口导向型产业带来了巨大机遇。可再生能源集成示范项目将为新加坡提供一个平台,以提升其作为能源创新中心以及能源科技知识中心的地位。

微电网市场概述

总体能源需求,尤其是电力负荷,至少在未来 20 年内将继续快速增长。预计大部分增长将来自印度、中国和东盟国家,这些国家在全球发电总量中的份额将从 2010 年的 27.5％上升到 2030 年的 40.1％(33 370 太瓦时)。随着福岛核事故的发生以及国际社会对解决全球变暖和气候变化问题的压力,替代性可再生能源(包括风能、太阳能光伏、太阳能热、生物质能、地热能和海洋能)在全球发电量中所占的份额预计将从 2010 年的 3.6％大幅增至 2030 年的 12.9％(Frost and Sullivan,2012)。

图 7 - 20 展示了电力需求与发电量增长最快的 5 个地区。

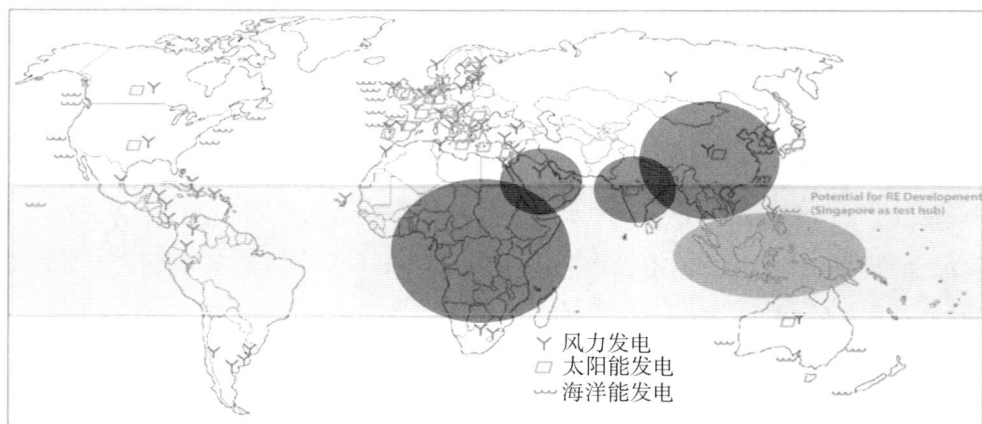

图 7 - 20 2010—2030 年,全球增长最快的 5 个电力生产地区,大部分位于热带地区附近

在工业化国家,传统高压输电系统的扩建变得越来越困难,主要原因是公众抵制以及与地下系统相关的投资成本。大多数可再生能源都以电力作为能源载体,这给现有的电力基础设施(无论是集中式还是其他形式)带来了更大压力。在非洲、拉丁美洲和东盟国家,偏远地区(村庄和/或岛屿)的供电需求日益增长,但采用大型高压输电系统在经济上不可行;在自然灾害后和冲突期间的难民营等紧急情况下也是如此。

　　在工业化国家,传统的互联高压输电系统仍将是常态,而在新兴地区,电力基础设施的发展将主要通过本地微电网实现。

部分替代性可再生能源(如太阳能光伏发电)本质上是直流发电,而另一些(如风能)则是交流发电。此外,随着电子技术快速发展和应用范围的扩大,直流供电系统的部署将得到进一步推动。这意味着未来的微电网应该是交直流混合系统,能够整合不同形式的可再生能源(无论是交流还是直流)并为交流或直流负载供电。

2010 年,全球微电网(包括机构和校园微电网)市场规模达到 41.4 亿美元,较 2009 年大幅增长。目前,北美占据整个微电网市场近 74% 的份额;到 2020 年,微电网市场在全球的分布更加均衡。远程微电网仍是全球微电网市场的一小部分,2011 年的发电量为 349 兆瓦,到 2017 年增至 1 100 兆瓦。

在亚太地区,微电网仍处于起步阶段,市场规模从 2010 年的 4 200 万美元增至 2017 年的 4.386 亿美元,复合年增长率(CAGR)为 39.8%,主要驱动因素是亚洲对可再生能源、电力可靠性、质量和电力短缺、农村电气化、效率提高和自然灾害应对的关注。目前,只有极少数设备制造商提供广泛的微电网解决方案,其他公司仍在评估市场机会。

在可再生能源集成示范项目中,主要的微电网的应用场景包括:太平洋东南部的偏远岛屿、非洲和极地附近的偏远村庄、紧急难民营、偏远地区的采矿作业、临时军事基地。

选择实马高垃圾填埋场

选择实马高垃圾填埋场作为可再生能源集成示范项目的目的,是因为该场所在新加坡综合废物管理体系中发挥了示范作用。

图7-21展示了实马高垃圾填埋场,该场地位于新加坡南部,是新加坡本岛4个主要垃圾焚烧厂焚烧灰渣的最终处置场所。

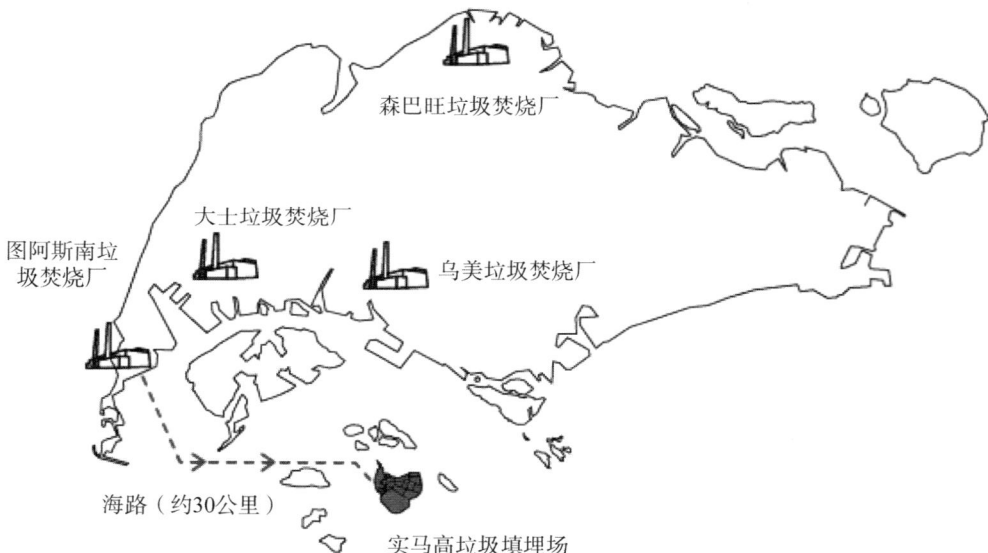

图 7-21 将实马高垃圾填埋场纳入新加坡废物管理循环

图7-22概括了4座垃圾焚烧厂的综合运营情况,其数据为2012年的日均值。

无机和无毒的固体废物灰烬从大士海上转运站经由30公里的海路运往实马高垃圾填埋场处置,该填埋场目前的固体废物处置能力预计将持续到2030年以后。岛上设有行政和运营办公室。岛上的主要能源是从大陆运来的柴油燃料。柴油燃料用于柴油发电机以及岛上所有车辆和重型机械。

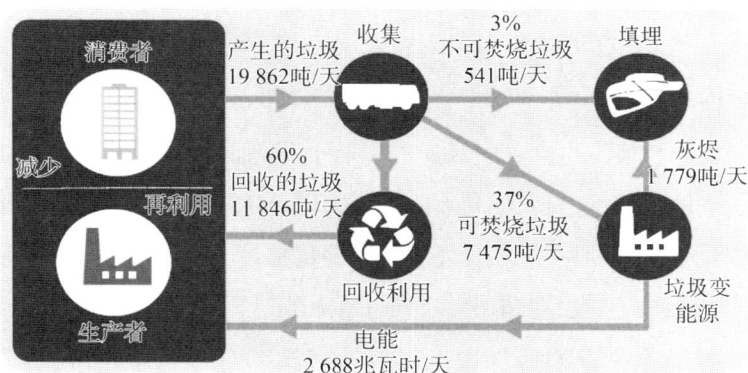

图 7 - 22　新加坡本岛 4 座垃圾焚烧厂的综合运营情况

　　实马高垃圾填埋场是新加坡示范性废物管理计划的最后阶段。因此,利用该垃圾填埋场建造大型可再生能源测试和示范平台,将对关闭废物循环产生极具象征性影响。除上述许多其他优势外,这一象征性意义对于实马高岛而言将是独一无二的。

在可再生能源集成示范项目框架内解决的主要可再生能源问题

太阳能

　　新加坡靠近赤道,太阳辐照度高、季节性变化小,因此太阳能是新加坡的理想选择。然而,太阳能的空间功率密度较低,加上新加坡高度的城市化、人口稠密的地理条件,限制了新加坡太阳能的充分潜力。尽管如此,太阳能仍然是新加坡最重要的可再生能源,在正常的能源消耗情况下,预计到 2050 年,太阳能的贡献率将达到 6%～14%(SERIS, 2014)。

　　新加坡普遍认为,考虑到云层和其他限制因素,太阳能光伏发电每天只能有效发电 3.5 小时或更短。太阳能的日间和间歇性发电是一个挑战,可通过可再生能源多样化战略有效解决这一问题。该战略包括多种可再生能源发电选项,如风能、海洋能和潮汐能发电,并结合适当的能源储存整合。

风能和海洋能

虽然风能和波浪能也会受到风速的影响而具有间歇性,但潮汐能的发电量却可以非常准确地预测,这与月球和太阳的引力以及地球自转的综合效应直接相关。太阳能、风能、潮汐能、海洋能联合发电的主要优势是,与柴油发电作为备用发电相结合,可以产生可靠的能源发电曲线,具有巨大的二氧化碳减排潜力。

从 4 个测量点测得的新加坡市区风速在 2 米/秒(北岸)和 3.5 米/秒之间(Karthikeya et al.,2014a)。不过,在南部海岸线附近(如东海岸、大士)、离岸岛屿(例如,在 50 米高的枢纽上,实马高岛的风速估计为 6 米/秒)以及不会干扰海上交通的浅海地区,也适合风能发电。南洋理工大学能源研究所进行的为期两年的综合风能资源评估显示,新加坡浅水区(见图 7 - 23)具有相对巨大的风能潜力(约 320 兆瓦)。风能发电潜力估计为年发电量 0.5 至 1.5 太瓦时,占新加坡需求的 1%至 3%。为了进一步说明这种可能性,在实马高岛和裕廊岛附近,风能潜力足够强大,可以在风电场安装 10~15 台高达 600 千瓦至 1 兆瓦的风力涡轮机,每年可产生 40 吉瓦时的风能(DNV,2011)。

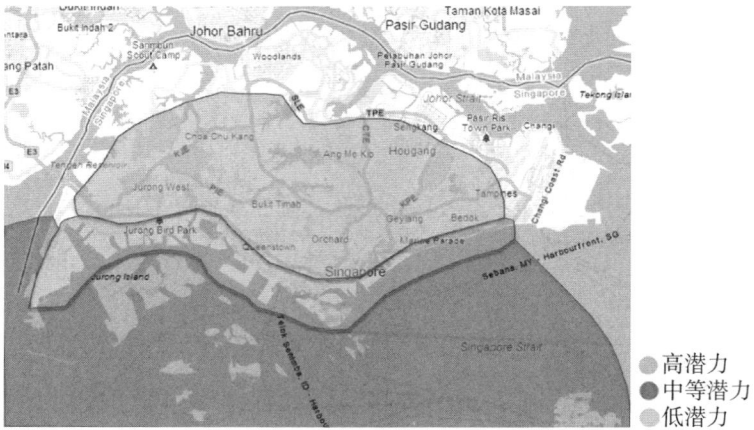

图 7 - 23　新加坡及其近海风能潜力

图片来源:Karthikeya et al.,2014b;Prabal et al.,2013

　　纵观美国风能行业的就业分布可以发现,新增就业岗位中 21% 与制造业有关。其中 10% 与建筑业有关,5% 与运营和维护有关,其他工作岗位与服务、金融财务咨询和物流相关的工作需要当地专业知识和就业机会(de Oliveira and Fernandes, 2012)。根据国际能源署最近的一项研究,估计净增 1 500 兆瓦的产能需要 12 765 名全职员工参与项目开发、项目规划、制造、施工和安装活动。运行 10 吉瓦的风能装机容量需要 2 000 名全职员工。

　　海洋波浪能与风能相关。然而,新加坡海峡的昼夜潮汐能潮流模式主要是双向的(向东北退潮,向西南退潮)。南洋理工大学能源研究所与热带海洋科学研究所一起进行了广泛的海洋波浪能资源评估,并观测到新加坡海岸附近的一些地点波浪高达 0.5 米。南洋理工大学能源研究所开发的海洋波浪能设备显示,在 0.3 米波浪高度下,发电潜力为 300 瓦。(Ly et al., 2014)

　　潮汐能(TISE)装置可将流动水的动能转化为电能。与任何潮汐流资源一样,潮汐流的流速在整个农历月份都会有不同程度的变化,但是,潮汐流具有高度可预测性,因此是任何可再生能源组合的理想来源。据估计,新加坡每年可利用的潮汐能潜力约为 3 太瓦时,主要机会(不包括航运利益区)位于大士、实马高岛和南部岛屿之间的区域。图 7 - 24 显示了根据 DHI 公司和热带海洋科学研究所进行的海

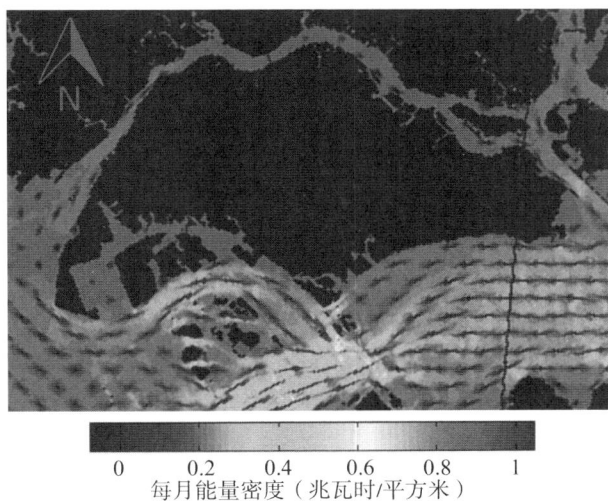

每月能量密度（兆瓦时/平方米）

图 7 - 24　新加坡水域潮汐能潜力

床信息和潮汐测量得出的潮汐能潜力(Abundo et al., 2012;2013)。

新加坡的潮汐能发电潜力(基于涡轮机的提取效率)预计为 0.6～1 太瓦时/年,与风能潜力相比,对新加坡电力需求的贡献(1%～3%)相近。值得注意的是,与风能不同,潮汐能发电技术在热带环境中尚未达到完全商业化规模。目前正在积极研究的领域包括高效低流量涡轮机、近岸涡轮机部署、轻质材料和耐腐蚀结构、防生物污损解决方案,以及环境影响评估。目前,南洋理工大学能源研究所正在规模化测试站点(见图 7-25)测试本土潮汐涡轮机设计,以研究试点设计的实地性能。

图 7-25 南洋理工大学能源研究所在圣淘沙木板路设立的潮汐能规模测试场,用于测试本土设计

风能和海洋能发电对新加坡能源结构的贡献可能不及太阳能。然而,新加坡在海洋工程(如造船、修船、石油和天然气、钻井平台/浮式生产储油卸油船建造)方面的固有优势为绿色增长提供了巨大的机遇,并有助于新加坡成为清洁技术中心。风能和海洋产业也正处于起步阶段,新加坡可以利用自己的竞争优势,将自己定位为从菲律宾到印度尼西亚,再到斯里兰卡和非洲的热带岛屿社区的(能源)解决方案的供应商。

南洋理工大学于 2013 年 11 月在圣淘沙木栈道安装了新加坡首个潮汐涡轮机系统,以测试利用潮汐能的可行性。该潮汐涡轮机系统由安装在试验台上的几台低转速涡轮机组成,并根据当地条件进行优化。该项目旨在证明在低潮汐流地区为小型设备和基础设施采集能源的可行性。

可再生能源集成示范项目将成为风能和海洋可再生能源的理想试验台,并将在实马高垃圾填埋场安装大型风力涡轮机(如机头叶尖高度 50～70 米,功率 300～600 千瓦)、小型和中型垂直轴和水平轴涡轮机。在实马高岛和圣约翰岛附近地区进行详细资源评估和环境风险评估之后,还将安装 10～20 米的潮汐能装置。

生物能源

新加坡已经实施非常积极的废物管理流程,包括回收和垃圾焚烧厂。鉴于住宅、商业和工业对空闲土地的需求很高,因此在主岛上种植纯粹用于生物能源的农作物并不现实。然而,利用尚未开发的岛屿进行生物能源农业,种植适合当地条件的农作物(如麻风树),是不容忽视的。

此外,各种潜在的藻类生物能源在很大程度上仍未被探索,而新加坡地处赤道附近,拥有广阔的海域,地理位置优越,这为藻类生物能源的开发提供了巨大的可能性。

同时,当地生产的可再生能源可用于为现场生物精炼油厂供电。

可再生能源集成整合的系统方法

太阳能、风能的时间变化与潮汐水流的周期性特征

可再生能源——太阳能、风能和海洋能,它们无燃料成本。

然而,太阳能和风能都是不可调度的,也就是其生产调度计划完全不受人类控制。此外,它们的可用性每天都有很大差异,对它们的预测只能提前几小时或几天进行,但预测要有足够的精确度才能使用。

海洋潮汐内流虽然在很长一段时间(数月/数年)可以被高度精确地预测,但也

是不可调度的。太阳能、风能和潮汐发电量的日变化如图 7-26 所示。该图还显示了 3 个来源的总和。很明显,在任何一天中,每个生产源的时间和振幅都会发生变化,下面通过两种情况进行说明。从图 7-26 所示的内容可以得出 3 个重要结论:

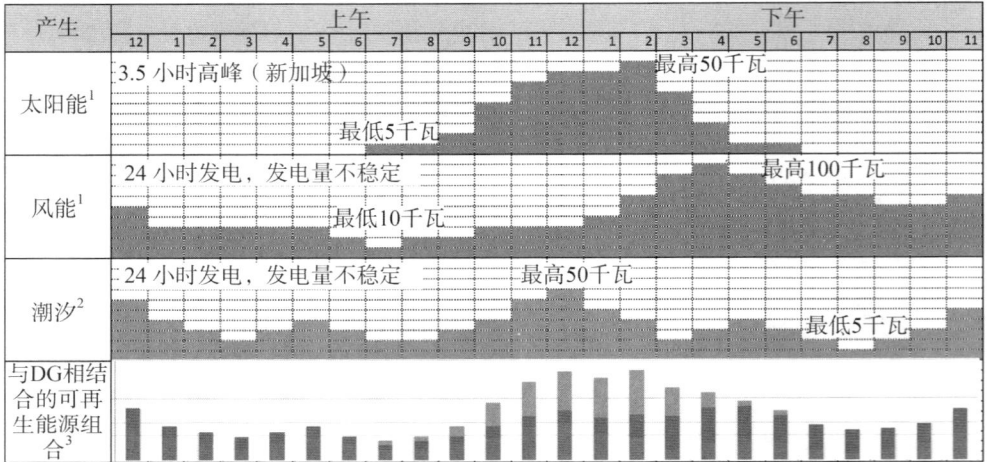

产生	上午													下午										
	12	1	2	3	4	5	6	7	8	9	10	11	12	1	2	3	4	5	6	7	8	9	10	11
太阳能[1]	3.5 小时高峰（新加坡）　　　　　　　　　　　最高50千瓦 最低5千瓦																							
风能[1]	24 小时发电,发电量不稳定　　　　　　　　　最高100千瓦 最低10千瓦																							
潮汐[2]	24 小时发电,发电量不稳定　　　最高50千瓦 最低5千瓦																							
与DG相结合的可再生能源组合[3]																								

图 7-26　各种可再生能源及其日发电量(初步预测——白天发电量快速增加),可用于多种可再生能源微电网系统

[1] 太阳能/风能图表:基于国家环境局实马高岛气象站风速数据。
[2] 潮汐图:基于 MPA 在实马高岛附近的潮汐速度数据。
[3] 国家环境局提供的实马高岛平均每日能源消耗数据。

　　(1) 对上述三种可再生能源进行适当整合后,可以"抑制"它们各自的差异变化。

　　(2) 为使所产生的能量能够充分满足实际负荷的需求,它们需要与一个或多个储能装置集成。

　　(3) 所采用的储能技术必须能够在相当短的时间内储存和恢复高水平的能量,它们需要有很高的储存和恢复功率容量。它们还必须能够在较长时间内储存大量能量。

　　因此,要充分利用各种可再生能源,可能需要整合若干互补的储能技术。

　　多技术可再生能源方法的优势可归纳为以下几点:

　　(1) 应全天候提供可利用的可再生能源,为当地电网提供能源。

（2）对于可以利用海洋能源的岛屿电网来说，这种多种可再生能源的整合也具有吸引力。

（3）适当整合多种可再生能源可以减少缓冲间歇性所需的能源存储容量。

能源储存和燃料电池

现在人们普遍认识到，太阳能和风能大规模应用的主要障碍之一是能源储存。新加坡可再生能源集成示范项目提供了独特的机会来展示如何根据新加坡的需求适当集成中小型能源储存技术。

（1）电池：锂离子电池、氧化还原液流、超级电容器。

（2）飞轮。

（3）压缩空气。

在新加坡，能源储存在以下方面非常重要：

（1）将大规模可再生能源（如太阳能光伏）纳入新加坡能源结构组合中。

（2）合理使用能源以减少温室气体排放。

（3）经济发展——绿色增长。

氢

氢气作为一种能源载体，在未来将发挥怎样的作用，这仍然是一个有待解决的问题。虽然长距离运输氢气仍然是一个问题，但利用太阳能和/或风能的瞬间过剩电力生产氢气，然后在现场储存，随后用于各种类型的燃料电池，是非常现实的。因此应该在新加坡可再生能源集成示范项目中将其加以展示。

混合电网和微电网

如上所述，微电网应是交直流混合系统，既能连接各种电源，又能为同样广泛的负载提供服务，以便在各种情况下随时部署。新加坡国立大学和南洋理工大学能源研究所的教职员工和研究人员在混合电力网络领域积累了丰富经验，新加坡可再生能源集成示范项目将为他们提供一个绝佳的大型测试和示范场所。图 7 -

27 显示了新加坡国立大学和南洋理工大学能源研究所研究人员提出的交直流混合微电网的示意图。

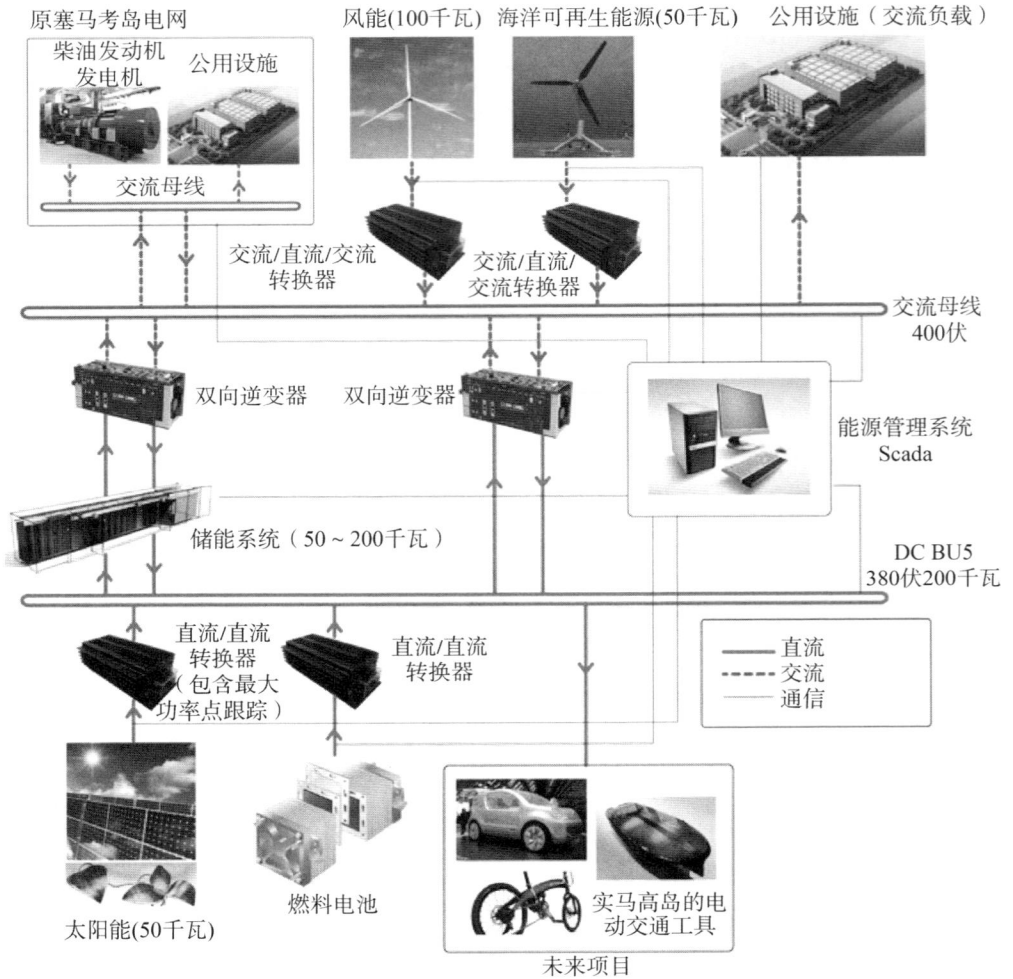

图 7 - 27　交直流混合微电网概览

目标技术

图 7 - 28 描述了新加坡可再生能源集成示范项目的目标技术。

生产

下面介绍需要演示的主要生产技术：

太阳能——包括光伏发电和光热发电，以及太阳能光伏和光热联合发电。将有机会测试微电网管理和控制策略，以便将高光伏渗透率与其他可再生能源和大型储能解决方案结合起来。需要测试和演示的典型太阳能光伏模块的粒度将在500千瓦—1兆瓦的量级。

其他与太阳能相关的研究和展示包括光伏发电系统安装问题，在热带、沿海和岛屿环境中进行测试，并有可能将海上光伏发电系统的测试扩展至实马高近海。

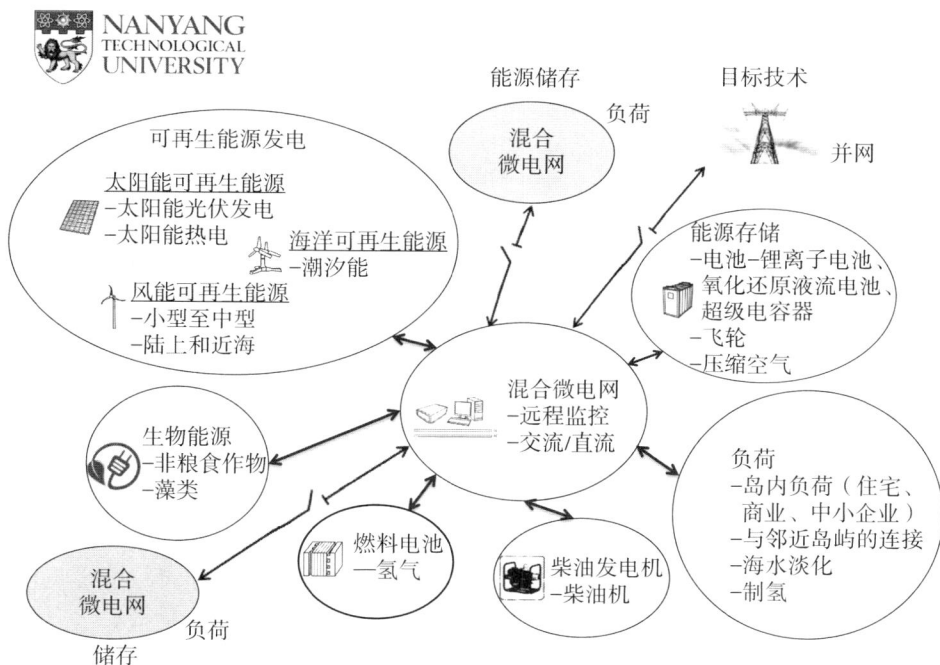

图 7 - 28　综合示范平台和微电网配置

风能，侧重于中小型能力，包括创新的水平和垂直轴机器，即额定功率低于1兆瓦。

选定的海洋/海洋技术也将是新加坡可再生能源集成示范项目的一部分,同时作为一套具体但完全集成的项目开展,如图 7-29 所示。重点将放在潮汐涡轮机上。预计来自实马高南端和圣约翰岛周围的潮汐内流功率约为 2.5 兆瓦。预计进行测试和演示的典型潮汐涡轮机的粒度低于 200 千瓦。

控制中心和负载柜

- 连接三相四线发电机
- 备用电源允许 12 伏直流电至 240 伏交流电用于系统控制
- 通过 UPS 和燃料电池提供数天的备用电源
- 在主配电板内安装电气保护装置

提供的支持

- 完全授权的站点,可在现有尺寸和环境规范范围内接收设备
- 获得丰富的本地经验和供应商支持
- 每月潮汐和波浪数据集
- 历史站点潮汐和波浪数据
- 租用数据收集设备(如 ADCP)
- 获得每月和历史的当地气象数据集
- 获得野生动物数据
- 办公桌空间和互联网访问

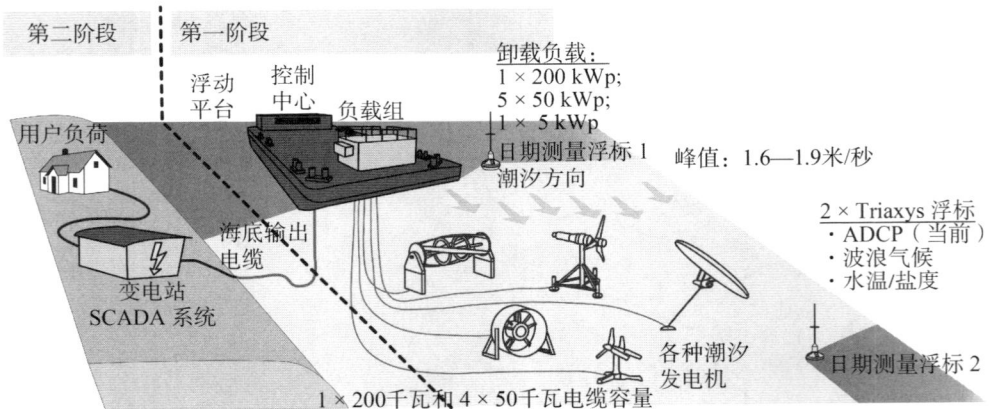

图 7-29 近海试验场已安装的潮汐平台和发电机示意

还可以利用当地的潮汐,为四象限水电站安装抽水蓄能电站装置,该水电站能够在涨潮和退潮时抽水和蓄水。

随着实马高垃圾填埋场的建成和土地进一步利用的准备,该岛提供了独特的机会来部署和测试新作物以生产生物燃料,采用第二代非农业作物技术。新加坡可再生能源集成示范项目允许使用多种生物能源,如能源作物麻风树和藻类。此

外,当地生产的可再生能源可为现场生物精炼厂供电。

负荷

如上所述,可再生能源生产和能源存储技术必须满足实际负荷需求。

在实马高岛,这些负荷包括:

(1)其他电力负荷已与废物处理和处置作业一起提供服务。(日间约400千瓦,夜间约200千瓦)。

(2)当地的鱼苗孵化场也提供了一个独特的负荷示范机会。目前,该负荷约为100千瓦,但可大幅扩展,以满足新加坡养鱼场的需求,随着新加坡寻求实现更可持续的海鲜供应,这一发展将变得越来越重要。

(3)实马高垃圾填埋场为生物燃料的研发提供了绝佳的机会。一位潜在合作伙伴设想在那里安装一个藻类试验台。相关负荷可达200千瓦。

(4)随着更多土地可用于测试和示范目的,额外的可再生能源产能可与创新的海水淡化和/或氢气生产(使用电解法或光电化学法)结合使用,然后可以使用燃料电池进行电力生产。

目前,废物处理设备通常由柴油发动机驱动。最初,可以在有限的范围内测试生物燃料。此外,当地的交通运输需求可以转换为电动汽车技术。

(5)在为岛屿群提供电力供应的背景下,测试和展示岛屿之间的低成本的基础设施连接将是可取的。在新加坡可再生能源集成示范项目的第二阶段,还将测试和展示这种岛屿间的连接。一种可能的岛屿间连接方式是用一条中压电缆连接到邻近的 Bukom 岛(最高可达2兆瓦),以接入住宅区,并最终接入电网,从而使新加坡可再生能源集成示范项目成为一个边缘网络。

新加坡可再生能源集成示范项目正式启动

新加坡可再生能源集成示范项目于2014年10月28日在亚洲清洁能源峰会开幕式上正式启动,总理办公室部长兼内政部、贸易及工业部第二部长易华仁先生出席了开幕式。

图 7-30 所示为 10 家工业合作伙伴在仪式上承诺支持新加坡可再生能源集成示范项目。在新加坡可再生能源集成示范项目正式启动仪式上发布了该项目的 3D 渲染效果图(见图 7-31)。

图 7-30   2014 年 10 月 28 日,在亚洲清洁能源峰会上启动新加坡可再生能源集成示范项目

图 7 - 31 新加坡可再生能源集成示范项目的三维渲染图

结论和未来发展

随着全球能源观点的不断变化、替代能源选择的出现以及对化石燃料驱动的能源经济碳排放相关气候变化的担忧,新加坡正在经历能源转型。对新加坡来说,提高能源效率、能源来源多样化、替代能源选择以及脱碳发电是关键性战略选择。将经济增长与环境保护相结合,需要在考虑长期可持续性的情况下实现关键平衡。尽管新加坡在自然资源和替代能源选择方面处于劣势,但却是本地区可持续发展的典范。值得注意的是,新加坡已投入大量资源开展可持续能源的研究与开发,并重点关注节能系统和可再生能源方案的示范与部署。新加坡南洋理工大学能源研究所的使命是成为先进的、具有全球影响力的研究、开发和示范创新能源解决方案的卓越中心。

由新加坡南洋理工大学能源研究所领导的生态校园计划是在南洋理工大学校园和清洁技术园区内展示深度能源效率和实际节能的大胆举措。作为创新的基石之一,这一"生活实验室"计划不仅为具有影响力的新技术提供了一个富有成效的试验场,而且还吸引了行业合作伙伴参与,以确保商业可行性和采用率的提高。生态校园计划启动顺利,得到政府机构和行业合作伙伴的坚定承诺和大力支持。南洋理工大学校园的实际能源节约方面,如在空调、照明、智能能源管理系统、低碳交通和基于用户行为的节能方法等领域的尖端节能技术开发方面,已经取得进展。

在未来两三年内,生态校园计划将继续与行业合作伙伴合作,将创新技术付诸实践,同时采取大胆的措施,实现将能源、水和废物强度减少35％的目标。生态校园计划的目标还包括为采用这些创新技术,特别是热带地区的创新技术,建立共同的知识储备和指导方针。为此,将更加注重记录研究结果,以提供有用的数据,并让学生和广大社区参与计划内的各种项目。该计划的预期效果是,其他校园和工业园区能够采用该计划开发的技术,各公司能够在该地区将创新的、具有成本效益的能效/节能产品和服务商业化。

新加坡可再生能源集成示范项目旨在大规模测试和示范各种可再生能源生产(陆上和海上)、能源储存和合理的能源终端使用技术的适当集成,以便为各种工业、商业和住宅供电。混合微电网技术将在各种能源、储能组件和终端用户之间实现灵活的"即插即用"互联。例如,为岛屿和偏远村庄提供电力以及在紧急情况下快速部署能源供应和分配系统所需的互联。新加坡可再生能源集成示范项目的一个重点是在"离网"模式下,即在没有接入公用电力系统的情况下,设计、建造和运行综合配电系统。虽然这将带来新的重大挑战,但离网运行是新加坡可再生能源集成示范项目背景下要测试和展示的技术和系统的一些应用所要求的。

新加坡可再生能源集成示范项目将与新加坡公共机构、活跃在能源领域的企业(重点是广泛整合各种能源、终端用途和储存)、学术界和公共研发机构之间的合作伙伴关系进行构建。

虽然工程问题是新加坡可再生能源集成示范项目的核心,但社会经济方面的考虑也将纳入项目实施中。2014年10月28日,新加坡可再生能源集成示范项目正式宣布启动对实马高垃圾填埋场的密集规划工作。首批项目已于2015年初启动,但现场施工持续至2016年。随着更多工业合作伙伴加入该项目,新的技术和系统协调方案将得到整合测试。对创新能源存储技术及其系统集成的关注,将为太阳能和风能等间歇性可再生能源的更广泛应用创造条件。项目将通过举办研讨会、专题讨论和成果发布等方式确保主要成果不仅在新加坡落地,还能在全球范围内推广。

参考文献

Abundo, M. (2012). Assessment of Potential Tidal In-Stream Energy Sites in Singapore. 1st Asian Wave and Tidal Energy Conference, Jeju Island.

Abundo, M. L., Lin, H., Seah, S., Norman, A., Garg, N., and Srikanth, N. (2013). *Ocean Energy Assessment for Singapore, Report to NCCS*. Energy Research Institute @ NTU, August 2013.

Bloomberg New Energy Finance. (2014). Global Trends in Clean Energy Investment-Fast Pack as at Q4 2013, 15 January 2014.

Chua, K. J., Chou, S. K., Yang, W. M., and Yan, J. (2013). Achieving Better Energy-efficient Air Conditioning — A Review of Technologies and Strategies. *Applied Energy, 104*, 87–104.

de Oliveira, W. S., and Fernandes, A. J. (2012). *Global Wind Energy Market, Industry and Economic Impacts*. Energy and Environment Research.

DNV (2011). *Report — Singapore Wind Potential Estimation*. Norway: DNV.

Energy Market Authority (EMA). (2010). Intelligent Energy System Pilot. Retrieved 15 November 2014 from http://www.ema.gov.sg/ies.

Energy Market Authority (EMA). (2015). The Singapore Energy Statistics 2015. Publication by the Research and Statistics Unit of EMA. Retrieved 29 June 2015 from http://www.ema.gov.sg/Singapore_Energy_Statistics.aspx.

Frost & Sullivan. (2012). Annual Global Power Generation Forecasts 2012 — Growth Opportunities to 2030 in the New Age of Gas, August 2012.

Karthikeya, B. R., and Srikanth, N. (2014a), *HDB Wind Measurement Installations — Fourth Biannual Report to HDB*. Energy Research Institute @ NTU, April 2014.

Karthikeya, B. R., Prabal, N., and Srikanth, N. (2014b), Wind Resource Assessment for Urban Renewable Energy Application in Singapore, Renewable Energy.

Ly, D. K., Aboobacker, V. M., Murray, C., Abundo, M., Tkalich, P., and Srikanth, N. (2014, October). *Wave Energy Resource Assessment for Singapore*. ACES 2014 Conference, Singapore.

Prabal, S. N., Garg, N., and Srikanth, N. (2013). *Wind Resource Assessment for Coastal*

Singapore and Offshore Islands, Report to NCCS. Energy Research Institute @ NTU, August 2013.

Sustainable Energy Association of Singapore (SEAS). (2014). *White Paper on Accelerating Renewable Energy in Singapore*, January 2014.

SERIS (Solar Energy Research Institute of Singapore). (2014). Solar Photovoltaic (PV) Roadmap for Singapore (A Summary). Published by the National Research Foundation (NRF) and National Climate Change Secretariat (NCCS), 30 July 2014.

第八章
发展充满活力的可持续能源产业

埃德温·克休、克里斯托夫·英林、桑杰·库坦和刘建明

新加坡可持续能源协会主席、副主席及理事会成员

摘　要

　　随着全球开始应对气候变化、自然资源枯竭和快速城市化等问题,极端天气模式促使我们更加深入地思考减缓气候变化的重要性。自然资源日益枯竭、城市人口不断增长、对能源和资源的需求不断增加,这些也都是我们需要解决的问题。由此,越来越多的城市和企业开始接受可持续发展和绿色增长的理念。为了抓住这一趋势带来的机遇,新加坡正在寻求清洁技术以促进经济增长。"到 2015 年,清洁技术行业预计将为新加坡的国内生产总值贡献 34 亿新加坡元,并创造 18 000 个就业机会"(Contact Singapore, 2014)。新加坡致力于发展清洁技术产业,其中包括环境与水资源和清洁能源部门。自 2006 年以来,新加坡已拨出超过 20 亿新加坡元的公共部门研发资金,用于发展清洁技术行业。

　　在此背景下,新加坡作为一个自然资源极其有限、能源需求几乎完全依赖进口石油和天然气的城市国家,必须不断地管理和应对"能源三难"困境的挑战,即"确保经济竞争力、能源安全和环境可持续性"(MTI, 2011)。

　　由于新加坡自然资源匮乏,依赖进口程度高,很容易受到全球能源市场价格变化的影响。新加坡是一个岛国,容易受海平面上升的影响。因此,新加坡持续追求能源效率和碳减排,并开发可应用于其他城市的可持续解决方案。到 2050 年,全

球70%的新增人口将居住在城市。新加坡希望成为这些城市的典范,无论是现在还是未来。为此,新加坡已采取措施将自己发展成为亚洲的可持续能源中心。

新加坡强调并利用其作为"生活实验室"的独特地位部署清洁能源解决方案。在这里,企业可以在真实环境中开发、测试和商业化创新的城市解决方案。新加坡正在开发许多创新的清洁能源项目,最近的项目包括:在一个水库上试点建设1兆瓦浮动太阳能发电厂;在新加坡唯一的海上垃圾填埋场建设多能源微电网;建设1兆瓦生物质热电联产发电厂,为滨海湾花园标志性的可控环境温室供电;在新加坡最大的两个养鸡场建设4.5兆瓦鸡粪沼气发电厂。这些项目使新加坡成为可持续能源领域创新的"生活实验室"。

但我们清楚地认识到,要为亚洲和世界其他地区许多快速发展的城市提供可持续的长期解决方案,技术只是更大图景的一部分。气候变化要求我们减少碳排放。这方面的解决方案必须是可持续的,也意味着解决方案必须在没有政府长期援助或补贴的情况下具有商业可行性。因此,我们不仅需要政府、企业和行业提供可持续的解决方案,还需要将这些解决方案应用于建筑、制造工厂和供应链以及客户。

然而,此类项目只有在获得适当融资的情况下才能蓬勃发展。新加坡是亚洲蓬勃发展的金融中心,因此是金融机构和基金积极为新加坡乃至亚洲的清洁能源项目提供资助的理想地点。投资者和银行为此类项目和技术提供资本和资金的关键因素是长期稳定的能源政策,使项目具有可融资性。但在许多情况下,尽管拥有适当的技术和资金,这些解决方案仍无法部署,原因在于现有的法规和政策使清洁能源变得不可行或不切实际。化石燃料补贴是一个典型的例子,除非对可再生能源进行大量补贴,否则由于竞争环境不公平,可再生能源不具备竞争力,从而引发对可再生能源的补贴循环,从长远来看是不可持续的,许多欧洲国家都经历过这种情况。

同样重要的是制定新政策,使清洁能源和分布式发电更具可行性。大多数现有的政府政策都针对集中式发电,即为输配电网供电的大型发电厂。这种方式成本高昂且效率低下,在电能传输过程中会损失大量能源。如今,人们可以在屋顶安装太阳能系统,在酒店利用生物质系统将垃圾转化为可再生能源,还有许多类似的分布式解决方案。需要调整政策以适应这种分布式能源生产模式以及传统发电模式。一旦政府的相关政策落实到位,并保持稳定,投资者将愿意为清洁能源项目投资,因为他们相信这些项目可靠且风险可控。这些项目将为银行和投资者提供可观回报。

新加坡由于其开放的市场政策,一直谨慎地避免为传统能源或可再生能源提供补贴或激励措施,如许多国家对可再生能源实行的上网电价(FIT)政策。近年来太阳能系统成本大幅下降,新加坡的太阳能现已具备真正成本竞争力(无须任何扭曲市场的补贴)。这催生了可行的太阳能购电协议(PPA)公用事业模式,消费者只需支付有竞争力的太阳能电价,而无须承担系统安装的前期费用。这一模式以及其他可行的可再生能源和能效技术系统模式正在筹备中,将在下文讨论。

新加坡当前的能源格局

新加坡的发电和用电情况

稳定可靠的电力供应是新加坡经济成功的基本要素之一。如果没有稳定可靠的全天候电力供应,新加坡就不会吸引如此多的外资和本地投资进入其高科技制造业和服务业,从而成为世界上居住标准最高的地区之一。1986—2012 年间,新加坡电力需求增长了 4.5 倍。

在新加坡目前的集中式发电体系下,电力主要由百兆瓦级的大型发电厂生产,并通过国家电网输送给终端用户。

如今除一座发电厂外,其余发电厂都位于新加坡西部。尽管工业区和石油化工综合体对电力需求量很大,但西部电网在向新加坡其他地区输送最大电力时仍面临限制。

优化土地利用一直是新加坡城市规划的基石,因此近年来新加坡努力在其他地区发展新工业园区,如实里达航空航天中心和淡滨尼硅晶片园区。随着商业建筑和工业中心电力需求不断增加(占总需求80%以上),如何高效向需求中心供电成为一项挑战。

新加坡需要生产更环保的电力以减少碳足迹,降低能源消耗和浪费,在东部地区实现经济高效的电力生产,并通过多样化能源结构确保能源安全。可再生能源和能源效率技术是显而易见的解决方案。

如今,新加坡已拥有一个充满活力、不断发展的可持续能源产业生态系统,涵盖碳管理、清洁能源、可再生能源、能源效率和金融等产业集群。200多家企业为零售和金融服务提供技术(经过验证的相关技术和研发)、工程服务、咨询、能源审计、能源效率服务以及环境服务。其中许多公司将新加坡作为区域研发总部(例如使其技术适应热带环境或优化其技术设计和成本,以应对竞争激烈的亚洲市场)。新加坡还提供技术支持、工程设计、采购、备件支持、项目融资以及营销和销售支持。这些公司中绝大多数都是新加坡可持续能源协会的成员。

在清洁能源领域,鉴于新加坡地处热带阳光带的战略位置以及其半导体技术优势,太阳能和生物质能受到高度关注。遍布全岛的绿色植被也促进了生物质能发展。能源管理技术也越来越受到重视,涵盖智能电网、能源储存、电动汽车、需求响应以及家庭和建筑能源管理系统。

新加坡可再生能源的发展

20世纪90年代初的环境行业格局由污染控制和环境处理系统公司组成。这些公司通常从事水和污水处理解决方案以及空气净化系统业务,这些产品来自美国、欧洲和澳大利亚,并向本地区市场供应。这既没有为新加坡经济增值,也没有在这个领域发展创新技术。新加坡政府随后通过投资研发来推进本土解决方案。这催生了一些本土公司,例如凯发集团,如今凯发集团已成为水净化技术的全球领导者。新加坡还成立了新加坡环境公司协会(SAFECo)。该协会由私营企业发起,并得到新加坡政府支持,旨在鼓励私营企业从单纯销售系统转型为本土清洁技术公司。这随后促进了专业环境协会的发展,这些协会陆续从新加坡环境公司协会独立出来,包括新加坡水务协会(SWA)、新加坡废物管理和回收协会(WMRAS)和新加坡可持续能源协会。新加坡于 2006 年 2 月签署《京都议定书》后成立新加坡可持续能源协会。在此期间,碳交易、能源效率和可再生能源领域获得了广泛关注。

为支持各协会和各专业领域企业发展,高等教育机构(IHL)——理工学院和大学都成立研究机构,重点开展水和污水处理、废物转化为能源/资源技术和可再生能源研发工作。主要研究机构包括新加坡太阳能研究所、南洋理工大学能源研究所、南洋环境与水研究所和新加坡国立大学环境研究所。其多项研究成果都获得国际认可,特别是在水处理和污水处理领域。多家跨国企业都与新加坡的研发机构建立了合作关系,如通用电气、西门子、劳斯莱斯和宝马等。新加坡是进行研发的理想地点——它的规模使其成为便利的生活实验室,可以在市场条件下对试点工厂和原型进行测试,确保概念验证和技术价值体现。许多来自欧美温带气候区的公司都选择在新加坡将现有系统热带化,以适应本地及亚洲炎热潮湿的气候环境。

作为金融中心,新加坡为科技公司提供广泛的融资选择,用于进一步研发、项目融资和风险投资,助力公司开拓亚洲市场。亚洲拥有庞大的可再生能源市场,而新加坡具有大规模部署可再生能源的潜力,因此我们将探讨可再生能源在新加坡的潜力、益处和可行性。作为自然延伸,我们还将研究这些技术出口到该地区的可能性,预计未来 20—30 年该地区将成为全球增长最快的可再生能源市场。

制造、项目开发和咨询领域的公司纷纷将总部设在新加坡,以进入蓬勃发展的区域清洁能源市场。其中一些公司不仅在技术创新方面处于市场领先地位,还借助新加坡作为金融中心优势,开发创新的金融工程解决方案和商业模式。这些企业吸引了寻求该地区有前景的清洁能源项目的私人资本。

新加坡也正在发展成为具有吸引力的太阳能光伏市场,以强有力的政策、相对较高的电价和最低政治风险作为目标。政府实施了"SolarNova"等计划,2020 年在政府大楼上安装 350 兆瓦太阳能发电设备。加之太阳能光伏发电具有竞争力的价格和充足资金,为新加坡太阳能发展奠定了基础。

新加坡可再生能源的部署

在新加坡,目前最具可行性的可再生能源来源包括太阳能光伏发电、生物质能发电和沼气发电。可再生能源部署将为新加坡带来显著的经济、环境和社会效益,具体如下:

1. 商业可行性

在没有政府补贴的情况下,可再生能源在新加坡已比传统能源更具成本效益。新加坡的市场电价相对较高,可再生能源技术(尤其是太阳能光伏)价格下降,以及积累的系统安装经验,共同确保了可再生能源经济可行性。本章将具体讨论太阳能光伏、沼气和生物质能发电在新加坡的商业可行性。

2. 减少二氧化碳排放

到 2040 年,全球电力需求将增长 80%,其中 90% 将来自新加坡等快速发展经济体,新加坡目前主要依赖进口化石燃料。许多国家希望逐步从传统化石燃料转向更清洁、可持续的替代能源,以满足不断增长的能源需求。新加坡不能忽视或偏离低碳发展道路。

用可再生能源取代更多的传统能源,将使新加坡有效减少温室气体排放。每年 3 635 吉瓦时的可再生能源清洁电力将减少 174 万公吨的二氧化碳排放。该数据基于新加坡电网排放系数[1]计算得出,即化石燃料发电厂每发电 1 兆瓦时,约排放 0.5 吨二氧化碳。

根据国家气候变化秘书处的资料,如果达成具有法律约束力的全球协议,并且所有国家都能切实履行承诺,新加坡承诺将温室气体排放量较 2020 年常规水平减少 16%。新加坡已开始实施减排和能源效率措施,无条件将温室气体排放量减少至 2020 年常规水平的 7%~11%(NCCS, 2015)。有针对性地增加可再生能源部署将有效降低新加坡的温室气体排放量。

---

1 电网排放系数(GEF)用于衡量单位净发电量所排放的平均二氧化碳量,采用平均运行边际(OM)方法计算。这是为电网供电的所有发电厂的单位净发电量的发电量加权平均二氧化碳排放量。

3. 能源供应安全

为了保证能源安全,必须实现多样化的能源发电技术组合,而不是依赖进口天然气,目前新加坡 90% 以上的发电量依赖进口天然气。用可再生能源取代更多的传统能源,将使新加坡减少对进口燃料的依赖。新加坡应根据经济可行的替代能源解决方案,最大限度提高可再生能源占比。

4. 新加坡作为清洁能源中心

创建可持续的绿色经济需要提升整个供应链的工业能力。这将促进研究创新,提高劳动力技能水平。可再生能源发电厂的设计、建设、运营和维护为整个价值链创造了许多直接就业机会。同时在研发、咨询和融资领域催生了高级间接就业机会。

可再生能源的增长将加强新加坡清洁技术和可再生能源产业集群,吸引国内商业投资。新加坡已经成为热带地区创新可再生能源解决方案商业化的重要试验场,也是东盟地区首个自然(非补贴)市场,从而使该国在向更广泛的东盟地区输出专业知识方面占据先机,助力新加坡成为可再生能源的中心。

可再生能源还可以通过联合项目和共享技术知识来加强新加坡与邻国之间的经济联系。

新加坡可再生能源的规模和潜力

新加坡采用多种措施加快可再生能源应用,在政府补贴不足 1% 的情况下,可再生能源年发电量可达约 3 635 吉瓦时,约占新加坡 2025 年预测需求的 7.3%。2025 年后,可再生能源渗透率还有很大的提升空间,有望超过 10%。

在这一保守而现实的方案中,太阳能光伏发电量将达 2 400 吉瓦时,占 2025 年预测需求的 4.8%;沼气发电量将达 350 吉瓦时,占 0.7%;生物质发电量将达 785 吉瓦时/年,占 2025 年预测需求的 1.6%。

到 2050 年,更高占比在技术上可行。通过降低技术、商业和监管壁垒,推广市场化和具成本效益的技术,如太阳能光伏和生物质三联供系统,可以实现电力生产脱碳。

1. 太阳能光伏发电

太阳能光伏是新加坡的必然选择。得益于新加坡赤道附近的地理位置,太阳辐照度高,季节性变化极小。

尽管土地稀缺,新加坡仍有足够的空间容纳 6 吉瓦峰值功率的太阳能光伏,每年可产生 7.2 太瓦时的电力,约占新加坡当前电力需求的 17%。

表 8-1 所示为 6 吉瓦峰值功率的发电能力是基于 60~65 平方公里的可用空间安装约 100 瓦/平方米的光伏设备[1]。由于各种原因,并非所有可用空间都会被利用。即使在屋顶安装光伏发电设施具有很好的商业价值,但并非每栋楼的业主都会选择这样做。对于实际安装而言,在建筑外墙安装光伏发电设施的成本可能太高。由于新加坡的土地成本较高,大型太阳能发电厂的建设可能都不会获得批准。政府正在探索在内陆水库建设浮动光伏组件。因此,我们假设保守的普及率为 33%,即 2 吉瓦峰值功率。

表 8-1　新加坡光伏发电装置的可用空间

空间类型	使用面积	总面积/平方米	面积利用率/%	净可用面积/平方米	预计中期使用量/%	预计 2025—2030 年使用量/%
屋顶	建屋发展局组屋 其他建筑	14 000 000 42 000 000	0.48 0.65	6 700 000 27 300 000	100 100	100 100
外墙	顶层 5 层	40 000 000	0.40	16 000 000	0	100
基础设施	捷运轨道	390 000	1.00	400 000	100	100
岛屿	地面固定式	50 000 000	0.20	10 000 000	25	100
内陆水域	浮动光伏 (仅限大陆)	20 000 000	0.25	5 000 000	40	100
总计				65 400 000	40 平方公里	65 平方公里

1　SERIS(NCCS-NRF Solar Energy Technology Primer Workshop, 14 Apr 2011):建筑物、轻轨轨道、小岛和水库的净可用面积约为 60~65 平方公里。

到 2025 年,安装的光伏发电峰值将达到 2 吉瓦,每年将产生 2.4 太瓦时的电力,预计占当年电力需求的 4.8%,这个比例在新加坡能源结构预测中不容忽视。

据新加坡能源市场管理局统计,截至 2014 年底,并网连接的太阳能光伏系统装机容量为 33.1 兆瓦。非家庭住户部门约占总容量的 93%(即 30.8 兆瓦),其余容量来自家庭住户安装。这只能满足新加坡不到 1% 的电力需求。

得益于太阳能光伏发电的商业和环境回报,大型光伏系统需求日益增长。新加坡建设局首席执行官约翰强(John Keung)在"2014 年太阳能先锋奖"颁奖典礼上表示,未来 18 个月内新加坡有望新增 80~100 兆瓦光伏装机容量。

2. 生物质能

新加坡目前依靠园艺废料和木材废料生产生物质燃料。根据国家环境局公布的 2012 年统计数据,在每年 591 960 吨(平均每天 1 622 吨)的园艺和木材废料中,每年只有 344 000 吨(平均每天 942 吨)作为再利用的木材和生物质燃料被回收,回收利用率为 58.1%。

2012 年,国家能源局统计数据显示,已有 110 300 吨木材/木料和园艺废料用于生物质发电厂燃料(见表 8-2)。

表 8-2　2012 年生物质废料产量、处理和回收情况

废物类型	废物总产量/吨	废物回收总量/吨	废物处理量/吨	回收率/%
木材/木料	343 800	236 000	107 800	69.0
园艺废料	247 800	108 000	139 800	44.0
总计	591 600	344 000	247 600	58.1

来源:NEA,2014。

3. 园艺和木材废料的潜在生物质能源

新加坡绿化面积巨大(政府的"花园城市"概念),产生了大量木材和园艺废料(如修剪枝叶)。该行业正吸引大量投资,预计未来几年将得到充分开发。

2008—2012 年,生物废料年均增长率为 4.5%。大部分木材废料来自建筑行

业,这一趋势似乎将持续数年后,才会趋于平稳。园艺废料主要包括园林废物,增长空间有限。假设未来 5 年保持 4.5％的增长率,2018 年后将稳定在每年 770 400 吨(2 100 吨/日)。

2012 年 8 月,国家环境局出台限制措施,禁止 4 座公共焚烧厂处理可回收木材废料,因此,越来越多的废料作为生物燃料进行回收。

图 8 - 1 显示了可回收生物废物数量。假设当前 58％的回收率每年增长 10.5％,2016 年可实现完全回收。

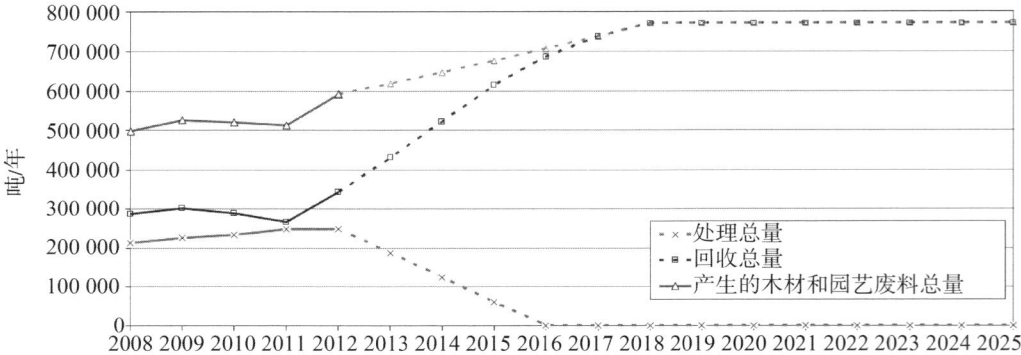

图 8 - 1　新加坡生物质废物(木材和园艺)可用性的历史和预测增长情况(2008—2018 年)[1]

注释:
1. 园艺和木材废料数量(2013—2025 年)根据 2008—2012 年的历史数据估算。
2. 园艺和木材废料的供应量估计将从 2018 年起保持稳定,并实现国家环境局 100％回收这些废物的目标。

图 8 - 2 显示了在以下假设条件下生物质能源的潜在增长:

(1) 生物质原料(木材/园艺废料),每年以 4.5％的速度增长,直至 2018 年后趋于平稳。

(2) 生物质废料回收率从 2012 年 58％提高到 2016 年 100％。

(3) 生物质平均热值 2 300 千卡/千克,或 2.67 兆瓦时/吨。

1　NEA Waste Statistics (2008 - 2012).

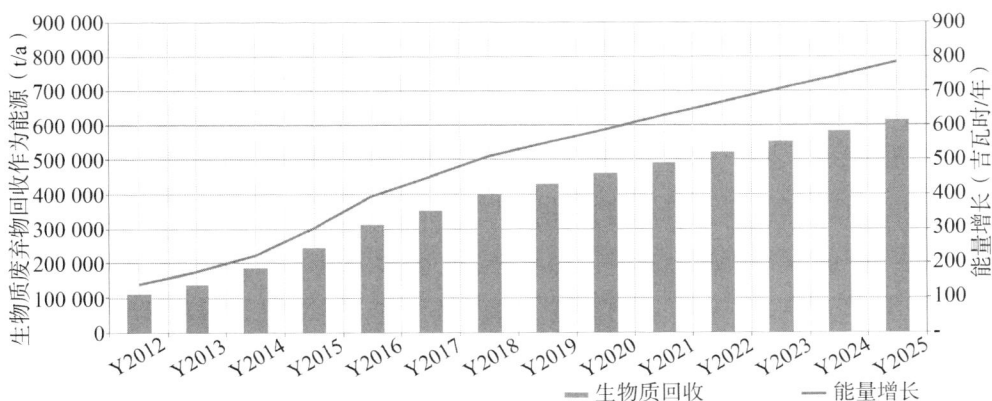

图 8-2 可回收木材和园艺废物产生的能量增长预测

（4）生物质发电厂简单的转换效率为 31%，热电联发电厂的转换效率为 68%。

（5）利用传统燃烧系统和发电系统回收可用的木材和园艺废料来制造生物质能比例将从 2013 年 32% 线性增长到 2025 年 80%。

（6）2012 年，在生物质电厂总发电量中热电联产所占份额为 45%，2014 年中广核 9.9 兆瓦电厂（非热电联产）投入运营后，热电联产份额降至 35%，2016 年起，随着新热电联产电厂的建设，热电联产份额恢复至 45%，这是一个保守的假设。

根据上述增长情况，到 2025 年，生物质发电厂的发电量将达到 785 吉瓦时/年，这是保守估计。如果新加坡推动热电联产和三联供发电厂与承购商共建，这些承购商可以利用这些电厂生产的热量和冷冻水进行运营（如大士的生物医学园区和兀兰、淡宾尼的硅水公园），那么这个数字可能会更高。

4. 沼气——餐厨垃圾

图 8-3 显示，到 2025 年，餐厨垃圾每年可产生 264 吉瓦时的能源潜力。

这基于以下假设：

（1）有机餐厨垃圾将与新加坡人口成正比增长。到 2025 年，新加坡人口将达到 630 万，[1] 因此，餐厨垃圾预计将从 2012 年的 703 200 吨增至 2025 年

---

[1] 参见 SEAS（2014），p. 10，Figure 4。

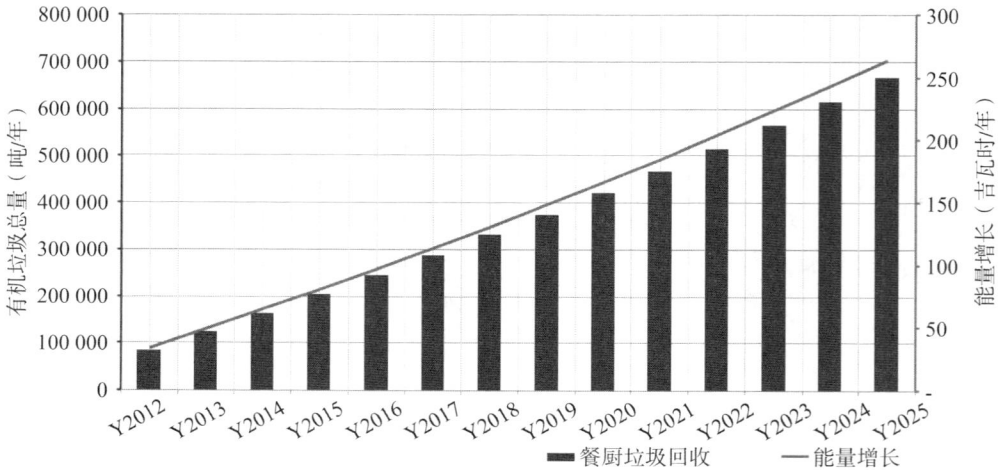

图 8-3　餐厨垃圾发电量增长预测:2025 年将达到 264 吉瓦时

的 834 000 吨。

（2）餐厨垃圾的回收率将从 2012 年的 12% 提高到 2025 年的 80%。

（3）厌氧消化器每处理 1 吨可回收食物垃圾可产生 150 标准立方米气体,其中甲烷含量为 60%（标准立方米是正常大气压下的 1 立方米气体）。

（4）甲烷的密度为 0.66 千克/立方米,能量值为 55.7 兆焦/千克。

（5）燃气发动机的工作效率为 43%。

因此,每吨可回收餐厨垃圾产生 $150 \times 60\% \times 0.66 \times 55.7 \times 43\% = 1\,423$ 兆焦耳 $= 395$ 千瓦时的电能。

将餐厨垃圾从焚烧炉中转移到厌氧消化器中是合理的,由于餐厨垃圾的水分含量很高,会降低焚烧垃圾的净热值。如果焚烧炉需要焚烧湿燃料,则会损失大量能源来蒸发水分。

上述案例假定所有沼气厂都是独立运行的,没有利用废热。然而,热电联产或三联发电厂将把总运行效率分别提高到约 68% 和 75%。在可能的情况下,沼气厂应与可利用副产品热量的工厂同址运行。

保守地假设,到 2025 年,沼气厂的混合比例如下:

（1）80％为独立系统,效率为 43％。

（2）10％为热电联产,效率为 68％。

（3）10％为三联发电厂,效率为 75％。

到 2025 年,餐厨垃圾的潜在能源产量可达 300 吉瓦时。

5. 沼气——鸡粪

新加坡有 3 个养鸡场,作为新加坡减少对进口鸡蛋依赖努力的一部分,这些养鸡场都计划大幅扩大经营规模。

到 2025 年,每个养鸡场将有 130 万～150 万只鸡,每只鸡每天产生约 100 克粪便,这意味着每个养鸡场每年会产生约 5 万吨粪便。

图 8-4 展示了在厌氧消化器中将粪便原料转化为 60％的甲烷气体的过程。然后由这些气体驱动燃气发动机发电。部分废热被回收,以将厌氧消化器保持在最佳工作温度 43℃—44℃,以便微生物发挥作用。

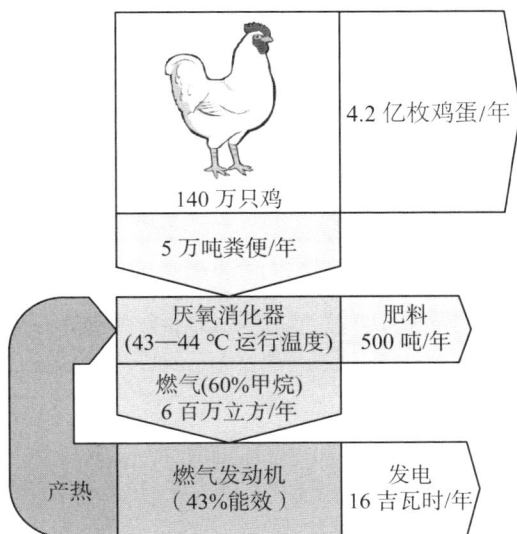

图 8-4　以鸡粪为原料的沼气发电装置的工作原理

到 2025 年,这 3 个养鸡场每年可以通过自备沼气发电装置生产近 50 吉瓦时的电力。

为新加坡和该地区提供未来可再生能源解决方案

2004—2014 年,新加坡的人均用电量稳定在每年 8 兆瓦时。假设这种情况持续下去,到 2050 年新加坡人口将增长到 700 万,预计每年的用电量约为 56 太瓦时[1]。

前文对 2025 年前的可再生能源部署进行了相当保守的预测。2025 年后,预计全球将越来越一致地认识到减少二氧化碳排放的必要性,可再生能源的经济性也将更有吸引力,以满足对气候变化解决方案的需求。这些趋势将鼓励我们在 2050 年前更大规模地部署可再生能源技术。其中许多技术目前仍处于研发或试验阶段,但最迟到 2050 年这些技术就可以投入商业应用。下文将探讨在采取积极政策的情况下,可再生能源对新加坡能源需求的贡献。

推断现有技术成熟的可再生能源技术

太阳能光伏发电:根据平均面积系数为 200 瓦峰值/平方米的高效率光伏发电系统,以及在工业和家庭中最大限度地提高能源效率的情景下,如果太阳能光伏发电系统部署在 2030 年后预计总有效面积为 65 平方千米的范围内(新加坡太阳能光伏发电路线图,2014 年 6 月),则每年可提供约 13 太瓦时的电力,约占 2050 年电力需求的 23%。

陆上和近海浮动光伏发电站:浮动光伏发电站正在新加坡的内陆水库进行测试。如果将其扩展到新加坡未用于航运的近海浅水区域,我们可以再增加 2 吉瓦时峰值的浮动光伏发电量,每年可产生 2.4 太瓦时的电力,约占 2050 年需求量的 4%。

---

[1] 有关消费数据的更多统计信息,请参阅新加坡统计局,http://www.singstat.gov.sg。

有机物产生的沼气:基于所有餐厨垃圾(约 2500 吨/天)和其他有机物(鸡、马、动物园动物等的动物粪便),包括污水污泥、工业污泥、隔油池产生的脂肪、油和油脂(约另外 1000 吨/天)产生的沼气(65％甲烷/35％二氧化碳),每年可产生约 4.0 太瓦时的电能,约占需求的 7％。

生物质(废木屑和城市固体废物焚烧炉)发电:基于每年约 80 万吨可回收木材和园艺废料,以及每天约 8000 吨将被焚烧或气化的城市固体废物,这些废物资源产生的总电力大约为每年 900 吉瓦时,其中木材废物和城市固体废物产生约 2.0 太瓦时。这相当于每年约 3.0 太瓦时的发电量,即占电力需求的 5％。

风能:有 2 种类型的风力涡轮机,分别为水平轴和垂直轴两种。新加坡的风速较低(在 90 米高度测得的平均风速为 2～4 米/秒),这限制了风力涡轮机在高层建筑屋顶和南部海岸的近海地区的应用,水深不足 20 米,属于浅水区,且海上交通无法使用。近海风力发电的潜力高达 370 兆瓦峰值,可为新加坡的偏远岛屿供电;在新加坡的建筑物上使用垂直轴风力涡轮机发电的潜力约为 130 兆瓦峰值,总发电量为 500 兆瓦峰值,风力发电量约为每年 4 太瓦时,约占需求量的 7％。

藻类生物燃料:新加坡为热带,藻类和生物有机体比世界其他地方更为丰富。新加坡拥有互补的产业,如石油和油脂化学精炼厂,包括生物医学。因此,我们可以用藻类合成生物燃料,并将其用于发电。

开发目前处于试验阶段的可再生能源新技术

能源储存:能源储存和分散式发电是技术上可行的解决方案,随着储存成本的下降,它们变得越来越有吸引力。能源储存在电网边缘能发挥最大价值,就像太阳能光伏一样,其在微电网或与商业、工业和住宅负载共用场所时影响最大。太阳能光伏/储能等混合系统已被视为修复或建造新输电基础设施的有吸引力替代方案,尤其在小型和偏远社区。浮动储能站可作为海上设施,在主发动机和辅助发动机关闭时为停泊的船舶提供电力。确保船舶装卸货物时应急设备、制冷、冷却、加热、照明和其他设备持续供电。浮动储能站还可在灾害发生时作为应急备用电源快速部署,并为沿水边的偏远社区提供电力。

海洋能发电:利用潮汐内流能源的实验表明,每年可提取 300～600 吉瓦时的电能,且不会对环境造成任何显著影响。此外,还有潜力利用高达每年 53 吉瓦时的波浪能。这种组合可满足 2050 年约 1% 的电力需求。南洋理工大学能源研究所的原型设计目前正在丹那美拉(Tanah Merah)轮渡码头进行试点研究。

反向电透析(RED)和压力滞留渗透(PRO):这些技术利用盐的梯度和渗透压。通过新生水厂和其他海水淡化厂的废盐水,每年可回收高达 100 吉瓦时的电能。

氢能发电:氢能还可在电力负荷高峰转移中发挥作用,从而提高发电厂的容量系数。可在非高峰时段生产氢气并储存,以备高峰时段使用。南洋理工大学能源研究所与两家欧洲公司合作的项目正在探索"电力转化为气体(P2G)"工艺。目标是实现重量能量密度 2000 瓦时/千克,体积能量密度为 1570 瓦时/升。为此,研究人员正在开发新的催化剂技术。同样,海水电解也能产生氢气,目前的挑战是防止氯离子污染质子交换膜燃料电池(PEMFC)或碱性燃料电池(AFC)中的铂催化剂,关键解决方案是低温燃料电池催化剂,目前提出的能源创新研究计划(EIRP)将解决这一问题。

到 2050 年,所有这些技术都将在新加坡实现商业化应用。这些技术产生的电力将由智能电网进行测量、监测和控制,微电网则作为辅助系统。太阳能将产生注入电网的大部分清洁能源(约占 27%),其他可再生能源部分可提供电网总需求(56 太瓦时/年)的 20%～25%,因此到 2050 年总共可满足约 50% 的需求。

20 年后,我们将验证这些新技术,并在新加坡及其周边地区投入使用。再过 10～20 年,这些技术将具备经济可行性,新加坡可为世界各地的城市提供完全集成的可再生能源系统。在此之前,新加坡已在水循环和处理方面取得成功,生产出新生水,并应用最新的膜技术降低饮用水循环成本,使其水质超过世界卫生组织的饮用水标准。

新加坡将成为绿色典范,向世人展示一个热带城市是如何可持续地利用可再

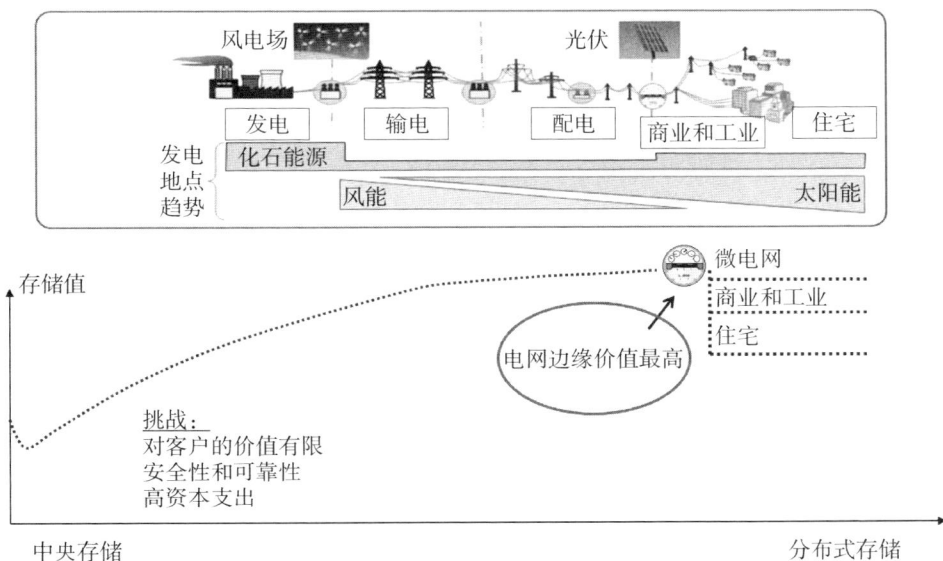

图 8-5　储能在能源网中的价值

生能源满足 40％或更多能源需求的。如果通过海底电缆或东盟电网从邻国(印度尼西亚和马来西亚)获得水电、地热电、风电,甚至以核电作为补充,新加坡就可以有效使用 100％清洁可再生能源,实现零碳足迹。

来自邻国的可再生能源供应完全有可能,因为印度尼西亚和马来西亚有许多大型无人(或人口稀少)居住的岛屿,可以开发成综合电力岛,通过东盟电网供电。

可以设想到 2050 年,新加坡将成为一个可持续发展的大都市:

(1) 所有电力均来自可再生清洁能源(太阳能光伏和热能、海洋潮汐系统、风能、生物质能、沼气、生物燃料、热电联产等)。

(2) 国内生产总值的四分之一仍然来自高科技制造业(石油化工、制药、硅片、食品等),但使用清洁可再生能源实现生产。

(3) 拥有包括电力驱动、无人驾驶和电动汽车的全交通运输系统。

(4) 拥有世界上最大的由清洁可再生能源供电的数据中心。

(5) 拥有全球最低的人均碳足迹。

（6）作为世界上最清洁、最绿色、最可持续发展的城市，拥有世界上最低的PM$_{2.5}$读数、最干净的饮用水和丰富的生物多样性。参阅国家公园委员会制定的城市生物多样性指数，该指数在《生物多样性公约》缔约方大会名古屋会议上获得通过。

从经济角度来看，这将为新加坡带来价值数十亿美元的合同，使其能够利用工程和项目管理能力、运营和维护技术以及财务能力，为世界各地提供可再生能源基础设施。

蓬勃发展的可再生能源行业还将为新加坡工艺教育学院、理工学院和大学毕业的技术人员、工程师和科学家提供成熟的就业机会。新加坡将吸引最优秀的研究人员，让他们始终处于这些技术的前沿。世界亟须这些技术以减缓气候变化，并确保人们继续在一个能够可持续供应清洁水、能源和食物的环境中享受生活。

能源行业未来面临的挑战和机遇

城市化可以说是影响能源基础设施的最重要全球趋势之一。预计到2050年，城市人口将翻一番，从2008年的35亿(占世界人口的50%)增至近70亿(占世界人口的约70%)。城市创造了一个国家的大部分国内生产总值，也是全球70%温室气体的来源。然而，城市也能更有效地利用基础设施和设备，并极大促进社会向上流动性。越来越多的城市议会开始接受智慧城市的概念，主要关注宜居性、IT和电信以及清洁能源。此外议程还包括供水、污水处理、垃圾处理、交通、卫生健康、资源效率、社会基础设施和可持续经济。可持续性、吸引力和连通性被视为智慧城市的重要特征。

如果一个城市对人力资本和社会资本、传统(交通)和现代(信息通信技术)基础设施的投资能够推动可持续经济发展和高质量生活，并对自然资源进行明智管理，那么这个城市就可以被称为"智能城市"(Caragliu et al.，2009，引自第四届中国-意大利创新论坛)。新加坡政府推出一系列举措，以实现超越智慧城市的目标，成为世界上第一个"智慧国家"。未来 10 年,新加坡将发展由智能、融合和创新驱动的智慧社区。

新加坡在规划未来的城市基础设施时,必须认识和了解全球主要的能源发展趋势,包括:可再生能源所占比例越来越大;电力系统的复杂性和相互依赖性不断增加;消费者的呼声和参与度越来越高,对新能源选择的意识也越来越强;由于对能源的依赖程度越来越高,对可靠性的需求也不断上升(对停电和故障的接受程度降低);随着能源基础设施自动化程度的提高,网络安全的威胁也越来越大。此外,还必须考虑更多颠覆性技术的出现,如能源储存、太阳能光伏发电和电动汽车,这些技术可能会随着技术成本的降低而改变行业格局。随着智能电表、传感器和 M2M 通信的普及,能源基础设施还必须管理"大数据"。同时,必须通过更多公开信息满足对透明度和渐进式政策日益增长的需求。

这些关键的全球趋势为我们提供了若干机会,使我们能够进一步利用在太阳能购电协议(PPA)计划、生物质热电联产公私合作(PPP)计划、智能能源系统试点、实马高垃圾填埋场和乌敏岛微电网,以及能源效率补助和计划方面的现有经验。

新加坡极易受到气候变化的不利影响,如海平面上升、风暴强度增加、热浪等;因此必须抓住这个机遇来影响城市未来的设计,因为城市将是世界资源的主要消耗者,也是主要的排放源。

从集中式发电向分散式发电的转变

减少温室气体排放的驱动力意味着新加坡必须提高能源效率,减少对目前集中式、基于化石燃料的发电模式依赖。分散式发电是补充现有电力基础设施的最佳选择,即在靠近使用点的地方发电。在同一地点共址发电和用电,可避免输电和配电的成本。

屋顶上的太阳能发电站将为其下方的建筑物供电,剩余电力将供应给邻近的建筑物,可减轻中央输配电基础设施的负担。

热电联产或三联供设施通过联合发电、供热和/或制冷,转换效率超过70%,几乎是传统蒸汽发电的两倍。因此,分散式发电,如热电联产或三联供,是一种非常可取的解决方案。目前的市场结构允许安装小于10兆瓦的发电机,这些发电机仅用于满足现场需求,并不向电网输出电力。市场还包括发电量大得多的嵌入式发电设备,主要出现在石化行业。

因此,分散式发电可以降低最终用户的用电成本,甚至以更高效的方式为住宅和商业建筑提供制冷。

在审查将其他设施迁入地下的可能性时,这些能源系统也可以建在需求中心下方,以便更有效地供应能源(电力、供暖和制冷),同时减少噪声,还能腾出土地用于其他用途。

分散式发电系统的激增引发了人们对电网可靠性的担忧,因为电网的设计之初并没有考虑到要容纳大量连接到配电网络的发电机。用于电网管理的智能电网解决方案,"可中断负载"和其他需求响应方案等商业模式,可以缓解这些担忧。它们通过减轻意外事件对电网的压力,为减少分散式发电机对电网可靠性的影响提供了更多的可能性。

太阳能光伏发电的波动性是电网运营商在维持电网可靠性方面真正关心的问题,可通过结合技术和市场结构轻松地解决这一问题。

新加坡运营着一个电力批发市场。该市场交易能源、储备和频率响应。其中储备是按计划安排的。如果最大的运行中的发电机跳闸,将有足够的旋转备用(快速响应)容量来填补供应缺口,确保消费者不受影响。但这一机制与广泛分布的分散式发电机关系不大,即使它们发电是间歇性的。虽然云层会突然遮住太阳能光伏阵列的太阳光,但同样的云层在一段时间后才会遮住更远的光伏系统。图8-6显示了新加坡的平均日照总量变化比任何单个地点都要平稳得多。

因此,全国范围内的光伏总产量并不是间歇性的,单个光伏电站的突发故障对电网的影响很小,不足以破坏电网的稳定。新加坡太阳能研究所覆盖全岛的辐射传感器网络可以追踪太阳辐射的地理变化,并使用矢量算法为电网运营商预测太阳能发电量。

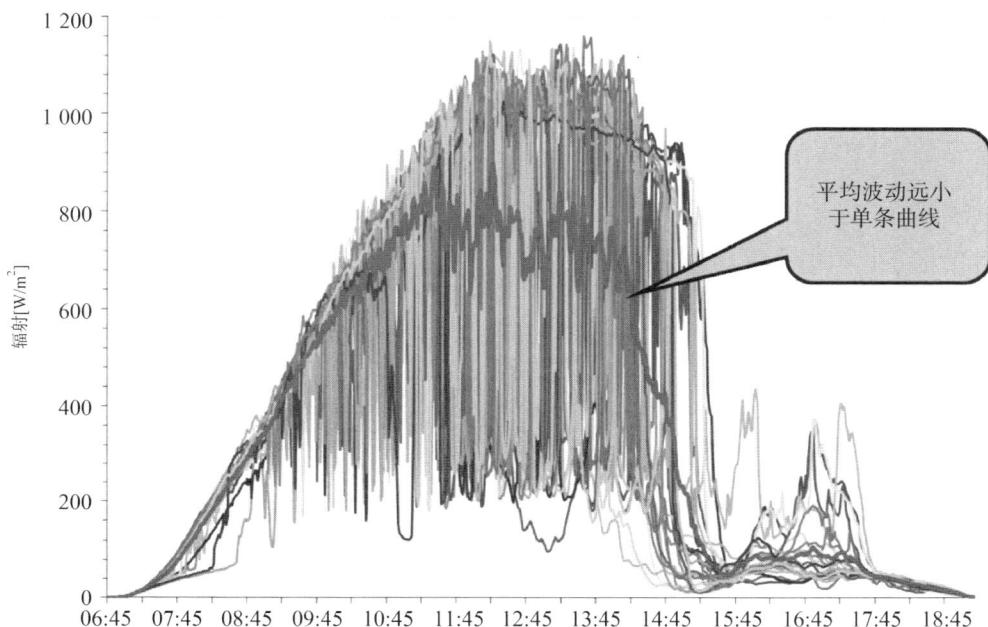

图 8-6　25 个新加坡太阳能研究所传感器在同一天测量的太阳辐照度

经济效益

得益于光伏系统成本的显著下降、相对较高的电价以及充足的太阳辐射,光伏发电在新加坡已具备商业可行性。2014 年发布的《SEAS 白皮书》显示,近年来(2011—2013 年),全球光伏组件产能的大幅增长已将成本降至足够低的水平,新加坡的屋顶光伏系统可在 7~10 年内收回成本(具体取决于系统规模)。这使得未加杠杆的项目内部收益率达到 8%~13%,光伏发电成为一项极具吸引力的投资,而且无须额外的激励计划来证明其可行性。未来价格还将继续下降,尽管下降速度要比过去两三年慢得多。

假设平均系统价格将从 2013 年的 2.00~3.00 新加坡元/瓦逐渐下降到 2025 年的 1.20~1.60 新加坡元/瓦,那么 2 吉瓦峰值光伏发电将需要 30 亿~40 亿新加坡元的总投资。这些投资将来自私营公司,而不是政府。这些投资中留在国内的份额将取决于新加坡企业所占的份额,这也取决于现行的政策和激励措施。假设一半的零部件/劳动力来自本地而非进口(新加坡拥有一家国际模块制造商以及多家安装公司、投资者和咨询机构),那么国内投资金额约为20亿新加坡元。作为亚洲主要金融中心之一,新加坡可以容纳越来越多的清洁技术投资基金,更多的可再生能源公司可能会愿意在新加坡证券交易所上市。

此外,光伏技术的普及将为新加坡创造清洁技术及可再生能源产业集群,从而支持可持续的绿色经济,并创造更多"绿色"就业机会。根据光伏组件的生产地点,30%~70%的附加值可在本地实现。光伏产业在从生产阶段到安装阶段的整个价值链上都创造了就业机会。据欧洲光伏产业协会(EPIA)估计,每生产和安装1兆瓦峰值光伏组件,可在生产区创造3~7个直接就业机会,以及12~20个相关的间接就业机会(整个光伏价值链,包括研发中心、安装厂商、硅、晶片、电池、组件和其他组件生产商)。这对地区和全球出口至关重要,有助于提高本地公司建设能力(技能和专业知识方面),从而拓展地区和全球市场。随着新加坡每年光伏发电量从2013年的10兆瓦增长到2017年的200兆瓦,就业人数也会相应增加。根据欧洲光伏产业协会的数据,到2012年底,太阳能EPC及运营和维护的全职就业人数为30人,从2017年起,这一数字可能会增加到600人。

因此,面对气候变化新加坡已做好准备,利用可持续能源解决方案以减少碳排放,并积极促进可持续发展,将政策与研发相结合,对新技术进行试验。从现在开始到2050年,随着上述可再生能源带来的机会、专业知识和经验,新加坡需要充分利用可再生能源带来的优势。新加坡可以成为世界的可再生能源中心,成为温室和试验解决方案的实验室。在高度城市化的环境中,甚至在偏远社区,如南洋理工大学能源研究所在实马高岛上的新加坡可再生能源集成示范项目,新加坡都可以成为各种可再生能源技术及其应用的展示窗口。在这些实验和测试平台取得成功后,企业可以将其商业化,并将这些解决方案带到该地区,预计该地区2013年至2020年的年增长率将达到43%。2013年全球投资额已达2 500亿美元(国际能源署中期报告《2014年可再生能源报告》),预计其中70%的增长将发生在亚太地区。

将新加坡定位为全球可再生能源技术中心

在过去 5 年中,新加坡在 50 年谨慎的经济政策和具有远见卓识的领导力的基础上,将自己定位为一个"生活实验室",大胆地提出各种构想。新加坡加大了对新能源技术的投入,既投资研究,也投资示范项目的生活平台。这激发了企业家和研究人员的想象力,为新加坡能源领域带来了本地和外国的新解决方案和新创意。然而,随着"生活实验室"的概念在全球许多城市流行,新加坡正在失去将岛国作为"生活实验室"的先发优势。

要想将新加坡打造成为未来城市可持续能源管理的典范,必须重新设计电力系统和电力市场,整合各种技术,充分利用自然资源,并挖掘日益增长的废弃物能源价值。新加坡需要制定有利的政策和商业模式,使消费者受益的同时激励创新者。

作为可再生能源和能源效率技术生态系统的核心,新加坡可以为亚洲乃至全球提供整合型解决方案,开拓亚洲的巨大市场,进一步将这一优势服务于世界市场。当跨国公司和科技企业看到新加坡具备成为可再生能源和可持续能源中心的所有关键要素时,适宜的扶持政策和战略规划将吸引他们选择在新加坡设立公司。

参考文献

Contact Singapore. (2014). Engineering (Including Aerospace, Cleantech and Engineering Services). Retrieved 25 February 2015 from http://www. contactsingapore. sg /key _ industries /engineering.

Ministry of Trade and Industry, Singapore (MTI). (2011, December 13). A Changing Energy Landscape: The Energy Trilemma. Retrieved 25 November 2014 from http://www. mti. gov. sg /mtiinsights /pages /energy-. aspx.

National Climate Change Secretariat, Singapore (NCCS). (2015). International Actions.

Retrieved 25 November 2014 from https://www.nccs.gov.sg/climate-change-and-singapore/international-actions.

National Environment Agency (NEA). (2014). Waste Statistics and Overall Recycling. Retrieved 25 November 2014 from http://app2.nea.gov.sg/energy-waste/waste-management/waste-statistics-and-overall-recycling.

Sustainable Energy Association of Singapore (SEAS). (2014). White Paper on Accelerating Renewable Energy in Singapore.

The 4th China-Italy Innovation Forum. (2013). Smart City. Retrieved 25 November 2014 from http://cittc.org.cn/forum/looknewsdo_en.php?id=67.

第九章
社区参与促进环境自主权并保障我们的未来

周玉琴
新加坡国家环境局主席

摘　要

　　本章阐述了新加坡推动社区参与环境保护战略的发展历程。作为一个独立国家,新加坡自建国之初就认识到社区参与是提高环境标准和促进城市可持续环境发展不可或缺的关键要素。本章将详细地介绍新加坡如何调整自身,以满足更多社区参与和建设更具包容性社会的要求。新加坡更重视鼓励自下而上、由社区主导的活动和运动,注重灌输积极价值观和建立社会规范。通过传统媒体和社交媒体支持本地化参与,利用接触点对接触更多样化民众很有必要。国家环境局实施的举措将体现对促进体谅行为和环境责任感的重视。

简　介

　　新加坡是一个小型城市国家,物质资源和自然资源有限。尽管资源有限,但新加坡已成为富裕社会,2014 年人均国内生产总值为 71 318 新加坡元(Department of Statistics, 2014b)。几十年来,随着经济增长,资源被分配用于资助环境计划、研发和开发关键的环境基础设施。[1] 尽管新加坡人口稠密,但在城市宜居指数评比中一直名列前茅。[2] 区域和国际基准研究,如美世生活质量指数、耶鲁环境绩效指数(EPI)和亚洲绿色城市指数,在各自研究中都给予新加坡高度认可和排名,新加坡清洁绿色的环境常被认为是关键因素之一。

新加坡能取得如此高的环境质量并非偶然,很大程度上是因为新加坡从建国之初就高度重视环境保护。有效的执法、坚定的政治意愿和完善的机构制度通常被认为是维持可行体系的重要因素,在环境领域也不例外。

独立初期的挑战(约 20 世纪 60—80 年代)

新加坡于 1959 年实现自治。1963 年,新加坡与马来亚、砂拉越和沙巴正式合并,成立马来西亚联邦。

1965 年 8 月 9 日,新加坡正式脱离马来西亚,成为独立国家。这个新成立的国家面临高失业率,虽有公共卫生服务,但许多人仍生活在城市过度拥挤的环境中。除面临水、食物和能源等自然资源缺乏问题外,新加坡还必须在新的社会政治环境中立足。

当时的首要项议程是缓解不断上升的失业率。政府通过各种税收优惠吸引国内外投资,并大力发展劳动密集型产业,从而推动工业化。然而,工业化也带来了污染。1972 年,环境部成立,旨在平衡经济和工业发展与环境保护之间的矛盾。

促使民众改变生活方式和习惯,以达到更高的环境标准

1965 年新加坡独立后,该国独立后的第一个概念规划——国家与城市规划项目于 1967 年提出,并于 1971 年完成。这是联合国发展计划署为新兴国家提供城

1　在基础设施发展方面,新加坡位居全球第一。参见 Department of Statistics (2014b)。
2　截至 2013 年,新加坡的人口密度为 7 540 人/平方公里。参见 Department of Statistics (2014a)。

市更新和发展特别援助计划下,历经 4 年研究的成果。在此概念规划之前,新加坡已于 1966 年颁布具有里程碑意义的《土地征用法》,该法律赋予政府对土地使用和城镇规划更大的控制权。国家与城市规划项目和《土地征用法》对新加坡的城市重建和国家发展计划起了重要作用。

　　制定第一个概念规划的首要原则之一,是需要加强现有的基础设施网络,并实施一定程度的财富再分配以推动经济发展。这一规划明智地平衡了保护环境与控制工业化、城市化不可避免造成污染的需求。其重点还在于改善了大多数人的生活条件,提高环境标准(主要体现在公共卫生和污染控制领域)。与此同时,为实现更广泛的社会目标,新加坡还通过了相关立法并实施了一系列措施。

　　环境部成立的目的是监管环境标准,并建设污水处理系统以及垃圾管理和处置系统等环境基础设施。20 世纪 70 年代,环境部面临的一项重大挑战是长达 10 年的新加坡河清理工作。许多在这个时期成长的新加坡人,都会记得这条曾经肮脏河流的蜕变历程。从缺乏适当污水处理设施的棚户区、沿岸的后院和家庭手工业,以及沿河农场,到河道被清理干净,河岸被重新开发成现代化的住宅区、商业和金融机构。

　　虽然对基础设施投资有助于城市转型,但如果得不到民众支持,改变他们的生活方式和习惯,基础设施改善和公共设施干预所带来的益处将是短暂和不可持续的。因此,在此期间推出了许多社区计划。换言之,公众教育被认为是实现社会和物质变革,以支持国家发展目标的必要条件。

　　在此期间,新加坡发起了多项运动,旨在教育人们改变生活方式,采取更符合发达国家公民的行为方式。20 世纪 70 年代的运动口号,如"保持新加坡清洁""不要随地吐痰""保持我们水源的清洁""苍蝇危害健康——防止苍蝇滋生""使用塑料袋装垃圾"等,反映了这一时期环境工作重点的本质。

通过不同的传播平台开展教育

　　这一时期,电视和广播等大众传媒的发展,促进了通过广播和电视访谈、电影、讲座和专题节目传播宣传信息,以实现教育目的。例如,1973 年,环境部在当时的广播局协助下制作了一部关于"新加坡小贩问题"的电影(Ministry of the Environment, Singapore, 1974)。通过电影放映和讲座,宣传有关控制害虫、霍乱、伤寒和禁止随地吐痰等公共问题,以及水污染、禁止乱扔垃圾和妥善处理垃圾等环境污染问题的全国性运动。在卫生部内部,由培训和教育司开展公众教育活动。该部门还制作海报和小册子,在新加坡中心地带的公共设施(如巴士站、小贩中心和社区中心)分发或展示。

继 20 世纪 70 年代发起"保持新加坡清洁和植树运动"(见方框故事 1 和 2)后,20 世纪 80 年代新加坡开展了更多的公众教育运动。为保持公共厕所清洁,1985 年发起了"让我们保持公共厕所清洁"运动。1987 年发起了"清洁河流教育计划",继续对公众和工业界进行水污染教育。此外,新加坡还与基层组织、新加坡武装部队、学校和建屋局进行密切合作。尽管这些努力在本质上主要是指导性和说教性的,但过去 20 年的实践证明,这些努力是成功且有效的,并为新千年更复杂的宣传形式奠定了基础。

方框故事 1:保持新加坡清洁运动:通过大众传媒和参与,培育民众负责任的行为

　　新加坡首次环保运动可追溯至 20 世纪 60 年代。当时,成千上万的小贩在交通繁忙的街道公开售卖食物,完全不考虑卫生问题。食物残渣和垃圾散发出的恶臭污染了包括新加坡河和加冷盆地在内的多条道路,许多地区沦为贫民窟。如果新加坡要实现转型,必须先开展大规模清洁工作。因此,新加坡于 1968 年 10 月 1 日发起了"保持新加坡清洁运动"。

　　这场运动是新加坡现代史上首次大规模环保运动。其目的很简单:让所有新加坡人始终维护国家清洁。然而,宣传工作比想象复杂而艰巨。政府通过广播、电视等大众传媒在全国范围内进行广泛报道,同时在社区张贴海报和悬挂横幅。在地方层面,国会议员和社区领导参与有组织的"扫帚队"活动,将运动推向新高度。这些公开行动具有重要的象征意义,为居民和志愿者树立了榜样。

除教育公众外,政府还采取"胡萝卜加大棒"政策以保障长期成效。政府组织了各种比赛,让最干净的中心地带相互竞争,这有助于在社区内培养保持当地清洁的动力。保持清洁的社区会得到表彰,而那些乱扔垃圾的人会受到惩罚。在这一时期长大的人都会记得,违反规定的人会受到学校校长的严厉处罚,并被要求打扫教室或校园。成年违法者也未能幸免,通过罚款来强制他们执行社会行为。根据 1968 年制定的《环境公共卫生法》,违法者将被处以高达 500 美元(当时人均国内生产总值为 708 美元)的罚款。对屡教不改的成年违法者提起诉讼,并在当地报刊上公布其姓名,以起到威慑作用。这些措施有效地提高了公众对保持新加坡清洁必要性的认识,并使其认识到乱扔垃圾是一种社会不可接受的行为,不被容忍。

方框故事 2:植树节

1971 年,新加坡首次提出"植树节"概念,标志着新加坡以社区为基础的绿色运动的开始。吴庆瑞(Goh Keng Swee)博士于 1971 年 11 月 7 日(星期日)上午在花柏山顶种下一棵雨树,从而启动了植树日活动。当天,全岛共种植 8 400 棵树、21 677 棵灌木和爬山虎等攀缘植物。60 多所学校参与种植了 600 棵果树。此后,新加坡将每年 11 月的第一个星期日定为植树日,这一天是季风季节的开始,这样可以尽量减少浇水需求,节约宝贵的水资源。

这一行动源于前总理李光耀"将新加坡打造成热带花园城市"的愿景。人们相信,绿色植物可以鼓舞士气,给人们带来民族自豪感和认同感。无论是中产阶级还是工人阶级(居住)地区——成千上万棵树木被精心种植在全岛各地,未厚此薄彼。这也展现了新加坡在维护(绿植)工作方面所付出的努力和纪律,让包括外国游客在内的每个人都感到这个国家管理得很好。

然而,种植美丽的乔木和灌木需要与文明的公共行为相匹配。植物的美丽引来了偷窃——人们把花盆和树苗移植到自家的花园。还有一些人践踏新种的草坪,把自行车或摩托车停靠在植物上,对植物造成了破坏。因此,有必要教导人们如何爱护植物。学校组织孩子们去植树和照料打理花园,孩子们将相关信息传递给父母。如今,绿色植物与高耸的摩天大楼无缝融合,道路两旁随处可见整齐排列着开花灌木和参天大树。新加坡"热带花园城市"的美誉已闻名世界。

创建平台以激发更广泛的社区参与
(约 1990 年—21 世纪 00 年代中期)

城市是不断变化的。城市景观通常会随着城市经济和社会政治的发展而经历不同阶段的转变,新加坡也不例外。事实上,新加坡在独立后的第一个 20 年里,城市面貌发生了翻天覆地的变化。国家清理了河流和街道,增加了绿化,逐步淘汰或重新安置了污染严重的工业,制定了适当的立法、制度和措施,投资环境基础设施,并在全国范围内开展了一系列教育工作,以改变人们对环境的行为。

环境部是负责制定环境政策的主要政府机构。环境部还与城市重建局、经济发展局和裕廊镇公司等其他机构密切合作,实施这些政策并监测其影响。虽然新加坡经历了多次经济衰退,但确保可持续增长的动力依然坚定不移。追根溯源,正是经济增长使政府能够投入更多资源用于环境项目和政策。到 20 世纪 90 年代,新加坡已成为该地区最清洁、最环保的城市国家之一。

然而,新加坡的独特之处远不止于此。整个岛屿就是一个城市国家,这意味着新加坡缺乏土地和自然资源,再加上人口激增,如果不加以谨慎管理,将对环境造成严重压力。如果不持续审查其战略以满足不断变化的社会和发展需求,新加坡将无法维持经济增长。这一点在新加坡的总体规划中得到体现,从 1966 年到 2000 年,总体规划经历了 5 次修订。新加坡作为一个城市国家,为了保持对可持续城市化的持续关注,于 1992 年发布了首个《新加坡绿色计划》(SGP),提出了建设绿色模范城市的长期愿景。该计划的一个关键领域是注重民众参与。事实上,《新加坡绿色计划》是最早的公共规划文件之一,它建立了广泛的公众参与程序,征求公众的反馈意见和愿望,以制定一个更具包容性、更全面的计划。1992 年的《新加坡绿色计划》指出:

> 该计划确定了新的行动领域,并讨论了为在这些新领域实施该计划而制定的行动方案。其中一个关键领域是环境教育,目的是培养人们的环境意识和主观能动性,使所有人都参与到保护和改善环境的行动中来。

这一声明与 1992 年在里约热内卢举行的联合国环境与发展会议期间签署的《21 世纪议程》协议中提出的建议一致,新加坡是该协议的签署国之一。该协议呼吁各国政府制定可持续的国家发展战略。政策应具有整体性且相辅相成,必须告知社区和企业,帮助他们做出符合可持续发展原则的选择。2001 年对 1992 年《新加坡绿色计划》进行了审查,这种方法被进一步采用,邀请了社会各界的利益相关者,如商业组织、学术界和民间团体,领导或成为三个焦点小组的成员,以审查和更新该计划(见方框故事 3)。

《新加坡绿色计划》是社区参与国家城市规划的典范。在此基础上,环境部继续开展公众教育工作,鼓励社区采取更多行动。

方框故事 3:通过新加坡环境总体规划征集公众意见

《新加坡绿色计划》是指导和阐明新加坡可持续发展目标的总体规划。第一份文件于 1992 年发布,1999 年,环境部对《新加坡绿色计划》进行审查,结合该计划自发布以来出现的新理念、新技术和新问题(进行了修改)。2002 年 9 月,在约翰内斯堡举行的可持续发展峰会上发布并介绍了《2012 年新加坡绿色计划》。随后在 2005 年对《2012 年新加坡绿色计划》进行后续审查,为个人、企业和非政府组织提供了就一系列可能影响自身的问题参与咨询的机会。超过 17 000 人参与了该计划审查,最终形成了一份更稳健、更具包容性的文件(MEWR,2006)。公众咨询过程并没有随着《2012 年新加坡绿色计划》的发布

> 而结束。该计划在网上公布以收集公众意见,并举办了闭幕式公众论坛,邀请公众与审查小组会面,回应公众反馈的问题。2009 年制定的《新加坡可持续发展蓝图》,描绘了新加坡至 2030 年的可持续发展愿景,因《2012 新加坡绿色计划》大部分目标已实现该蓝图取代了前者。当时,协商参与模式已成为常态。只有通过社区、非政府组织以及商业利益相关者的参与,各方才能作为一个集体聚集在一起,共同面临挑战、制定并践行解决方案,以实现更加可持续的未来。

20 世纪 90 年代:迈向更具协商性的治理

1990 年是新加坡的转型之年,也是新加坡第二任总理吴作栋先生就职的一年。在此后的 35 年中,公众参与环保运动和主要利益相关者协同合作的势头日益强劲。1990 年 11 月 28 日,吴作栋先生提出更具协商性的治理方式,推动了这一进程。

> 下一届政府的风格包括以下三个要素:参与、包容、共识。其中,"参与"指让尽可能多的新加坡人参与政治进程;"包容"指政府以开放的心态听取不同观点,并根据合理意见做出调整;"共识"指在影响公民生活的重大问题上,政府与民众努力达成共识。(Goh,1990)

多年来,环境问题日益复杂。随着公众越来越意识到发展对环境的影响,其观点和关注点也变得越来越多样化。政府和民众都认为协商参与模式是最佳策略,因为其有助于提高公众对环境问题的认识,并增强公众对国家政策的责任感。

20 世纪 90 年代,民间社会对环境问题的参与度不断提高。例如,当地一个非政府组织(原马来亚自然协会分支)于 1991 年正式获得认可,更名为新加坡自然协会。自此以后,该协会成为促进人们认识和欣赏自然的重要力量,并为保护多个自然遗产地做出重大贡献。1995 年,国家环境理事会成立,旨在教育和激励个人、企业和各种利益团体共同关注和保护环境。该理事会随后更名为新加坡环境理事会。1998 年,新加坡厕所协会成立,旨在促进个人卫生改善和公共厕所文明使用。

随着越来越多非政府环保组织出现,政府与民众的关系演变为更具协商性的互动模式,非政府组织被赋予在各种议题中发挥共同主导作用的空间,并积极参与政策制定和总体规划的协同推进。

开创环境治理新局面

到 20 世纪 90 年代末,环境部认识到,如果将责任下放给地方负责机构,政策实施和服务提供将更加有效。2001 年,公用事业局从贸易和工业部划归环境部,并与环境部的污水处理和排水部门重组为新加坡的国家水务局,负责监督整个水循环系统。2002 年 7 月,一个新的法定机构——国家环境局成立(见方框故事 4 和 5),该机构主要由环境部的部分部门组成,负责接管清洁环境的监管和执行工作。与此同时,国家环境局下属的地区办事处将各自管辖区域与 5 个社区发展委员会的地理边界相协调,以更好地满足各地区需求、应对挑战。公用事业局和国家环境局仍是环境部下属的法定机构,环境部于 2004 年 9 月更名为现在的名称——环境和水资源部。

新的协商参与模式及当地社区和利益相关者建立网络的重要性,成为新加坡环境规划过程中长期且永久的特征。在公共、私营、民间部门之间建立合作伙伴关系,成为实现可持续发展目标的关键方法。

方框故事 4: 国家环境局的成立

环境部认识到,为确保新加坡的空气、土地和水源保持清洁,维持高标准的公共卫生,有必要成立一个拥有更大行政自主权和灵活性的新法定机构。此举旨在形成"以政策为重点的部委"和"以业务为重点的法定机构"分工。因此,国家环境局于 2002 年 7 月 1 日正式成立。重组后，环境部的环境公共卫生司、环境政策与管理司以及交通部的气象服务司整合，由国家环境局管辖。

长期以来，环境管理依赖监督和执法。然而，为了确保环境治理的可持续性，国家环境局必须与社区和利益相关者建立协同关系。时任环境部长的林瑞生先生表示："如果我们希望人们少乱扔垃圾，可以对他们处以更高罚款。如果希望人们少用水，可以收取更高费用。我们可以用定价机制产生短期效果。但考虑长期可持续性，(我认为)没有什么比采用"人民-私营-公共"方法更好了。"作为新成立的机构，国家环境局有能力开辟新路径，与时俱进满足新加坡及其人民的需求。

"人民-私营-公共"伙伴关系方法被广泛视为重要的模式转变。对外，其挑战在于鼓励公众对环境发挥更大主人翁精神，战略旨在促进国家环境局与社区的合作伙伴关系，创造共同责任感。对内，国家环境局认识到仍有必要进行监督和执法，以确保遵守严格的环境标准，需平衡作为环境"执法者"和"促进者"的双重角色。

2003 年，国家环境局的 5 个地区办事处与社区发展委员会的边界保持一致，社区发展委员会负责在当地建立社区纽带和社会凝聚力。这一战略举措为国家环境局的实地行动与基层倡议结合铺平了道路。每个地区办事处内设有专门的"人民-私营-公共"部门，负责制定并实施社区规划，开展社区外联活动。同年，国家环境局启动新的"人民-私营-公共"伙伴关系基金，以增强该部门在社区倡导环保运动的能力。

方框故事 5：新加坡的 OK 运动

2003 年，新加坡受严重急性呼吸系统综合征(SARS，也称非典型肺炎)疫情影响，新成立的国家环境局的应变能力受到考验。国家环境局工作人员迅速奔赴危机现场，职责包括清洁疫区、处理受污染物品、追踪接触者，并宣传提倡良好个人卫生习惯以减少病毒传播。

国家环境局发起"新加坡OK"运动,以提高公众对良好卫生习惯重要性的认识。这项运动逐步推广到餐馆、市场、公共厕所、学校、旅舍、工人宿舍和建筑工地。在每个场所,国家环境局工作人员与企业和公众合作,确保其采取适当卫生措施,随后在这些地方贴上"新加坡OK"标签。这是一次全国范围的大规模3P合作伙伴关系活动。除病毒威胁外,非典型肺炎暴发也考验了国家环境局伙伴关系网络。国家环境局在维护公共卫生标准方面的作用,有助于树立信心,鼓励公众继续光顾公共场所和设施。

2003年5月,世界卫生组织宣布新加坡摆脱非典型肺炎疫情。此次事件让国家警醒于公共卫生危机的影响,也向国家环境局提示了密切社区伙伴关系在管理环境和公共卫生问题中的重要性。

让民众参与进来,促进更大的环境自主权
(21世纪中期至今)

随着新加坡步入新世纪,公众对环境问题的关注度和意识不断增强。在日益互联的世界推动下,气候变化、资源保护等全球环境问题开始在本土讨论和规划中占据重要地位。

随着环保意识增强,国家环境局正式确立三方合作模式,推动公共、私营、民间部门共同应对环境挑战、承担环保责任。国家环境局是首批采用此模式的政府机构之一,投入人力和资源来教育、吸引社区参与并增强其保护环境的能力。这一战略转变强调社区在塑造新加坡未来可持续发展路径中需共同承担责任。

然而,人们很快意识到,新加坡需要付出更多的努力才能继续实现可持续发展。在个人和机构层面转变观念,着眼长期解决方案,培养更强的个人环境责任感和社会责任感。这成为国家环境局实现"公众-私营部门-政府"模式的下一个里程碑——培育个人价值观,为参与公民建立关爱环境的社会规范。

　　凭借积极的公众参与框架、成熟的三方合作伙伴网络,国家环境局吸引不同的利益相关者参与阶段性目标行动,推出每年 150 万新加坡元的三方合作伙伴基金,鼓励更多自下而上的基层环保行动。2006 年和 2007 年分别颁发总统环境奖和生态之友奖,表彰环保倡导者和积极组织,激励更多人效仿。

　　虽然资源支持和表彰机制有效激发了本土化环保倡议,但主要挑战仍然在于鼓励个人、家庭和公司承担更大的环境责任。需要采取新的方法,让公民更好地了解环保行为逻辑,并推动社区提升环境主人翁意识。

促进对环境负责的行为

　　2010 年,国家环境局完成一项关于乱扔垃圾的社会学研究,旨在从行为学角度更好地了解乱扔垃圾者的心理。研究指出,文化和个人价值体系是影响乱扔垃圾行为的重要因素。虽然执法对潜在违法者是一种威慑,但需要一个强大的社会支持系统来促使那些偶尔乱扔垃圾者改变行为。有必要建立"乱扔垃圾是一种反社会行为"的社会共识。

　　研究建议改进社区外联和沟通策略。例如,针对不同目标群体定制宣传信息,发挥母亲、同龄人等作为关键影响者的作用,对个人价值观产生积极影响。

　　这是一项具有里程碑意义的研究,为制定定制化的干预措施提供了依据,推动针对特定问题的期望行为引导。随后,环境和水资源部又委托开展了关于提高能源效率、促进资源回收利用等领域的类似研究。虽然这些研究有助于为具体问题提供解决思路,但也有必要优先考虑有助于整体转变民众行为模式的措施。很明显,行为改变必须以正确的社会价值观为基础,需从年轻人抓起。

向年轻人灌输正确的价值观

　　教育在培养个人价值观方面发挥举足轻重的作用。新加坡教育体系在支持社会和经济发展方面一直发挥着至关重要的作用。它源于新加坡人为日益复杂和竞争激烈的社会做好准备的需要。随着时代变迁,课程也在不断发展,学校继续培养年轻人的技能、品格和价值观,使他们能够为新加坡的进步作出贡献。

认识到价值观教育的重要性,教育部于 2012 年 11 月推出了新的品德与公民教育教学大纲,向学生灌输一系列价值观,重点关注自我、家庭、学校、社区和国家。这一系列新的品德与公民教育教学大纲与国家环境局对培养个人环境责任感的坚定关注不谋而合,因为它为年轻人提供了良好的开端,使他们能够在一生中将这种对环境主人翁的意识内化于心。

国家环境局调整现有计划,更加重视向年轻人灌输价值观。国家教育局和教育部还共同制定计划,将环境保护和自然养护纳入"关爱、尊重和责任"的价值观。学校为学生开展体验式学习之旅,以加强他们对学校和社区的身份认同感,并在学生与环境之间建立更好的情感联系。2014 年 7 月,教育部指导各学校启动了"保持新加坡清洁学校运动",这是一项由学生推动、学校支持的活动,旨在让学生承担起维护学校和环境清洁的责任。根据教育部的"价值观在行动"框架,2014 年 11 月,国家环境局和马西岭小学推出"伙伴清洁计划"资源包(见方框故事 6),分享在建立全校清洁新规范方面的最佳做法,并培养对公共空间清洁的共同责任。

方框故事 6: 马西岭小学的"伙伴清洁计划"

良好的基础设施和公共清洁服务有助于保持环境清洁。然而,这些都是资源密集型工作,需要大量的公共资金来维持。更重要的是,要确保环境清洁,必须提倡良好的行为习惯,而这首先要向青少年培养强烈的公民意识和社会价值观。

国家环境局于 2010 年发布的一项社会学研究显示,只有 30% 的学生表示绝不会乱扔垃圾。显然,这表明还需要做更多的工作。出于向学生灌输和强化积极社会价值观的需要,马西岭小学与国家环境局合作启动了一个试点项目,即"伙伴清洁计划"。"伙伴清洁计划"的重要意义在于利用同伴的影响力,培养学生的社区意识和对公共空间的主人翁意识。五年级学生负责并带领三年级的学弟学妹们参与每两周一次的校园清洁大扫除活动。此外,还在全校范围内开展活动,表彰学校清洁工的努力工作,并向他们学习。将保持学校清洁的责任从清洁工转移到学生身上。经过这次活动,学生们对学校环境有了更强主人翁意识,垃圾数量减少了40％。

通过与同龄人和学校清洁工的互动,该项目还有助于培养学生的社交和情感技能。86％的学生(之前为75％)同意,保持学校清洁是包括他们自己在内的社区的共同责任。更重要的是,三分之二的小学五年级学生(之前为三分之一)强烈同意,通过清洁活动,他们更加感激和理解清洁工的工作。

该项目与教育部对学生全面发展的重点不谋而合,其目标不仅仅是教育学生保持环境清洁的重要性,而是潜移默化地引导年轻人,让他们树立社区意识,引导他们始终采取正确的行动改善我们的生活环境。

然而,推广价值观和新的学校规范不应被视为最终目的。早期获得的价值观往往具有很大的影响力,因为每一项新的社会规范都是建立在现有规范之上的。如果目标是在人的一生中培养对环境的更强的责任感,那么社区利益相关者需要在强化这一价值体系方面发挥关键作用。

促进自下而上的基层运动

国家环境局建立的三方伙伴关系模式促进了与基层和非政府组织部门更密切的合作。20世纪90年代,成立了更多的非政府环保组织,如新加坡环境理事会和新加坡厕所协会等,这些组织在促进民间社会参与和行动方面发挥了重要的作用。

在新加坡,非政府组织与政府的努力相辅相成,为提高环保意识和推广环保习惯提供了另一个补充平台。除发挥影响力外,非政府组织还贡献观点,帮助设计新加坡的城市规划和发展进程。例如,各种已成立的成熟绿色团体呼吁保护绿色空间,如拥有新加坡仅存的"甘榜乡村"的乌敏岛。

2008年,新加坡厕所协会与世界厕所组织共同主持了公共厕所机构间工作委员会,以收集公众和行业利益相关者对何为良好的公共厕所设计的反馈意见。由此产生的指导方针随后被纳入《环境公共卫生行为守则》,作为新加坡国家环境局改进公共洗手间设计的标准。

在制定新加坡国家绿色计划的过程中,以往的公众咨询活动都是由政府开展的,而新加坡环境理事会则在 2014 年发起了一场为期 3 个月的全国对话,以了解新加坡人的价值观,并重新定义人们对环境未来的愿景。该对话与《新加坡可持续发展蓝图》的审查同时进行,协商中提出的建议和想法随后被整理成一份"环境愿景"声明,并提交至环境和水资源部审议。

近年来,各种环保和非环保的非政府组织的成员也将环境保护作为其社会使命的一部分。国家青年成就奖委员会在其青年领导力计划中宣传倡导环境责任的价值观,而非政府组织和社区团体的成员也接受了培训,并被授予有限的法定权限,以记录乱扔垃圾者的详细资料,用于执法。

如今,非政府组织为新加坡的环境作出了贡献,帮助应对各种环境问题挑战,确保社区拥有可持续、清洁和绿色的生活环境。公众参与过程已不再由政府驱动,因为个人责任不能由高层强制要求,而必须从基层做起,从人民中产生。

除了非政府组织,许多基层组织也挺身而出,推广环保价值观。"保持新加坡美丽运动(KSBM)"是由民间团体、青年团体、企业和个人组成的联盟发起的,旨在培养每个新加坡人更强的社会和环境责任感,并组织了各种由青年主导的活动,鼓励个人为保持新加坡的清洁和美丽付出更多的努力。

公共卫生理事会与企业和基层合作伙伴合作,激励社区和行业提高新加坡的清洁卫生标准。他们与"新加坡善心运动"合作,组织了"保持新加坡清洁运动"(见方框故事 7),倡导这样的理念:每个人的细微、仁慈的举动都可以对新加坡的公共清洁卫生产生集体而显著的影响。定期组织社区垃圾清理活动,鼓励各行各业的新加坡人参与其中。

由于认识到社区对环境越来越感兴趣,各政府机构也在加紧努力,加大力度支持环保运动。政府制定了各种计划,最大限度地为各类目标群体提供获取相关知识和技能的机会,并培养其正确的态度来解决本地环境的挑战。

国家公园管理局与各利益团体合作,通过社区园艺项目促进社会凝聚力和对绿化的欣赏。公用事业局与企业组织和学校一起推动水道的利用,以此来培养保持新加坡清洁和节约用水的价值观。社区发展委员会已成为环保运动不可或缺的一部分,每个地区都制定了自己的生态计划。这些生态计划为实现各区的环境目标制定了战略和计划大纲,以支持《新加坡可持续发展蓝图》。

参与环保事业的不仅仅是个人和社区利益相关者,企业也将企业社会责任(CSR)融入其核心业务。企业不仅专注可持续发展实践以改善其环境绩效,而且还发起社区计划,以加强与利益相关者的互动,并在此过程中打造更强大的品牌。《新加坡可持续发展蓝图》定义了方法,阐明了现有措施和框架,以指导企业可持续性和企业社会责任实践的发展。

方框故事7:保持新加坡清洁运动

认识到需要以集体的努力来改变人们的态度,并朝着对乱扔垃圾零容忍的社会规范迈进。2012年9月,公共卫生理事会与新加坡善心运动、保持新加坡美丽运动和国家环境局共同发起了"保持新加坡清洁运动"。该运动由个人、非政府组织和社区团体共同努力发起的,旨在带头倡导各种自下而上的项目,对乱扔垃圾者施加社会压力,以改善公共环境的清洁状况。

"亮点"计划就是这种自下而上项目的一个例子。公共卫生理事会发起了这项倡议并着手实施这一计划,以确定新加坡各地乱扔垃圾的"热点"。通过建立个人、学校、企业和社区组织之间的多方利益相关者伙伴关系,以提高这些地区的清洁和卫生标准,将其转变为无垃圾的"亮点"。共同采用更多的"亮点"将有助于建立更强的主人翁意识,并形成保持公共空间清洁的社会规范。

基层组织尤其是"保持新加坡清洁运动"的坚定支持者。义顺南基层组织就是一个很好的例子,该组织开展了"HABIT@义顺南(Hold on And Bin It)"活动,并实施了一系列计划,以实现义顺南清洁美丽的愿景。这些活动包括每月一次的教育外展活动,如捡拾垃圾、制作宣传材料以及与选区内的学校合作宣传反对乱扔垃圾的信息。

为促进更多合作伙伴加入"亮点"计划,基层社区中心为这些伙伴开发了"亮点"入门启动套件工具包,以便这些合作伙伴开展各自的捡拾垃圾活动。截至 2014 年 10 月,各个社区已有 300 多个"亮点"。

促进企业可持续发展实践的发展

可持续发展部际委员会(IMCSD)于 2009 年发布的《新加坡可持续发展蓝图》概述了新加坡在实现建设充满活力的经济愿景的同时,提高资源利用效率的必要性。新加坡政府积极提高资源效率,以增强产业竞争力,同时为减缓气候变化作出贡献。政府还将包括清洁能源在内的环境和水技术确定为新加坡具有竞争优势的战略领域,这将有助于实现未来增长(NRF,2015)。

政府出台了由政府资助的培训计划,以提高劳动力的能力。例如,新加坡环境研究所与业界合作,就能源和废物管理、可持续性报告、病媒管理和辐射安全等主题开展培训课程(SEI,n. d.)。此外,政府还为业界提供了各种资助和支持计划,以促进能源效率、清洁能源、绿色建筑、水和清洁环境技术、绿色交通运输和航运、废物管理以及能源和温室气体管理(Tay,2012)。

为寻求提高企业竞争力或可持续发展绩效的企业提供各种自愿平台,以支持其业务转型。例如,2007 年推出的《新加坡包装协议》(SPA)是国家环境局与各行各业之间为减少包装废物而建立的协作平台。该协议提倡在整个产品生命周期内减少消费包装废物,定期组织咨询会议,讨论影响消费包装回收、利用和处置的问题,以便业界分享最佳实践方法。3R 奖项的推出旨在表彰和鼓励企业制定长期环境可持续发展措施。

2010 年启动的"国家能源效率合作伙伴关系计划(EENP)"是一项自愿性计划,旨在帮助企业实施能源管理实践措施,减少能源消耗和碳足迹,并在此过程中提高企业的长期竞争力。加入该计划后,企业可通过分享最佳实践获取能源效率相关的资源,以及对其能源管理成就的激励和认可来获得支持。

新加坡建设局与开发商合作,确保所有新建建筑获得新加坡建设局绿色标志认证,该认证为建筑开发项目在能源效率、用水效率和室内环境质量等方面的环保性能设定了标准(BCA,2010)。该认证于2009年扩展至现存建筑,并于2014年9月推出了一项耗资5000万新加坡元的"现存建筑和场所绿色标志激励计划",以推动现存建筑的绿色改造和实践(BCA,2014)。

关爱社区:企业社会责任实践

为了支持这项企业社会责任实践运动,国家环境局制定了能力建设计划。例如"企业环境卫士计划",以教育参与者系统思维和设计思维。这些人随后将在其公司内部发起全公司范围的倡议,或与社区利益相关者合作,促进对环境的主人翁意识。

其中一个例子是松下环境卫士行业模块。这是松下与新加坡国家环境局的一项联合伙伴关系,旨在向新加坡的学校展示在工业规模上应用环境可持续发展措施的情况。多家电信公司、消费电子产品开发商和回收公司认识到电子垃圾对环境的影响,在新加坡国家环境局的支持下,共同在全岛范围内开展了电子垃圾回收活动。新加坡城市发展有限公司(City Developments Limited)是新加坡领先的开发商和建筑业主,它利用新加坡国家环境局的网络推广生态办公室项目,该项目帮助公司在工作场所采用环保做法。

树立下一个里程碑

从20世纪60年代通过横幅标语和多种小型活动教育公众,到20世纪80年代让社区参与各种大规模的全国性活动,社区参与解决环境问题已经走过漫长的道路。在21世纪的今天,人们与非政府组织和其他当地团体合作,共同制定解决方案,从而增强社区的能力和力量。

多年来,社区参与战略的不断演变和发展呈现的趋势明显,即从广泛参与转向由知情个人、活跃社区和负责任的利益相关者共同领导环保运动和集思广益,从而更好地共同制定解决方案。

为了使公众参与过程保持相关性,公共机构需要了解不断变化的当地情绪,并适应不断发展的人民需求和不断变化的社会政治环境。长期计划是确定实现目标所需的时间框架和资源的良好起点。

认识到这一需求,国家环境局于 2014 年制定了一项三方参与计划,阐明 2020 年的预期成果,以及吸引学生、青年、在职成年人、家庭和老年人参与的策略和方法。它确定了以下三项策略来指导该机构实现其目标,即培养具有环保行为的个人、建立有凝聚力的社区和积极参与当地环境解决方案。

(1)通过培养年轻人的责任感、尊重和关爱的价值观,增强环境主人翁意识,人们的行动体现了新加坡人的积极价值观和规范。

(2)发展壮大自下而上的基层运动:建立和扩大影响圈,在社会中强化积极的价值观和社会规范。

(3)提高和保持公众的意识和觉悟。

如今,社区参与进程已不仅仅是制定环境计划作为促进社区参与的平台。促进和扶持三方合作伙伴、引导正确的行为和建立可接受的社会规范的过程,在增强环境主人翁意识方面将变得越来越重要和关键。越来越需要以更个性化的方式吸引公众,通过公众集思广益寻找解决方案,并为社会网络和反馈启用各种平台,这对有效的社区参与至关重要。

满足不断变化的社会需求,保障未来

新加坡独立后的 50 年里,各种因素的冲突为其经济、社会和环境格局带来了前所未有的变化。尽管新加坡继续追求经济增长和城市发展,但实现社会和环境目标的挑战依然存在。这一挑战推动了加强社区参与的势头,为加强城市治理进程、满足新加坡不断发展的社会需求奠定了基础。

虽然社区参与工作对新加坡来说并不陌生,但满足多样化的声音和公众需求变得越来越具有挑战性,需要一种更加人性化的参与方式。此外,鉴于环境问题的多学科性质,政府需要重新审视其参与策略,以确保工作朝着更注重质量的方向发展——既考虑到复杂的社会政治背景,又考虑到个人行为背景。这将为塑造社区参与在新加坡环境保护工作的下一阶段的作用提供必要的视角。

基于实证的社区参与过程

新加坡人口结构的急剧变化催生了丰富多彩的种族和社会群体,这给试图充分调动每个群体的参与热情带来了特殊挑战。从本质上讲,采用更有针对性、基于实证的行为科学参与过程变得越来越重要,因为它为理解和影响人们爱护环境的态度提供了概念基础。

利用行为科学促进社区参与有多重目的。首先,它有助于关注每个群体的个人行为动机。其次,有了更深入的了解,就可以在机构或社会层面制定适当的本土化干预措施,从而改善行为结果。归根结底,其最终目的是向每个人灌输一种更强烈的意识,即爱护环境是每个人的共同责任,而环保行为是由社会规范来维持的。

国家环境局采取的反乱扔垃圾宣传方法是一个值得仔细研究的良好案例。如前所述,2010年关于乱扔垃圾的社会学研究体现了公共机构与学术界的积极合作,利用社会理论为宣传工作的实际落地增强严谨性。该研究以干预为基础的参与过程包括:首先,明确什么是乱扔垃圾;其次,确定反乱扔垃圾习惯的关键影响因素;最后,针对特定人群确定宣传内容,以鼓励和强化文明投放垃圾的习惯。

在如此广泛层面上开展外联宣传活动,需要辅之以本地的外联宣传活动,以便持续开展工作。因此,在地方层面,国家环境局借助水道观察协会等基层志愿者团体(见方框故事8),增强他们的能力,以配合国家环境局的工作。水道观察协会的志愿者走访各地,报告当地的清洁疏忽和失误,或友善提醒,以保持公共场所的清洁。

其他团体也参与了本地的捡垃圾活动,这实现了两个主要目标。首先,它向参与者强调乱扔垃圾的后果,培养一种自豪感和主人翁意识,即通过保持社区清洁对社会产生积极影响。其次,在另一层面上,志愿者的存在有助于巩固一个积极的社会规范,即保持社区清洁是共同责任。

国家环境局的登革热预防战略也体现了利用当地社区团体建立社会规范的方法。当地社区团体根据登革热最新趋势的报告,在受影响的社区进行监测。社区的警惕性和强大的社区力量是持续预防蚊子滋生的关键(见方框故事9)。

方框故事8:水道观察协会

水道观察协会成立于 1998 年,是一个只有 30 多名成员的志愿组织,旨在提高人们对恢复和保护新加坡水道美观重要性的认识。他们也是清洁绿色新加坡运动、国际海岸清洁和世界水日的长期合作伙伴之一。

他们与学校、公共机构和企业合作,利用周末时间,驾驶船只和自行车沿新加坡河和加冷盆地开展大量宣传活动。他们还定期向主管部门提供有关乱扔垃圾趋势的反馈信息,以帮助从源头上遏制污染。

国家环境局于 2013 年启动社区志愿者计划以遏制乱扔垃圾行为时,他们派出骨干成员参加社区志愿者培训。截至 2014 年 9 月,已有 51 名水道观察协会志愿者完成培训,他们现可依法要求国家环境局提供乱扔垃圾者的详细信息,以便相关部门采取执法行动。

多年来,水道观察协会已发展到约有 350 名成员,提升了其为社区实施更多项目的能力。这促使他们于 2014 年 3 月在 My Waterway@Punggol(榜鹅)设立第一个分支机构。榜鹅分部的工作重点是向周边更多居民传播保持水道清洁的理念,并在水道沿线进行巡逻。

过去 10 年,水道观察协会的环保项目得到国家环境局、公用事业局和国家公园局的支持,并荣获总统环境奖(2006 年)和公用事业局水印荣誉奖(2007 年)。

除推动本地化参与外,政府还着力改变个人行为。这一点在新加坡推动每个家庭节能实践以减少碳足迹的活动中体现得尤为明显。

人们的消费行为主要受理性决策过程的影响,购买决策基于对个人福利的潜在提升。如果每个人在某个时间点都必须选购家用电子产品以满足自己的需求,那么发展节能产品市场将有助于引导消费者做出明智选择,实现负责任消费。

方框故事 9:开展灭蚊运动

多年来,全国登革热防控运动有效提高了公众预防登革热的意识。然而,如何将这种意识转化为行动,使他们的住所保持无蚊,仍然是一项挑战。为了实现这一目标,国家环境局制定并实施了"开展灭蚊运动",宣传防止蚊子滋生的步骤。宣传中还强调感染登革病毒的威胁和危害,通过激发保护家人的意识,作为推动公众采取预防措施的主要动力。

保持公众意识

全面利用当地媒体有助于保持公众对登革热危害的认识。公共汽车候车亭和地铁站张贴的海报、在报纸上刊登的广告以及在广播电视播放的登革热宣传片,都被广泛用于提升公众对登革热的认识和保持社区警惕性。

专门的网络媒体和移动平台,如国家环境局登革热脸书页面、官方网站和myENV 应用程序,作为传统媒体的补充,可及时提醒公众采取登革热预防措施并了解登革热疫情动态。

针对特定目标和本地化的推广计划

仅靠宣传难以敦促社区采取防蚊行动。因此,国家环境局与各利益相关方建立合作伙伴关系,动员整个社区共同防治和抗击登革热。

国家环境局采用目标群体定向策略,邀请零售店、商业协会和其他公共机构合作,向社区居民和外籍劳工宣传登革热预防知识。为此还制作了多语种登革热预防宣传材料。

此外,国家环境局还与基层组织密切合作,通过登革热预防志愿者(DPV)项目培训志愿者。这些志愿者掌握必要知识和技能后,可向居民普及登革热预防知识,并检查居民居住地是否有潜在的蚊子滋生地。他们帮助国家环境局和基层组织开展家访、社区防登革热预防活动和地面监测,消除潜在的蚊子滋生地。

与基层组织在登革热志愿者培训方面密切合作的一个例子是人民协会(PA)社区应急反应小组(CERT)的合作。它采用邻里互助的方式,因邻里间熟悉度高,这种方法被证明最为有效。在人民协会的帮助下,国家环境局为新一批基层领导人和社区成员开设培训课程。截至2014年9月,已经培训3200多名登革热预防志愿者。

环境和水资源部关于新加坡人对能源效率态度和行为的研究表明,每4个消费者中就有3个在购买电器时会关注强制性能源标签计划(MELS)的标签,因为能源成本上涨是影响其购买决策的主要因素。这意味着强制性能源标签计划已经实现其预期目标,即通过提供节能信息引导消费者行为。

行为学研究强调:尽管个人福利是重要考虑因素,但消费者的选择可通过理性劝说加以影响。事实上,理性劝说在社区参与中具有重要作用,可以有效影响受教育程度日益提高的公民行为。

通过社交媒体增强政民互动

过去几年,社交媒体的使用量呈指数级增长,使参与范围突破传统沟通渠道。虽然传统媒体仍然具有影响力(因为它们有助于在不同的人群中快速传播信息),但在媒体信息过载的新加坡,关键信息可能被其他争夺公众注意力的沟通平台所挤占。

前所未有的交互性提高了互联网的连接和通信水平。目前,超过70%的新加坡人经常访问社交网站(Infographics. sg,2013)。如果公众成为网络互动的主要推动力量,并且要求更快、更个性化的沟通,公共机构就应加强网络存在,为公众提供表达意见的替代渠道。

与许多公共机构一样,国家环境局顺应社交媒体趋势,在脸书、推特和移动应用程序等平台建立官方账号。这些平台有多种用途——就新政策提案征询建议、分享信息或提供服务质量反馈渠道。

2013 年至 2014 年登革热疫情暴发期间，国家环境局在脸书的登革热专页发布最新疫区信息，及时提醒所有用户保持警惕或参与防疫志愿者活动。这类平台受到普遍欢迎，因为其有助于减少沟通障碍，改变政府与民众的互动方式。

与公民社会和社区共创解决方案

在新加坡的社会领域，公民社会的呼声与影响力日益凸显。通过与公民社会和各种利益团体合作（见方框故事 10），我们能够整合多方资源，创造新价值并共同开发解决方案。

这一过程将激发更大规模的社会创新，为应对环境挑战制定新的解决方案。此外，通过这样的合作参与，公众也能更好地了解社区参与过程的复杂性。不同利益相关者的意见分歧、利益竞争和多元期待都是实际问题，同时还需确保少数群体的权益不受损害。

虽然合作与协商的方法可能需要一段较长的时间才能见效——这与新加坡强调效率、一致性和成果的理念背道而驰，但有助于增进政策理解和共识。积极参与这一进程的公民也能增强归属感，从而提高达成共识和取得积极成果的可能性。

新加坡环境理事会在 2014 年开展的"环境展望"活动即是典型案例。在三个月时间里，该理事会组织了 19 场对话会，共有 440 人参与，实地收集关于新加坡环境未来的反馈意见。这一过程展示了新加坡公民积极参与，以平衡客观的声音表达了他们对新加坡环境发展的愿望。新加坡企业社会责任契约与各企业利益相关者和国家环境局合作开发的在线资源门户网站，帮助从业人员制定企业社会责任方案，实现负责任运营。另一案例是国家环境局主办的"清洁与绿色黑客马拉松"（见方框故事 11），目的是让有兴趣者通过应用程序来解决环境问题，并就新的合作方案开展工作。此类活动也有助于国家环境局与其他公共机构合作，并与信息通信技术行业建立联系，寻求更多创新解决方案。

方框故事 10：创意征集基金

国家环境局于 2012 年 11 月启动"创意征集基金"，该基金以成果为导向，旨在鼓励社区开展创新项目以应对环境挑战。设立该基金旨在支持向更积极、更开放的社区参与模式转型，并鼓励与社区共同开发解决方案。获得共同资助的项目需达成以下目标：加强社区环境自主权或提高国家环境局业务服务水平的目标。下面是基金资助的部分项目案例。

"拯救那支笔"项目

该项目由新加坡国立大学学生群体发起，通过收集捐赠的笔和笔芯，重新分发给本地区贫困学生。项目团队在各个高等教育机构和全国职工总会中心放置收集箱，目前已回收超过 32 000 支笔，其中 4 000 支笔已分发给有需要的学生。

项目创始人已将该项目推广到多所学校，让更多有需要的学生受益，同时节约资源。

项目联合主任许嘉洁（Kah Jie Hui）女士表示："创意征集基金是一个很好的平台，帮助像'拯救那支笔'这样的兴趣团队实现我们的想法，并为所信仰的事业作出贡献。我们非常感谢这次机会，期待更多青少年环保项目。"

松下电子垃圾回收项目

"心连心（Heartland）"电子垃圾回收计划由松下亚太区有限公司发起，旨在提高人们对回收电子垃圾的认识。作为对收集到的可回收物品的回报，松下公司向有需要的家庭捐赠节能灯泡，促进能源高效利用。

项目通过与公共废物收集公司 Cimelia 和 SembWaste 合作，在学校以及蒙巴顿、马林百列选区额外增设 10 个回收点，以方便居民回收电子垃圾。市议会还帮助收集和储存大型电子垃圾，再由专业公司统一处理。

项目实施的 6 个月内，共回收 10 204 公斤电子垃圾，向东南区贫困家庭捐赠 2 719 个节能灯泡。

方框故事 11: 清洁与绿色黑客马拉松

　　"清洁与绿色黑客马拉松"是国家环境局组织的首个由公共机构主导的黑客马拉松活动。它为三方(公共、私营、民间部门)提供了一个平台，共同创造环境解决方案。通过这一举措，国家环境局有效整合三方优势资源。

　　社区和民间组织贡献创意与参与力量；政府发挥促进构思过程，提供相关信息和必要的数据集；企业部门提供技术和专业知识。社会各阶层积极参与提出解决方案，有助于确保政府提供的市政服务符合社会需求和期望。进而能够增进公民与政府之间的相互理解。

　　"清洁绿色黑客马拉松"除了让社区与不同的利益相关群体合作、共同制定解决环境问题的方案外，还成为社区向政府传达想法和建议的渠道。通过社区积极参与共同创造解决方案的过程，人们能够更好地相互理解，将公民与政府之间的互动提升到更深层次。

　　"清洁与绿色黑客马拉松"也受到参与者的热烈欢迎。正如第二届"清洁与绿色黑客马拉松"参赛者谭尼克(Niko Tan)先生在接受《挑战》杂志(2014 年 5 月/6 月)采访时所总结的："政府不再像以往那样遥不可及。黑客马拉松结束之后，我们成功联系到许多政府官员，并进一步表明我们的想法。如今我更倾向于认为，政府是一个合作伙伴，它通过黑客马拉松为公民提供了改变现状和为社区创造价值的机会。"

结　论

　　环境问题本质上具有多学科属性，政府并不是唯一确保所有人享有良好生活环境的利益相关者。在这一问题上，所有新加坡人都必须尽自己的力量。即使时代在不断变化，鼓励社区培养个人对环境的关注，这一主要目标始终坚定不移。但随着社会发展，有必要重新调整社区参与的实施方法，充分利用现有资源，确定与活跃的社区团体和公民社会合作的方式。

社区参与不仅限于被动教育或搭建鼓励公众更多参与的平台,它还关系到与民众建立信任关系。这个过程可能充满挑战,有时可能会持续很长时间,但公共机构必须坚持不懈,并通过有意识的措施培育包容性文化,促进社区和政府之实现更深入的相互理解。

在这方面,国家环境局将继续借助本地社区和利益团体的知识,共同制定解决方案,同时支持倡导者和志愿者,激励新加坡人为守护清洁绿色的环境贡献力量。我们所秉持的价值观将始终指导我们做正确的事。归根结底,这关乎我们为自身和子孙后代设定的愿景。

致　谢

谨此感谢国家环境局以下官员的贡献:副首席执行官邱绍宝(Khoo Seow Poh)先生、部门主任(3P 网络部)陈伟福(Tan Wee Hock)先生、副主任(3P 网络部)宝拉·凯萨文(Paula Kesavan)女士、助理主任(3P 网络部)黄志勇(Ng Chee Yong)先生和高级执行官(3P 网络部)陈雅明(Jasmine Chen)女士。

参考文献

Building and Construction Authority (BCA). (2014, September 1), New BCA Incentive to Drive Green Building Retrofits and Practices under 3rd Green Building Masterplan. Retrieved 10 February 2015 from http://www.bca.gov.sg/Newsroom/pr01092014_3GBM.html.

Building and Construction Authority, Singapore (BCA). (2010). *BCA Green Mark: Certification Standard for New Buildings*, GM Version 3.0. Retrieved 10 February 2015 from http://bca.gov.sg/EnvSusLegislation/others/GM_Certification_Std.pdf.

Department of Statistics, Singapore (2014a), Singapore: Population trends. Retrieved 17 February 2015 from http://www.singstat.gov.sg/docs/default-source/default-document-library /publications /publications_and_papers /reference /sif2014. pdf.

Department of Statistics, Singapore (2014b), Time Series on Per Capita GDP at Current Market Prices. Retrieved 17 February 2015 from http://www. singstat. gov. sg /statistics / browse-by-theme /national-accounts.

Goh, C. T. (1990). *Speech by Mr Goh Chok Tong. First Deputy Prime, Minister And Minister For Defence, at the City East District Awards Presentation Ceremony, At NTUC Pasir Ris Resort, 1 Pasir Ris, Monday, 7 May 1990 At 7: 30 pm: Participatory Democracy*. Available from the National Archives of Singapore. Retrieved 17 February 2015 from http://www. nas. gov. sg /archivesonline /data /pdfdoc /gct19900507. pdf.

Infographics. sg. (2013, June 7). Social Media Usage Statistics in Singapore, Digital Static Infographic. Retrieved 9 February 2014 from http://infographics. sg /? portfolio = social-media-usage-statistics-for-singapore-static-infographic.

Ministry of the Environment, Singapore. (1974). *The Ministry of the Environment Annual Report 1973*. Singapore: Author.

Ministry of the Environment and Water Resources, Singapore (MEWR). (2006), *The Singapore Green Plan 2012:2006 Edition*. Singapore: Author. Retrieved 9 February 2015 from https://www. cbd. int /doc /world /sg /sg-nbsap-v2-en. pdf.

National Research Foundation, Singapore (NRF). (2015), Environmental and Water Technologies: Call for Proposals. Retrieved 10 February 2015 from https://rita. nrf. gov. sg / ewi /default. aspx.

Singapore Environment Institute (SEI), National Environment Agency. (n. d.), Complete List of All SEI Professional Programmes. Retrieved 10 February 2015 from http://sei. nea. gov. sg /Courses_all. html.

Tay, E. (2012). 2012 Guide to Singapore Government Funding and Incentives for the Environment, Green Future Solutions. Retrieved 10 February 2015 from http://www. greenfuture. sg /2012 /05 /30 /2012-guide-to-singapore-government-funding-and-incentives-for-the-environment.

第十章
世界之岛：新加坡的环境和国际维度

谢文泰，张宝筠

新加坡国际事务研究所主席和助理主任

导言：世界之岛

从多方面来看，新加坡都保持着良好的环境纪录。从建国之初，新加坡就将建设"清洁绿色"城市为目标，政府非常重视环境保护。早在 1972 年，新加坡就设立了第一个直接向总理府报告的污染控制部门——环境部，当时世界上很少有政府认为这个问题值得设立专门部门。即使在经济和城市蓬勃发展的过程中，新加坡对城市环境和污染控制的管理仍然值得信赖。我们有理由期待，在未来的 50 年里，新加坡能够延续甚至超越这一成就。

然而对新加坡来说，一个关键领域是外部环境。区域和全球范围内发生的事件对新加坡至关重要，但这个岛国对结果的影响程度却非常有限。无论是经济、政治还是社会事务，都是如此。过去几十年里，随着全球化进程加速，资金、人员和思想的跨境流动更加频繁且规模更大，环境问题也是如此。

新加坡是世界上一个小岛国，但并非与全球事件隔绝。新加坡人虽生活在岛上，但不能也不应该成为与世隔绝的孤岛居民。

本章将探讨与新加坡环境区域和国际层面有关的三个议题:①印度尼西亚大火造成的区域性雾霾;②全球气候变化;③人们在消费、贸易和金融活动中的全球生态足迹。这三个议题各自独立,但也相互关联。本章将从积极和消极两方面探讨其内在联系。

受篇幅限制,在讨论上述议题时将只描述当前状况,但会试图分析新兴趋势,以及新加坡在中长期可能采取的应对措施。最后,我们将就新加坡国内和国际社会在环境与可持续发展领域的作用提出一些见解和建议。

综上所述,本章主要观点如下:

1. **跨境雾霾**

这不仅是新加坡面临的一个重大问题,也是区域乃至全世界面临的一个关键问题。1997—1998 年间新加坡经历了最严重的一次雾霾事件,截至 2015 年已过去了近 20 年,但有毒烟雾仍在继续扩散——主要来自印度尼西亚苏门答腊和加里曼丹。尽管各方已经做出努力,并取得明显进展。最近,解决有毒烟雾问题的可能性有所增加。这在很大程度上是因为邻国政府和社会从最初的相互指责转向积极参与合作的政策(Tay,2008)。为取得进一步进展,新加坡不仅需要与佐科·维多多总统领导的印度尼西亚新政府合作,还需要深化与私营部门和非政府组织的协作,应该坚定地朝这个方向采取行动。

2. **气候变化**

虽然新加坡最初对参与气候变化这一全球性问题持谨慎态度,但如今已逐渐认识到不作为的严重性,甚至可能付出惨重的代价。因此,新加坡不仅在 2015 年《巴黎协定》的国际谈判中发挥了更积极的作用,而且在准备和动员经济和社会各部门应对气候变化方面加大了力度。鉴于这一挑战具有全球性和相互依存性,在世界主要国家达成协议之前,必须采取更加雄心勃勃的措施。新加坡已经承诺,到 2030 年将温室气体排放强度(每一美元国内生产总值排放的温室气体量)在 2005 年的基础上降低 36%,还计划在 2030 年前后实现温室气体排放量的稳定(NCCS,2015)。

3. **生态足迹与绿色全球城市**

尽管新加坡在绿化和推动经济增长方面取得了成功,但人们对新加坡生态足迹的批评也不绝于耳(WWF, 2014)。鉴于新加坡的高国内生产总值和其他因素，这与其他国家，尤其是城市的工业发展、城市化和消费增长模式是一致的。然而，通过贸易和金融，新加坡也可以对区域和全球的生产和消费模式与体系产生积极的影响。通过这种方式，再加上更好地管理自身消费，新加坡就能提高可持续发展水平。这与新加坡在区域和全球范围内的另一个机遇密切相关。随着亚洲城市化进程的加快，许多亚洲国家都将新加坡视为在经济、基础设施、住房和其他方面管理良好的绿色发展城市的典范。

总之，我们所描述的可以看作是新加坡在处理区域和国际环境问题方面新出现的方法。在独立后的最初几十年里，新加坡专注于改善国内环境。进入 21 世纪后，这个城市岛国越来越清楚地意识到，它与本地区乃至全世界在经济、环境和道德层面都是相互依存的。

认识到这种相互依存关系后，新加坡的做法发生了巨大变化，从相对以自我为中心转变为更加开放。新加坡在环境问题上更积极地与其他国家接触，但这种接触必须超越外交政策和外交手段。私营部门在贸易、投资和金融等经济活动中也有参与的空间和必要，让公民和非政府环境组织分别参与消费习惯和倡导工作相关活动。

新兴政策环境将更加复杂。它需要主权国家之间开展更多的合作。新加坡政府还必须与非国家行为者进行更深入的合作。但这些都是应对当前和新兴全球及地区环境挑战所需的方法，我们相信这种跨部门、跨政府的参与会为新加坡带来好的迹象。

雾霾：从指责到参与再到合作

雾霾是一场反复发生的环境和公共卫生灾难，不仅对火灾频发的印度尼西亚如此，对新加坡、马来西亚、文莱等东南亚其他邻国也是如此。其影响超越了我们所在的地区：大量导致气候变暖的温室气体释放以及森林、泥炭地和生物多样性的丧失,使其成为一个真正的全球关注问题(Wibowo,2013)。

这个问题在 1997—1998 年的火灾中首次引起国际关注,当时联合国环境规划署宣布这是一场"全球灾难"(Choong and Kwok,1998)。当时,厄尔尼诺现象在苏门答腊岛和加里曼丹岛造成严重的破坏,延长了大火的持续时间,相关地区被雾霾笼罩了半年之久。当时人们很愤怒,每当雾霾再次出现时,人们便怨声载道。新加坡可能对此的表达最为强烈,马来西亚和文莱等国家多年来一直不得不面对雾霾,也有同样的感受。

雾霾的近因显而易见:雾霾源于大公司和小农户用火力清理刀耕火种的方法开垦种植园,这一现象主要集中在印度尼西亚的廖内省、占碑省和西加里曼丹省。现代卫星技术帮助放大了烟雾的来源(Sizer,2013)。

尽管已经做出了或计划做出大量努力,但雾霾问题仍是一个复杂的问题,其解决方案难以捉摸。在印度尼西亚,能力差距问题显而易见:发放数量太多的许可证,覆盖的土地面积太大,以至于当地消防和执法能力几乎跟不上。此外,许多种植园也设法避开了监管。以廖内省为例,据估计,该省 400 万公顷油棕种植园中有一半是在没有获得官方许可证的情况下经营的(Anggoro,2014)。

此外,还存在产权模糊的问题。在现有特许地或传统森林的边界内发放森林转换许可证的情况并不少见(Gill and Tan,2013),这导致同一块土地拥有多个所有者,当他们的特许地发生火灾时,他们就有可能推卸责任。最重要的是,执法不严、被定罪(者)数量罕见且量刑较轻,使种植园所有者更加肆无忌惮。尽管自2013 年严重的雾霾天气以来,被捕人数有所增加,但截至 2015 年,仅有一名种植园经理入狱(Widhiarto,2014)。

鉴于印度尼西亚各省一直是火灾和雾霾的主要发生地,国家和地方的行动至关重要。如果不采取行动,人们会对印度尼西亚大加指责,不仅指责其政策和能力不足,还指责其腐败和共谋问题。

可以理解的是,印度尼西亚政界精英中的一些人却持相反观点:他们主张国家有权开发其自然资源。也有人将矛头指向马来西亚和新加坡的公司和投资者,反复指责他们是火灾的同谋。一位印度尼西亚政府发言人甚至表示,新加坡和该地区不应为"一周的烟雾"而"大吵大闹"，而是应该感谢印度尼西亚森林提供的氧气（Au Yong, 2010）。[1]

十多年来，东盟一直采取循序渐进的方式，促进受雾霾影响最严重的国家参与其中。从《区域雾霾行动计划》到东盟十国环境部长的定期会议，再到更加频繁举行的五国集团会议，其中包括受雾霾影响最严重的国家——印度尼西亚、文莱、马来西亚、新加坡和泰国[2]。更多的双边努力和实地努力也取得了成果。马来西亚帮助印度尼西亚廖内省开展空气质量监测和泥炭地恢复工作（ASEAN Secretariat, 2014），而新加坡则帮助廖内省实施了一项范围广泛的防火计划，包括引入养鱼业作为当地农民的替代生计形式（Gill and Tan, 2013）。所有这些活动都是在雅加达中央政府的批准下开展的。

这些努力引人注目，因为它们所表现出的规律性和坦诚超出大多数东盟外交实践，无论是在环境问题上还是其他问题上。官员之间的定期会议和谈判产生了《东盟跨境雾霾污染协议》，这是一项正式且具有法律约束力的条约(以下简称"《雾霾协议》")。此类条约在东盟很少见，因为(就像邻国之间经常发生的那样)非正式的宣言和行动计划是东盟的常态。

但参与也有其局限性。即使在 2002 年签署《雾霾协议》之后，印度尼西亚遵守条约并加大力度阻止雾霾的意愿和意图也再次受到了质疑。这是因为印度尼西亚直到 2014 年才批准该条约，接受条约所包含的法律义务。印度尼西亚议会对此表示反对，因为部分议员认为《雾霾协议》给印度尼西亚带来了相当大的义务来解决雾霾问题，但没有对印度尼西亚自身的跨境环境问题给予相应的对等承认，例如非法伐木、捕鱼和潜在的危险材料运输(Loh, 2008)。

当时任印度尼西亚总统的苏西洛·班邦·尤多约诺有近 10 年的时间未能争取到议会支持，以应对对《雾霾协议》的反对。但他的政府确实采取了一些有助于

---

[1] 印度尼西亚副总统尤素夫·卡拉(Jusuf Kalla)也指责马来西亚对雾霾问题反应过度(Tay and Cheong, 2015)。

[2] 泰国南部偶尔会受到来自印度尼西亚的雾霾影响，泰国政府官员也出席了相关会议，不过其参与的持续性或深入程度不及其他国家。最近，泰国也报告了类似但成因不同的"北部"雾霾现象，这一现象源于本国境内以及印度支那邻国的火灾。

抗击雾霾的措施。这些措施包括:①暂停在原始森林和泥炭地批准新的种植园和伐木特许权;②继续帮助创建和参与和气候变化相关的减少毁林和森林退化所致排放制度(Bland,2013)。苏西洛·班邦·尤多约诺总统承诺即使无法完全阻止雾霾,也要减少雾霾,多年来(主要在 2009 年前),情况确实如此。

在此期间,影响新加坡的雾霾通常持续几天或一周,大多发生在干燥季节,在 9 月和 10 月达到顶峰。污染物的浓度相对较低。许多年来新加坡只经历过中等程度的雾霾。2006 年,污染物标准指数(PSI)曾多次突破不健康的 100 大关,但污染规模并没有达到 1997—1998 年的程度。

这种情况在 2013 年发生了变化,当时新加坡遭遇了最严重的雾霾天气:污染物标准指数突破危险值 300,并在 6 月 21 日达到 401("PSI hits new all-time high",2013)。除这次极端事件外,2013 年和 2014 年雾霾的总体持续时间和严重程度也远远超过前几年的水平。例如,2014 年,苏门答腊岛、婆罗洲和西马来西亚的热点数量甚至在通常不属于霾季的 1 月份也激增(Meteorological Service Singapore,2014)。2013 年,尤其是 2014 年,人们一致认为,如果没有潮湿的天气和降雨,新加坡的雾霾可能会更加严重。鉴于邻国之间多年的合作努力,这种情况令人遗憾。

这给我们敲响了警钟。2013—2014 年的雾霾事件改变了人们认为雾霾问题已得到控制且影响范围有限的固有思维。这起事件促使新加坡和周边地区对雾霾根本原因的认识:持续的刀耕火种做法、印度尼西亚土地政策缺陷、执法不力等。印度尼西亚和东马来西亚计划继续扩大其种植园和林业特许权,其中许多涉及易燃泥炭地的转换(Davidson,2014),未来几年跨境污染极有可能不会减轻,反而会加剧。

这段时间当然也出现了相互指责的言论,鉴于雾霾事件的严重性,这是意料之中的。但总体而言,在过去几十年合作基础上,我们已经向前迈进了一步。2013—2014 年的火灾对印度尼西亚各省造成了非常明显的影响,在雾霾最严重的时候,机场和学校都关闭了。当时的印度尼西亚总统苏西洛·班邦·尤多约诺宣布进入紧急状态(Hussain,2014)。军队受命协助灭火,虽然这些努力来得有点太晚了。

在印度尼西亚国内，人们越来越认识到，雾霾首先是一个对印度尼西亚人造成最严重影响的问题。由此，我们相信，各国应作出新的承诺，与其他国家共同努力，从"参与"中诞生一个新时代，让"合作"成为国家间的主要模式。

2014 年的几项发展也让我们有理由感到乐观。

第一个令人乐观的原因，新加坡通过了《跨境雾霾污染法》（以下简称"《雾霾法》"），旨在惩罚那些因实施或纵容刀耕火种而导致新加坡雾霾加剧的农业和林业从业者（AGC，2014）。根据新法律，即使违法行为发生在新加坡境外，违规者也将被送上新加坡法庭。鉴于新加坡长期以来的亲商环境和对东盟成员国之间互不干涉原则的根深蒂固的尊重，许多人称赞新加坡迈出了"大胆"的一步（Shen，2014）。

《雾霾法》自 2014 年 9 月 25 日生效以来，尚未经过检验。此后，曾发生过几次 3 小时污染物标准指数跌入不健康范围（101—200）的情况，但并未连续 24 小时或更长时间保持在 100 以上——这是适用《雾霾法》的门槛（NEA，n. d.）。这一标准，加上在国外收集证据和传唤证人的可预见挑战，引发人们对《雾霾法》可执行性的怀疑。

但《雾霾法》的威慑力显而易见。这与罚款金额关系不大，如果一个实体造成连续 20 天或更长时间的雾霾，罚款金额可达 200 万新加坡元（AGC，2014）。这一金额看似具有惩罚性，但实际上还不到 7 家主要农林企业 2013 年平均净利润的 1%（Chua and Cheong，2014）。然而，这些企业并没有轻视法律，因为任何针对它们的法律指控都可能对其声誉造成损害，并影响其股票价格和银行贷款。在新加坡国际事务研究所组织的多方利益相关者论坛"第二次新加坡可持续世界资源对话"上，环境与水资源部部长维维安·巴拉克里希南（Vivian Balakrishnan）博士呼吁对企业行为有重要影响的银行和投资者"进行卫生检查"，并在投资或贷款中"做到负责任和合乎道德"（MEWR，2015）。展望未来，我们可以期待更多金融机构更加谨慎地评估计划融资的企业对环境和社会的影响。他们不想冒出现负面新闻和引起公众强烈反对的风险（Chong and Chen，2014）。

第二个令人乐观的原因是印度尼西亚批准了《东盟跨境雾霾污染协议》。在该协议签署 12 年后，最后一批印度尼西亚议员在议会解散前的 9 月采取行动，批准了该协议(Siswo，2014)。紧随其后的是针对刀耕火种犯罪者采取了更严厉的打击。

批准该协议可能为未来几年东盟成员国之间更紧密的合作铺平道路。2007年新加坡与占碑的合作就是联合行动计划的一个例子。该计划可以在印度尼西亚受雾霾影响的地区进行监测和恢复。新加坡此前曾提出将这项耗资 100 万新加坡元的项目扩展至印度尼西亚更多的省份，但遭到拒绝(Au Yong，2010)。然而，有理由相信，在该协议批准后，印度尼西亚可能会更乐于接受此类合作伙伴关系。

这是我们乐观的第三个原因，也许是最令人放心的一点：印度尼西亚原总统佐科·维多多在此问题上表现出明确优先级和决心。

在其任期初期，佐科总统前往廖内省呼吁"尽快采取行动"，此前一名廖内省居民在网上发起了一项请愿，反对一位有争议的特许经营权持有人。[1] 在访问期间，佐科总统就几个令人担忧的问题明确地表明了立场，包括泥炭地和泥炭火灾的管理。泥炭地火灾是造成高达 90％ 的跨境雾霾的根源(Global Environment Center，2010)。他赞同泥炭地无论深度如何都应受到保护，因为它们构成了一个特殊的生态系统。总统还警告那些将泥炭地改造成单一种植园的公司，如果发现他们对生态系统造成破坏，其执照可能会被吊销。他还优先考虑将耕地分配给小规模农户，而不是大公司(Laia，2014)。

这些令人鼓舞的迹象表明，新总统愿意为了人民的福祉而优先考虑环境保护。他在就职后不久向新加坡媒体表示，追究违规方的责任是一个政治意愿问题(Ibrahim and Hussain，2014)，暗示他不会容忍执法不力的借口。此外，总统在这一领域的努力是出于他为本国人民谋福利的承诺。在佐科总统宣布在其任期内合并环境部和林业部后，使一些人感到焦虑(Murdiyarso，2014)。观察家们担心，由于环境团队的人数远远少于林业团队，环境保护将屈居于资源开发。但在他访问廖内省后，这些担忧应该得到很大程度的缓解。新任环境和林业部部长西蒂·努尔巴雅(Dr. Siti Nurbaya)博士也因经常与私营公司和民间社会进行频繁磋商而

---

1 "Blusukan"(突击访问)是佐科在担任雅加达省长期间和 2014 年总统竞选期间的标志性活动。"Asap"在印尼语中指雾霾或烟雾。参见 Laia(2014)。

赢得赞誉。她密切关注针对焚烧森林嫌疑人提起的诉讼，当法院驳回对廖内省默兰蒂群岛地区一家公司的指控时，她质疑该判决(Jong，2015)。

第四个让人相信雾霾问题有可能取得进展的原因是卫星技术的进步。现在，人们可以近乎实时地看到地面上正在发生的事情。总部设在美国的智库世界资源研究所(WRI)开发的全球森林火灾监测平台(WRI，2014b)等在线监测平台的可用性将使不可持续的土地清理行为更难被忽视和免于惩罚。这种方法已在其他地方取得成功，例如巴西。[1] 装有摄像头的无人机或无人驾驶飞行器也越来越多地被私营公司用于种植园测绘和森林监测。

在东盟，新加坡政府多年来一直使用类似的卫星技术来协助监测情况。自1998年以来，新加坡政府与印度尼西亚政府共享这项技术。然而，这些信息并未在各部委和官员之间广泛传播，更不用说向公众传播了。

自2013年雾霾暴发以来，新加坡政府以及地区和国际非政府组织不断地呼吁公布官方特许权地块地图，以显示哪些地块分配给了哪些公司。然而，印度尼西亚和马来西亚对此尚未达成一致。这也是东盟联合雾霾监测系统未能启动的原因之一，尽管东盟领导人在2013年底原则上已对其表示支持。

卫星数据和特许权地块地图，如果在数字平台上能够可靠地获得并准确叠加，可以帮助在企业层面上消除火灾隐患。因此，东盟应在政府和非政府层面共同开展此类工作。不过，我们应始终不遗余力地根据地面观察和目击者的描述核实信息。

现有火灾监测平台使用的数据并不完美。热点并不总是地面火灾的准确指标。另外，泥炭地火灾会导致许多雾霾事件，如果它们在地下闷烧，卫星可能根本无法探测到。印度尼西亚和马来西亚的官方特许权地块地图仍然无法获得，因为两国都提到主权和法律问题。即使是官方地图也可能引起争议，尤其是在印度尼西亚，众所周知，联邦、省和县级政府对特许权边界的解释各不相同。

---

1 巴西在过去十年中成功地将森林砍伐率降低了70%，这得益于DETER系统的引入。该系统是巴西航天局于2005年开发并推出的森林覆盖损失监测平台。通过获取非法砍伐活动发生地点的近实时数据，有关部门能够更好地执行森林保护法规。参见Butler(2014)。另见Busch and Ferretti-Gallon(2014)。

目前,世界资源研究所的全球森林监测火灾平台使用的特许权地块地图主要来自印度尼西亚林业部。在 2013 年严重雾霾天气之前,此类数据仍可公开下载。一些业内人士表示,这些 2010 年的地图已经过时。世界资源研究所还在审查提交给多利益相关方认证机构可持续棕榈油组织(RSPO)的一组新地图(WRI, 2014a)。可持续棕榈油组织已强制其种植者成员在 2014 年 9 月之前提交其种植园的特许权地块地图(Roundtable on Sustainable Palm Oil, 2014)。但这条规定不适用于非成员以及注册为加工商和贸易商的成员。因此,这套新地图在发布时可能仍远远不完整,但它们仍应在很大程度上使公司保持警惕。

这给我们带来了第五个乐观的理由:大型农业企业比以往任何时候都表现出更多的可持续发展承诺。在不到一年的时间里,丰益国际(Wilmar)、金光农业资源(Golden-Agri Resources)、嘉吉(Cargill)和邦吉(Bunge)等大型棕榈油生产商和贸易商已承诺放弃其种植园或供应商的不可持续做法(Chain Reaction Research, 2014)。越来越多的消费品公司也承诺从其供应链中移除不可持续采收的产品,这主要归功于非政府组织的运动和日益增长的公众压力(Aubrey, 2014)。

新加坡完全有能力乘势而上,借此推动更多企业采用更加环保的做法。新加坡拥有 700 多家金融机构(MAS, 2014)。新加坡占全球农业商品贸易份额的20%,是全球最大的橡胶贸易中心(IE Singapore, 2014a)。该地区的大部分棕榈油、纸浆和纸张供应通过新加坡进行交易。一些大型资源公司总部设在新加坡,并在新加坡交易所上市。这些公司经常利用新加坡银行提供的金融服务和贷款。其中一些公司还通过在新加坡市场发行债券来筹集资金。因此,即使火灾发生在其他地方,新加坡也可以做很多事情阻止雾霾。为此,新加坡必须稳步、坚定地将环境问题纳入贸易、投资和金融政策及法规中。

前文提到的《跨境雾霾污染法》是关键的一步。该法不仅对直接参与砍伐、焚烧与刀耕火种的人进行制裁,而且对"纵容"此类行为的实体给予法律制裁。虽然该法没有精确定义"纵容"一词,但可以将其解释为与造成雾霾的实体进行交易、投资或贷款的实体。因此,这将迫使银行、贸易商和买家采取措施,确保他们的交易对象遵守防火和防雾霾政策。此外,政府还可以考虑提高"全球贸易商计划"新申请者的门槛，该计划是新加坡国际企业发展局的一项举措，旨在通过税收优惠吸引全球贸易公司来此投资，将"绿色条件"和可持续发展成果纳入考察范围。

因此，上述 5 个充分的理由，让我们乐观地展望未来。经过十多年的指责和接触，我们将有可能促进更深层次的合作，最终结束雾霾。

然而，尽管我们有理由对前景持乐观态度，但也有相反的证据。以国际林业研究中心（CIFOR）最近的一项研究为例。该非营利研究组织预测，由于持续的森林砍伐和大面积为农业而排干泥炭地，本地区将更加频繁地遭遇严重的雾霾（Neo，2014）。以廖内省为例，2013 年的雾霾大多是短暂的。但在短短一周时间内，其产生的温室气体相当于 5 000 万辆汽车一年的排放量。这不成比例的异常巨大的温室气体排放量主要来自新近砍伐的泥炭地引发的火灾。

马来西亚沙捞越州有可能成为另一个泥炭火灾的温床。该州政府正在实施一项雄心勃勃的蓝图，将该州的大部分泥炭地变成商业种植园，作为其消除贫困计划和创收模式的一部分。沙捞越州已在 2005 年至 2010 年间清理了三分之一的泥炭地（Chain Reaction Research，2014），并计划到 2020 年将油棕榈种植园面积扩大一倍，达到 200 万公顷（Teoh，2011）。虽然该州政府同时还在运行一个热带泥炭地研究实验室，以寻找改善泥炭地管理的方法，但该领域的一些学者和活动家仍对其环保承诺表示怀疑。

需要注意的是，泥炭地难以管理，泥炭火灾难以扑灭和控制。泥炭地被排干后，干燥而富含碳的土壤极易发生火灾。在没有雨水的情况下，蔓延到泥炭地的火灾会在地下长时间闷烧，由于燃烧不充分而释放出大量刺鼻的烟雾。即使没有燃烧，东南亚大片排干和废弃的泥炭地也已成为碳排放的重要来源。泥炭地上层水分的流失将导致氧化，从而导致二氧化碳排放量增加，加剧气候变化的威胁（Lo and Parish，2013）。

这种认识非常重要，因为它为我们提供了一个机会，使我们能够在地区性的防治雾霾工作与全球减缓气候变化的努力之间找到协同效应。一旦森林泥炭地被砍伐开垦，其水文状况发生改变，释放的二氧化碳就会超过吸收的二氧化碳，如果发生火灾导致浓烟，情况将更加严重。尽量保持自然生态系统的完整是保护该地区居民免受跨境雾霾和其他潜在气候变化影响的最有效方式。

　　联合国内部的气候变化谈判制定了一项名为"减少毁林和森林退化的排放"计划，该计划或许可以解决这一问题。根据该计划，发达国家可以向发展中国家支付保护其林地的费用，以保护其森林土地及其碳储量（UN-REDD Programme, 2009）。这将有望帮助减少整体碳排放，减缓气候变化的速度。

　　印度尼西亚是该计划的早期倡导者，并原则上获得挪威高达10亿美元的资金支持。虽然减少毁林和森林退化的（二氧化碳）排放计划仍有待发展，印度尼西亚也尚未达到有效实施和核查的标准，但这一方法为未来的合作带来了希望。它还有助于推动对印度尼西亚土地和森林政策的审查，并鼓励其朝着增加保护和改善管理的方向迈进。

　　因此，将雾霾与气候变化联系起来，既有助于消除雾霾，也有助于遏制温室气候变化的排放。新加坡应该鼓励和支持这种做法。

气候变化：从谨慎到日益坚定的承诺

　　近几年来，国际共识在全球社会中获得相当大的发展势头。尽管反对者依然存在，但政府间气候变化专门委员会已帮助世界各国政府和更多公民认识到，人类活动正在导致全球气候变化，特别是温室气体排放的增加。根据政府间气候变化专门委员会在其2014年综合报告（IPCC Secretariat, 2014）中的数据，二氧化碳、甲烷和一氧化二氮的浓度目前至少达到过去80万年来的最高水平。

　　世界气象组织的最新数据显示，自21世纪以来，我们已经见证有记录以来15个最热年份中的14个（Shukman, 214）。地球的持续变暖可能导致极端干旱、严重洪水、水资源紧张、粮食短缺等灾难性事件。气候变化带来的这些影响及其他后果将是全球性的，新加坡也无法幸免。

　　已有证据表明，新加坡正在受到气候变化的影响。根据新加坡国家气候变化秘书处的数据，自1948年以来，新加坡的年平均地表温度上升了约0.8℃。在过去的 15 年里,新加坡海峡的平均海平面每年上升约 3 毫米(NCCS, 2014)。鉴于新加坡有三分之一的面积平均高出海平面不足 5 米,新加坡对此极为关注。

邻近马来西亚的一些州因干旱天气宣布进入紧急状态,水资源和粮食安全受到的影响显而易见。[1] 由于新加坡 90％以上的粮食依靠进口,因此特别容易受到全球粮食供应波动的影响,进而影响粮食价格。此外,新加坡气温升高还可能导致登革热等媒介传播疾病的快速传播。(NCCS, 2014)。

然而,随着人们对气候变化影响的认识和担忧日益加深,新加坡面临的问题始终是"我们能做些什么"。新加坡的温室气体排放量不到全球排放量的 0.2％(NCCS, 2013)。因此,即使新加坡采取最有力的减排措施,对全球也不会产生显著影响。只有与国际社会其他成员共同采取行动,才能产生足够的效果。然而,美国等世界最大经济体和排放国长期以来在这一问题上未采取行动。事实上,美国前布什政府是著名的气候怀疑论者代表。

鉴于国际社会对气候变化的态度不一,新加坡最初对气候变化持谨慎态度,而不是积极倡导减少碳排放(Hamilton-Hart, 2006)。新加坡政府于 1992 年签署了《联合国气候变化框架公约》,并于 1997 年批准该公约,以支持稳定大气温室气体浓度的总体目标。随着《京都议定书》的制定,新加坡对承诺减少碳排放的谨慎态度持续存在。

这的确有其合理性。根据《联合国气候变化框架公约》,国际社会承认"共同但有区别的责任"原则,即发达国家应通过承诺限制排放带头应对气候变化,而发展中国家则没有义务履行排放目标。这一原则在 1997 年《京都议定书》中得到延续和巩固,成为其中的一个基本要素,只有附件 1 中列出的 37 个发达国家必须削减其排放量。

由于新加坡未被归类为发达国家,因此不承担设定排放目标的义务。新加坡的谨慎还体现在,该国直到 2006 年才加入《联合国气候变化框架公约》的《京都议定书》。这招致一些批评。但新加坡并不是唯一一个未加入《京都议定书》的高收

1　马来西亚森美兰州宣布进入紧急状态,而雪兰莪州开始实施供水配给。由于水库水位骤降,新加坡公用事业局不得不增加再生水和淡化水的供应量。参见 Reuters(2014)。

入国家。前总统乔治·W. 布什领导下的美国拒绝批准《京都议定书》(Sanger, 2001)。韩国作为 20 国集团和经合组织成员国,也没有被列入附件 1。

有些政府(如布什总统领导下的美国)对气候变化表示怀疑,否认越来越多的科学证据。但这不是新加坡的立场。相反,新加坡的谨慎在于衡量其在继续生产足够能源和保持出口导向型经济增长的同时,能够减少排放的程度。

在 2009 年第 15 届联合国气候变化大会召开之前,时任政府高级部长的谢亚姆(S. Jayakumar)教授解释了新加坡的立场和面临的制约因素。他将新加坡描述为"替代能源劣势国家"(NCCS, 2009),指出新加坡风力资源不足,可利用的水力、潮汐能和地热能源很少,核能仍是一项风险较高的尝试。因此,新加坡仍需依靠石油和天然气满足大部分能源需求,这使得减排目标难以实现。

即便如此,新加坡政府仍认为太阳能是最可行的选择,并承诺在该领域建立一系列研究设施。此外,新加坡还承诺,如果第十五次缔约方大会达成对所有国家具有法律约束力的协议,到 2020 年,新加坡的排放量将比照常情况下的排放量减少 16%。该协议最终未能达成,但新加坡的承诺依然有效:只要这是全球承诺的一部分,新加坡就会采取行动。

有鉴于此,新加坡从最初对气候变化问题的谨慎态度,已转变为齐心协力研究并准备在 2015 年达成全球协议后采取必要措施。亚洲其他国家也采取了类似行动。

韩国作为《联合国气候变化框架公约》下另一个高度城市化和工业化的"发展中国家",也是《京都议定书》非附件 1 国家,自愿设定了 2020 年的减排目标,以帮助减缓气候变化(Meeyoung, 2009)。中国自 2006 年以来一直是世界上最大的碳排放国,2014 年底,中国宣布与美国共同承诺减少排放。根据协议,中国将在 2030 年前限制其碳排放,并将非化石燃料在其能源结构中的占比提高到 20%。到 2025 年,美国也将其排放量与 2005 年的水平相比减少 26%—28%(Nakamura and Mufson, 2014)。随着越来越多的国家(包括发展中国家和发达国家)认识到绝对削减排放量的必要性,新加坡应该且将会与全球标准保持一致。

尽管在联合国主持下,各方一直在努力谈判以达成一项新的气候变化协议,但由于缺乏大国领导，国际行动曾一度难以推进。但随着中美之间达成新的双边谅解，以及 2015 年达成协议的最后期限临近，气候变化谈判正进入一个紧迫的新阶段。

新加坡政府一直在应对这些挑战。在 2014 年 12 月于秘鲁利马举行的缔约方大会上，环境与水资源部部长维维安·巴拉克里希南(Vivian Balakrishnan)概述了一种能够平衡国际框架原则和采纳国家自主贡献(INDC)新倡议的方法。他呼吁各国承认各自独特的国情，前提是"我们都将本着诚意，尽最大努力"。他进一步强调，"我们都在一起参与其中，在巴黎不会有任何搭便车的人"(MEWR，2014)——巴黎于 2015 年主办了旨在缔结一项国际协定的会议。

从这个意义上，新加坡已经从谨慎转向有条件参与，并积极推动就该问题达成共识并取得进展。新加坡批准了《京都议定书》的《多哈修正案》，并于 2015 年 7 月向《联合国气候变化框架公约》提交了其国家自主贡献预案——比第 21 届缔约方会议提前了 5 个月。新加坡承诺到 2030 年将其排放强度(每美元 GDP 排放的温室气体量)较 2005 年的水平降低 36%，还计划在 2030 年前后稳定其温室气体排放量，即使经济在那一年之后继续增长(NCCS，2015)。

在国内，新加坡还推出了《新加坡可持续发展蓝图》，该蓝图以早期减少该国碳足迹的重要措施为基础，其中一些措施早在气候变化成为全球热点问题之前就已采取。例如，新加坡最初将汽车保有量的增长上限设定为 3%，自 2009 年以来降至 1.5%；电子设备、IT 设备和建筑物都引入了能源效率标签。自 2001 年以来，新加坡还改用最清洁的化石燃料——天然气，目前天然气燃油发电量占总发电量的 90% 以上。这帮助电力部门减少了 25% 的排放量(MEWR，2012)。

政府在 2010 年采取的另一项重大举措是成立了直接隶属于总理办公室的国家气候变化秘书处。这个新机构由一名常任秘书领导，直接向副总理汇报工作，其任务是协调各部委之间的气候政策，这一点至关重要，因为气候变化不仅关系到环境政策，还关系到一个国家的投资、基础设施和工业发展等方面的行动。

此外，新加坡还开展了更多协同工作，研究气候变化对新加坡的影响以及可能的缓解计划。国家环境局于 2007 年启动了首个国家气候变化研究。2014 年，启动了一项关于气候变化对新加坡道路、排水系统和其他基础设施影响的新国家研究。该研究涉及所有部委和法定委员会的参与,其研究结果将纳入新加坡的"复原力框架",该框架是 2012 年制定的蓝图,旨在保护该国免受未来 50～100 年气候变化的影响(Shah, 2014)。

包括新加坡地球观测站(EOS)、灾难风险管理研究所(ICRM)和新加坡国立大学灾害研究中心在内的各种研究机构,也在开展各自的气候变化研究(NTU, 2010)。这些努力凸显了新加坡一直在做的准备工作,以便为全球遏制气候变化排放的最终承诺做好准备。

但是,即使政府已准备好承担其气候义务,公民也必须做好更充分的准备,以应对将波及他们日常生活的影响。新加坡的国家气候变化秘书处 2014 年的一项调查发现,大多数受访者(70%)对气候变化表示担忧,但这一比例较 2011 年类似民意调查的 74% 有所下降。此外,只有 39%(低于 2011 年的 56%)的受访者认为个人行动很重要,而 40%(高于 2011 年的 26%)的受访者认为责任应由政府承担(Fang, 2014)。

鉴于能源使用和碳排放与家庭、交通和其他私人活动领域的日常活动有关,如果新加坡要有效承诺限制碳足迹,就需要提高公众意识和公众承诺。这与新加坡参与国际环境问题的一个更广泛的问题有关——我们的生态足迹。

生态足迹:需要更环保的记录

2014 年,新加坡人均生态足迹在 152 个国家中排名第 7 位,高于 2012 年的第 12 位。这一排名由世界自然基金会编制,并发表在其两年一度的《地球生命力报告》中,同时也使新加坡位居亚太地区榜首(WWF Global, 2014)。这家非政府环保组织一如既往尖锐地指出了这个问题:如果世界上每个人都像新加坡人一样生活,我们需要 4.1 个地球来满足人们的需求。进口食品和服务以及能源密集型产业是造成我们高足迹的主要因素之一(Philomin, 2014a)。

新加坡政府质疑世界自然基金会的方法,该方法与《联合国气候变化框架公约》认可的全球公认标准不同，它将进口商品的排放量归咎于进口国，而不是出口国。环境和水资源部不同意这种碳核算方法，因为进口国"无法控制进口商品的上游制造和加工，因此无法控制其碳足迹"（Philomin, 2014b）。

该方法还根据新加坡港口和机场向过境船只提供的船用燃料在国际贸易量中所占份额分配排放量。环境和水资源部指出，这不公平地将新加坡置于不利地位，因为新加坡"位于重要的全球航运路线上，拥有世界上最繁忙的转运港之一"（Philomin, 2014b）。因此，新加坡的人均碳足迹被高估了，因为其中大部分来自国际运输和贸易。

还有人指出，世界自然基金会的排名是根据全球足迹网络（GFN）[1]的数据编制的，这将不公平地"惩罚"新加坡和其他大多数城市（Cheam, 212）。为了在该排名中取得好成绩，各国必须"量入为出"，消耗不超过其土地所能产出的资源。采用这种方法，农业资源丰富、人口稀少的大国几乎总是比人口稠密、自然资源匮乏的城市国家表现更好。

新加坡在其他指数中表现更好。例如，国际能源署将新加坡的碳强度（即每美元国内生产总值的二氧化碳排放量）排在 140 个国家中的第 113 位（Siau, 2014）。这反映出新加坡经济是能够相当高效地利用煤炭、石油和天然气等污染能源的经济体。虽然新加坡的国内生产总值在 2000 年至 2010 年增长了 76%，但其温室气体排放量仅相对温和地增长了 21%。

尽管如此，这并不能改变新加坡排放量持续稳步上升的事实。这个问题值得我们关注，因为它确实影响了新加坡作为"绿色"城市的纪录。毕竟，新加坡环境记录的另一个国际层面是它能在多大程度上为该地区的其他城市树立榜样。随着亚洲经济的崛起和城市化进程的加快，这是一个至关重要的问题。

事实上，新加坡在这方面的作用不仅仅是作为一个可能的榜样。新加坡的公司越来越多地参与本地区其他城市的基础设施、公用事业和服务的开发、建设和提

---

1 全球足迹网络是一个提供生态足迹核算工具的全球智库。它通过在国家生产中加入进口量、减去出口量的方式，来衡量一个国家的消耗量或生态影响。更多关于其方法的内容，请参见：http://www.footprintnetwork. org/en/index. php/GFN/page/methodology。

供。这一点可以从备受瞩目的天津生态城项目中看到,该项目是由中国政府批准的试点项目。新加坡在城市规划、公共住房、城市绿化、水务公用事业和基础设施发展等城市化不同领域的专业知识也得到广泛应用。

如果新加坡的纪录良好,这将有助其他城市走向更环保、更可持续的道路。如果新加坡的例子是负面的,正如世界自然基金会的排名所显示的那样,其他城市借鉴新加坡的经验可能也在走一条不太理想的道路。

无论如何,即使没有任何国际评估,新加坡也应该始终以更好的成绩为目标。为了全球气候的健康,应该减少能源消耗并提高运营效率。政府已经认识到这一点,不同机构正在推出额外措施并不断提高标准。政府采购政策也越来越关注重视这一方面。目前已制定并实施不同的标签计划,如能源之星和绿色白金标志(NCCS, 2012)。

在消费者层面,生态标签和其他措施也是为了提高人们的意识,使市场需求能够对环境和能源问题作出反应,而不仅仅是对更低的价格和更酷的品牌形象作出反应。与任何消费社会一样,问题依然存在,即消费者是否愿意为绿色产品支付更多的费用,或者只购买他们需要的产品。

结束语

新加坡作为一个小岛国,可能会受到孤立主义的诱惑。特别是其历史和发展轨迹与该地区以及在类似时期独立的发展中国家截然不同,甚至可以说是独一无二的。作为亚洲的一部分,新加坡经历了经济增长的繁荣时期,即便与全球经济增长放缓的趋势相比,新加坡的经济仍在快速增长。

随着经济的增长和随之而来的消费升级,人们很容易只关注经济层面,而忽视社会和生态的健康问题。新加坡是当今亚洲乃至世界最发达的城市之一,也是贸易、金融等服务业的枢纽,它本可以更多地关注其作为枢纽城市的地位所带来的利益和权利。

但这些因素——规模有限、经济发展和枢纽地位,同时也催生了不同的意识。新加坡政府、企业和公众越来越意识到他们与更广阔的世界之间的相互依存关系。新加坡无法独自实现繁荣,也无法独自保护自身环境免受雾霾污染和气候变化等威胁。

虽然新加坡未曾扮演绿色倡导者的角色,但它一直将政策转向与地区和国际社会进行更广泛的参与和更深入的合作,为了保护自身环境,新加坡已经认识到自己并非可以孤立存在的岛屿,而是一个必须更积极参与全球舞台的岛屿——世界上的一个岛屿。

参考文献

Anggoro, F. (2014, August 6). Riau's two million hectares of oil palm plantation illegal: Minister. *Antara News*. Retrieved 30 November 2014 from http://www. antaranews. com / en /news /95203 /riaus-two-million-hectares-of-oil-palm-plantation-illegal-minister.

ASEAN Secretariat. (2014). *Haze Action Online: Indonesia-Malaysia Collaboration*. Retrieved 10 November 2014 from http://haze. asean. org /?page_id=238.

Attorney-General's Chambers, Singapore (AGC). (2014, September 26). *Transboundary Haze Pollution Act 2014*. Retrieved 26 September 2014 from http://statutes. agc. gov. sg / aol / search /display /view. w3p; page = 0; query = CompId% 3A113ccc86-73fd-48c9-8570-650a8d1b7288;rec=0.

Aubrey, A. (2014, September 18). Sweet: Dunkin' Donuts and Krispy Kreme Pump Up Pledge On Palm Oil. *NPR*. Retrieved 1 November 2014 from http://www. npr. org / blogs /thesalt / 2014 /09 /18 /349562067 /sweet-dunkin-donuts-and-krispy-kreme-pump-up-pledge-on-palm-oil.

Au Yong, J. (2010, October 22). PSI Crosses 100; Govt Urges Jakarta to Act. *The Straits Times*.

Bland, B. (2013). Indonesia Extends Logging Moratorium to Protect Rainforests. *Financial Times*. Retrieved November 30, 2014, from http://www. ft. com /intl /cms /s /0 /ae495afc-bd37-11e2-890a-00144feab7de. html.

Butler, R. A. (2014, June 5). *In Cutting Deforestation, Brazil Leads World in Reducing Emissions*. Retrieved November 30, 2014, from Mongabay: http://news. mongabay. com / 2014 /0605-brazil-emissions-reductions-amazon. html.

Busch, J., and Ferretti-Gallon, K. (2014). *Stopping Deforestation: What Works and What Doesn't*. Washington, D.C.: Centre for Global Development.

Chain Reaction Research: Sustainability Risk Analysis. (2014, October 28). *Bunge Announces Forest Conservation Policy*. Retrieved 30 November 2014 from http://chainreactionresearch. com /2014 /10 /28 /the-chain-bunge-sarawak-and-reducing-peat-risk-in-borneo.

Cheam, J. (2012, April 5). How green is this little red dot? *Eco-Business*. Retrieved 15 December 2014 from: http://www. eco-business. com /opinion /how-green-is-this-little-red-dot.

Chong, Z. Y., and Chen, J. (2014, April 8). *Corporate Responsibility Moving up Asian Governments'Agenda: Singapore's Transboundary Haze Pollution Bill*. Retrieved November 30,2014, from CSR Asia: http://www. csr-asia. com /weekly_news_detail. php?id=12364.

Choong, T.S., and Kwok, Y. (18 March, 1998). The Fires are Back. *Asiaweek*, p.46.

Chua, C.W., and Cheong, P.K. (2014, July 11). *Making Haze Crimes Pay*. Retrieved 12 July 2014 from *TODAYonline* http://www. todayonline. com /singapore /making-haze-crimes-pay.

Davidson, D. (2014, September 25). Sarawak Not Bowing to New Threat on its oil Palm Policy, Says Masing. *The Malaysian Insider*. Retrieved 1 November 2014 from http:// www. themalaysianinsider. com /malaysia /article /sarawak-not-bowing-to-new-threat-on-its-oil-palm-policy-says-masing.

Ee, D. (2014a, February 5). Hundreds of Dead Fish Found in Bishan-Ang Mo Kio Park River. *The Straits Times*. Retrieved 5 February 2014 from http://www. straitstimes. com / breaking-news /singapore /story /hundreds-dead-fish-found-bishan-ang-mo-kio-park-river-20140205.

Ee, D. (2014b, February 25). Singapore Experiencing Record Dry Spell — And It Could Get Worse: NEA. *The Straits Times*. Retrieved 25 February 2014 from http://www. straitstimes. com /breaking-news /singapore /story /singapore-experiencing-record-dry-spell-20140225.

Fang, J. (2014, March 24). Survey Shows Fewer S'poreans Worried About Climate Change. *TODAYonline*. Retrieved 30 November 2014 from http://m. todayonline. com /singapore / survey-shows-fewer-sporeans-worried-about-climate-change.

Gill, A., and Tan, S. (2013). *Transboundary Haze: How Might the Singapore Government Minimise its Occurrence*? Singapore: Lee Kuan Yew School of Public Policy, National University of Singapore.

Global Environment Center. (2010). *Technical Workshop on the Development of the ASEAN Peatland Fire Prediction and Warning System*. Kuala Lumpur: ASEAN Peatlands.

Hamilton-Hart, N. (2006). Singapore's Climate Change Policy: The Limits of Learning. *Contemporary Southeast Asia*, 363-384.

Hussain, Z. (2014). Riau Declares Province-Wide State of Emergency. *The Straits Times*. Retrieved 1 November 2014 from http://www. straitstimes. com /breaking-news /se-asia / story /indonesia-haze-riau-declares-province-wide-state-emergency-20140226.

Ibrahim, Z., and Hussain, Z. (2014, August 22). Jokowi Vows to Get Tough with Haze Offenders. *The Straits Times*. Retrieved 22 August 2014 from http://www. straitstimes. com /the-big-story /joko-widodo /story /jokowi-vows-get-tough-haze-offenders-20140822.

IE Singapore. (2014a). Key Commodity Clusters. Retrieved 30 November 2014 from http://

www. iesingapore. gov. sg /trade-from-singapore /commodities-trading.

IE Singapore. (2014b). Overview of the Sino-Singapore Tianjin Eco-city project. (2014). Retrieved 30 November 2014 from http: //www. iesingapore. gov. sg /Content-Store / Industrial-Parks-and-Projects /Overview-of-the-Sino-Singapore-Tianjin-Eco-City-project.

IPCC Secretariat. (2014). *Climate Change Synthesis Report*. Retrieved 30 November 2014 from http: //www. ipcc. ch /news_and_events /docs /ar5 /ar5_syr_headlines_en. pdf.

Jong, H. N. (2015, February 21). Govt Ramps Up Efforts to Prosecute Agroforestry Firms. Retrieved 15 April 2015 from http: //www. thejakartapost. com /news /2015 /02 /21 /govt-ramps-efforts-prosecute-agroforestry-firms. html.

Laia, K. C. (2014, November 27). Jokowi Pledges to Act Against Forest Fires. *Jakarta Globe*. Retrieved 27 November 2014 from http: //thejakartaglobe. beritasatu. com /news / jokowi-pledges-to-act-against-forest-fires.

Lee, A. (2014, February 12). 160 Tonnes of Dead Fish Found in Farms Along Johor Straits. *TODAYonline*. Retrieved 30 November 2014 from http: //www. todayonline. com /singapore / 160-tonnes-dead-fish-found-farms-along-johor-straits.

Lo, J., and Parish, F. (2013). *Peatlands and Climate Change in Southeast Asia*. Petaling Jaya: ASEAN Secretariat and Global Environment Centre.

Loh, C. K. (2008, March 15). Haze Efforts at a Standstill. *TODAY*.

Meeyoung, C. (2009, August 4). South Korea Unveils CO2 Target Plan. *Reuters*. Retrieved 30 November 2014 from http: //www. reuters. com /article /2009 /08 /04 /us-korea-climate-target-idUSTRE5734VW20090804.

Meteorological Service Singapore. (2014). *Update of Regional Weather and Smoke Haze*. Retrieved 30 November 2014 from http: //www. weather. gov. sg /wip /pp /ssops /reparch / feb14. pdf.

Ministry of the Environment and Water Resources (MEWR). (2012). *Singapore's National Climate Change Strategy*. Retrieved 30 November 2014 from http: //app. mewr. gov. sg / data /ImgUpd /NCCS_Chapter_3:_Mitigation. pdf.

MEWR. (2014, December 9). *National Statement of Singapore Delivered by Dr Vivian Balakrishnan*. Retrieved 9 December 2014 from http: //app. mewr. gov. sg /web /Contents / Contents. aspx?Yr=2014&ContId=2058.

MEWR. (2015, May 13). *Fostering Sustainability: What Consumer Countries Can Do?* Retrieved 1 July 2015 from https: //www. hazetracker. org /article /fostering-sustainability-what-consumer-countries-can-do-2015-05-12.

Monetary Authority of Singapore (MAS). (2014). *Types of Institutions*. Retrieved 30 November 2014 from http: //www. mas. gov. sg /singapore-financial-centre / types-of-institutions. aspx.

Murdiyarso, D. (2014, November 7). Insight: Merging Environment and Forestry Ministries: Quo Vadis? *The Jakarta Post*. Retrieved 30 November 2014 from http: // www. thejakartapost. com /news /2014 /11 /07 /insight-merging-environment-and-for-estry-ministriesquo-vadis. html.

Nakamura, D. , and Mufson, S. (2014, November 12). China, US Agree to Limit Greenhouse Gases. *Washington Post*. Retrieved 12 November 2014 from http://www. washingtonpost. com /business /economy /china-us-agree-to-limit-greenhouse-gases /2014 /11 /11 /9c768504-69e6-11e4-9fb4-a622dae742a2_story. html.

Nanyang Technological University (NTU). (2010, January 21). NTU Launches the First Multi-Disciplinary Catastrophe Risk Management Research Institute of Its Kind in Asia [Press Release]. Retrieved 30 November 2014 from http://news. ntu. edu. sg /pages /newsdetail. aspx?URL=http://news. ntu. edu. sg /news /2010 /Pages /NR2010_Jan21. aspx&Guid= 04c1421e-9732-4735-b992-5e8a5fec393d&Categor y=Ne ws%20 Releases.

National Climate Change Secretariat (NCCS). (2009, December 2). Points Made by Senior Minister S. Jayakumar at the Climate Change Media Interview. Retrieved 16 February 2014 from https://www. nccs. gov. sg /news /points-made-senior-minister-s-jayakumar-climate-change-media-interview-2-december-2009-10am.

NCCS. (2012). The Fight Against Climate Change Begins With You. (2012). Retrieved 1 November 2014 from http://app. nccs. gov. sg /data /resources /docs /Documents /NCCS-2012_ brochure_eng. pdf?AspxAutoDetectCookieSupport=1.

NCCS. (2013, June 28). *Singapore's Emissions Profile*. Retrieved 30 November 2014 from http://app. nccs. gov. sg /page. aspx?pageid=158&secid=157.

NCCS. (2014, October 28). *Impact of Climate Change on Singapore*. Retrieved 30 November 2014 from http://app. nccs. gov. sg /page. aspx?pageid=160&secid=157.

NCCS. (2015, July 3). *Singapore's Submission to the United Nations Framework Convention on Climate Change (UNFCCC)*. Retrieved 3 July 2015 from https://www. nccs. gov. sg / news /singapore% E2% 80% 99s-submission-united-nations-framework-convention-climate-change-unfccc.

National Environment Agency, Singapore (NEA). (n. d.). *Historical PSI Readings*. (n. d.). Retrieved 30 November 2014 from http://www. haze. gov. sg /haze-updates / historical-psi-readings.

Neo, C. (2014, November 7). Major Haze Episodes in Region 'Likely to Be More Frequent'. *TODAYonline*. Retrieved 7 November 2014 from http://www. todayonline. com /singapore / major-haze-episodes-region-likely-be-more-frequent.

Philomin, L. E. (2014a, October 7). Lion City's Green Ranking Worsens. *TODAYonline*. Retrieved 30 November 2014 from http://m. todayonline. com /singapore /lion-citys-green-ranking-worsens.

Philomin, L. E. (2014b, October 24). WWF Report 'Does Not Reflect S'pore's Environmental Constraints'. *TODAYonline*. Retrieved 30 October 2014 from http://m. todayonline. com / singapore /wwf-report-does-not-reflect-spores-environmental-constraints.

PSI hits new all-time high of 401 on Friday. (2013, June 21). *Channel NewsAsia*. Retrieved 30 November 2014 from http://www. channelnewsasia. com /news /specialreports /mh370 /news /

psi-hits-new-all-time /719496. html.

Roundtable on Sustainable Palm Oil. (2014, July 8). *Transparency in Plantation Concession Boundaries*. Retrieved 30 November 2014 from http: // www. rspo. org /news-and-events / announcements /transparency-in-plantation-concession-boundaries.

Sanger, D. (2001, June 12). Bush Will Continue to Oppose Kyoto Pact on Global Warming. *The New York Times*. Retrieved 30 November 2014 from http: //www. nytimes. com /2001 / 06 /12 /world /bush-will-continue-to-oppose-kyoto-pact-on-global-warming. html.

Shah, V. (2014, July 9). Singapore Steps Up Efforts to Weather Future Climate Change. *Eco-Business*. Retrieved 30 November 2014 from http: //www. eco-business. com /news / singapore-steps-efforts-weather-future-climate-change.

Shen, R. (2014, August 6). Singapore's Groundbreaking Haze Law Faces Uphill Challenge. *Reuters*. Retrieved 7 August 2014 from http: //www. reuters. com /article /2014 /08 /06 /us-singapore-haze-idUSKBN0G611P20140806.

Shukman, D. (2014, December 4). World on Course for Warmest Year. *BBC News*. Retrieved 4 December 2014 from http: //www. bbc. com /news /science-environment-30311816.

Siau, M. E. (2014, December 11). Singapore Cut Carbon Intensity by 30 Per Cent. *TODAYonline*. Retrieved 11 December 2014 from http: //www. todayonline. com /singapore / singapore-cut-carbon-intensity-30-cent.

Siswo, S. (2014, September 16). Indonesia ratifies regional haze pact after 12-year wait. *Channel NewsAsia*. Retrieved 16 September 2014 from http: //www. channelnewsasia. com / news /singapore /indonesia-ratifies /1365294. html.

Sizer, N. (2013, June 21). Peering through the Haze: What Data Can Tell Us About the Fires in Indonesia. *World Resources Institute*. Retrieved 1 November 2014 from http: // insights. wri. org /news /2013 /06 /peering-through-haze-what-data-can-tell-us-about-fires-indonesia.

Soeriaatmadja, W. (2014, March 16). Clearing Land by Burning 'A Crime Against Humanity': Indonesia President. *The Straits Times Asia Report*. Retrieved 10 September 2014 from http: //www. stasiareport. com / the-big-story / asia-report / indonesia / story / clearing-land-burning-crime-against-humanity-indonesia-pre.

Tay, S. (2008). Blowing smoke: Regional cooperation, Indonesian democracy, and the haze. In D. K. Emmerson (Ed.), *Hard Choices: Security, Democracy, and Regionalism in Southeast Asia* (p. 219). Stanford: Walter H. Shorenstein Asia-Pacific Research Center Books.

Tay. S. and Cheong. P. K. (2015, March 11). Tackling Haze: Look Beyond Words to Action Taken. *TODAYonline.* Retrieved 15 April 2015 from https: //www. todayonline. com / commentary /tackling-haze-look-beyond-words-action-taken.

Teoh, S. (2011, February 4). Palm Oil Risks All Sarawak Peat Forests by 2020, Says Study. *The Malaysian Insider*. Retrieved 30 November 2014 from http: // www. themalaysianinsider. com /malaysia /article /palm-oil-risks-all-sarawak-peat-forests-by-2020-says-study.

United Nations Framework Convention on Climate Change (UNFCCC). (n. d.). *Full text of the convention*. Retrieved 30 November 2014 from http://unfccc.int/essential_ background/convention/background/items/1355.php.

UN-REDD Programme. (2009). *About REDD ＋*. Retrieved 30 November 2014 from http://www.un-redd.org/aboutredd/tabid/102614/default.aspx.

World Resources Institute (WRI). (2014a, June 4). *Release: First detailed public maps of RSPO certified palm oil concessions released*. Retrieved 30 November 2014 from http://www.wri.org/news/2014/06/release-first-detailed-public-maps-rspo-certified-palm-oil-concessions-released.

WRI. (2014b, July 22). *Release: Indonesia's government and Global Forest Watch join forces to launch powerful new system to combat fires and haze*. Retrieved 30 July 2014 from http://www.wri.org/news/2014/07/release-indonesia%E2%80%99s-government-and-global-forest-watch-join-forces-launch-powerful-new.

World Wide Fund for Nature (WWF). (2014). *Living Planet Index*. Retrieved 30 November 2014 from http://wwf.panda.org/about_our_earth/all_publications/living_planet_report/living_ planet_index2.

WWF Global (2014). *Living Planet Index*. Retrieved 30 November 2014 from http://wwf.panda.org/about_our_earth/all_publications/living_planet_report/living_planet_index2/.

Wibowo, A. (2013, November). *Greenhouse gases assessment from forest fires: Indonesia case study — Preliminary assessment report*. Retrieved 1 November 2014 from REDD-Indonesia: http://redd-indonesia.org/images/events/20131119/CIFOR/3_Greenhouse_Gases_from_Forest_ and _ Land _ Fires / GHG _ Assessment _ From _ Forest _ Fires _--_ Indonesia _ Case _ Study.pdf.

Widhiarto, H. (2014, September 11). Malaysian Firm Fined, Executives Get Prison for Role in Forest Fires. *The Jakarta Post*. Retrieved 25 November 2014 from http://www.thejakartapost.com/news/2014/09/11/malaysian-firm-fined-executives-get-prison-role-forest-fires.html.

第三部分

迈向未来

第十一章
环境可持续性与可持续发展

陈荣顺
环境及水资源部前常任秘书
郭令裕
城市发展有限公司前副主席、
新加坡企业社会责任协会主席、
国家青年成就奖理事会董事会主席

在过去 50 年里，新加坡从一个第三世界国家蜕变成为世界上最发达的经济体之一。根据世界银行的数据，新加坡的人均国内生产总值排名世界第四（按人均购买力平价计算）（World Bank，2015）。快速扩张、人口增长、日益富裕以及影响力提升，导致新加坡对能源、水和其他资源的需求增加，温室气体排放也随之上升。

新加坡在经济增长与环境可持续性之间取得了良好平衡。我们的选择从来不是单纯的"环境"或"经济"，而是两者兼而有之。清洁、绿色的环境不仅能为居民提供高品质生活，还能促进经济增长；尽管实现了两者的良好平衡，但仍需持续关注和努力。

然而，未来的挑战将会更大、更艰巨，而不是更小。新加坡需要确保拥有所需资源以促进自身发展，同时减轻对环境的负面影响。在继续推进环境可持续发展的过程中，新加坡也将成为世界城市实现可持续发展的典范。这一点至关重要，因为挑战是全球性的，新加坡所有人都必须尽自己的一份力量。

如今,全球54%的人口居住在城市,而1960年这一比例仅为34%。预计到2050年,这一比例将增至66%,届时城市人口可能增加至25亿,其中近90%的新增人口集中在亚洲和非洲(UN,2014a)。人口激增和城市居民人口比例上升,将导致资源消耗和温室气体排放增加。2014年联合国气候峰会报告称,城市排放的温室气体约占总量的70%。可持续发展的挑战将越来越集中于城市。

因此,我们不仅要了解新加坡如何走到这一步——新加坡成功的关键因素、面临的挑战和制约因素,还必须清楚认识到,要想在前进道路上蓬勃发展,必须勇于挑战极限,开辟新道路。在成功地实现可持续发展的过程中,新加坡不仅能为人民提供更好的生活质量,还将成为其他城市的榜样,从而为世界作出宝贵贡献。

政治领导力

政治领导力是实现经济增长与环境可持续性良好平衡的关键。最高领导层必须有清晰愿景:清洁和优质的生活环境至关重要,必须坚定致力于实现这一愿景,并具备传递愿景的能力,使其得到所有人的认同和支持。

新加坡之所以能在如此短的时间内取得如此大的成就,得益于前总理李光耀在新加坡建国初期的政治领导。他在2008年回忆道:"我们是一个小岛国,人口稠密。因此,当我在1966年面对成为一个独立国家的前景时,在这片当时只有200万人口的狭小土地上建立一个有活力的经济社会,我必须设想我们能以什么样的方式前进……因此,为了将我们与周边其他城市区分开来,我打算在第三世界创造一个第一世界的绿洲,我提出了创建'清洁绿色新加坡'的口号"(SG Press Centre,2008)。

他和新加坡早期的其他领导人都具有远见卓识,也有决心和能力传递愿景,赢得人民支持。他们能够构想人民想要居住的城市类型:人们应该能享受洁净的空气、安全的饮用水和食物,且认为经济增长不应以牺牲环境为代价。事实上,他们认识到良好的环境将促进经济发展。面对相互竞争的迫切需求,他们决心投入资源改善环境,并愿意通过立法、教育和必要时坚决的法治手段来实现。他们有能力向人民传达愿景,帮助公众了解这些政策的长远利益,并愿意推迟即时满足,以便将稀缺资源用于改善环境,而不是追求短期效益。

政府的关键作用怎么强调都不为过。过去 30 年,理查德·维耶托(Richard Vietor)教授一直在哈佛商学院讲授"商业、政府与国际经济"的课程,他在其著作《国家如何竞争:全球经济中的战略、结构和政府》中开篇写道:"国家为了发展而竞争。这是全球化的结果之一。国家之间争夺市场、技术、技能和投资。它们为了增长和提高生活水平而竞争。在这种竞争环境中,政府总是为企业提供独特的优势"(Vietor,2007,p. 1)。

新加坡从发展初期就有幸拥有一个深知良好环境益处的政府。领导者必须具备远见、决心、承诺、奉献和牺牲精神,以实现环境可持续发展,并具备沟通能力,带动人民支持并致力于实现这一愿景。如果我们能继续拥有这样的领导者,带领新加坡走向未来,我们将会做得很好。

政府软件

在将愿景变为现实的过程中,公共服务部门的组织和人员是确保良好政策和管理的关键。新加坡一直受益于高效的公共服务体系。早期的反空气污染研究院(APU)直接向总理报告,其院长李一添先生因胜任这项任务,随后晋升为环境部常任秘书,后又成为公务员系统的主管。1972 年成立的环境部专门负责监督公共卫生、环境卫生和清洁工作。污水处理和自来水生产将并入重组后的国家水务机构——公用事业局,以促进污水回收并转化为新生水。2010 年,总理办公室设立国家气候变化秘书处,由一名常务秘书领导,统筹协调国家应对气候变化挑战的各项工作。

作为一个具有远见卓识和长远思维的综合性政府,公务员的工作能力至关重要。这需要适当的土地使用分区、关键环境基础设施,以及完善的规则、立法、执法、教育和必要援助。

需将合理的经济原则应用于环境政策和决策中。考虑外部效应,污染者必须为其造成的负面外部效应付出代价。对环境产品进行合理定价,同时向低收入家庭提供援助,确保所有人获得饮用水和清洁空气的权利。水生产设施私有化,但水政策的制定、价格确定和供应仍然是政府机构的职能。在能够提高生产率和质量、改善生活水平的领域,生产可以私有化,但必须明确,市场的局限性,不能也不应该完全或主要依赖商业条款。

在新加坡迈向未来的过程中,政务软件必须不断发展。随着新加坡对公共卫生风险认识的不断提高,环境标准也必须随之提高。以空气质量标准和微颗粒物为例。多年来,高浓度小颗粒物与死亡率或发病率增加的关联已被充分认识,无论是短期(日常)还是长期影响。但是,人们对颗粒物指标的选择并不总是很清楚。最初,大多数流行病学研究使用 PM_{10}(直径小于 10 微米的颗粒物)作为暴露指标。因此,美国环境保护局直到 1997 年才把 $PM_{2.5}$ 纳入监测指标。即便如此,1997 年美国的 24 小时水平仍为 65 微克/立方米。2006 年降至 35 微克/立方米。1997 年引入的初级年平均水平为 15 微克/立方米,2012 年降至 12 微克/立方米。事实上,世界卫生组织《空气质量指南 2005 年全球更新版》建议将 24 小时和年均值分别定为 25 微克/立方米和 10 微克/立方米,并指出许多国家需要相当长的时间才能达到这些标准。该指南还强调,超微粒子(UF),即直径小于 0.1 微米的粒子,已引起了科学界和医学界的极大关注。不过,由于当时流行病学证据不足以让世界卫生组织就超微粒子的暴露与反应关系得出结论,因此世界卫生组织没有就超微粒子的指导浓度提出任何建议,世界卫生组织仍在深入研究。值得注意的关键一点是,我们必须不断地关注可能出现的新风险,努力坚持更高标准,无论是空气质量、水质、噪声还是气味污染领域。达到更高环境和公共卫生标准需付出更高的代价,但不达标,代价会更大。

政府必须制定必要的污染控制法规,以确保高标准的清洁生活环境。制定标准时必须考虑改善环境措施的可行性和成本,但必须不断探索有效且具有成本效益的解决方案来改善我们的环境。改善公共卫生和环境质量将提升人民的生活质量,因此具有重要的意义。政府必须大胆制定标准并严格执法,即使由此付出的额外成本可能引发部分公司或行业的担忧。必要时,政府需帮助受影响的公司和行业过渡到新标准,在经济增长与环境保护和可持续性之间实现适当平衡。

可持续发展是长期挑战,政府必须继续为未来设想和规划。新加坡已经制定了长期的水资源、绿色和可持续发展蓝图。2060 年的水资源需求预测,以及以经济高效的方式满足日益增长需求的长期计划,都可以在公用事业局的网站上找到。新加坡绿色计划是新加坡未来的环境蓝图,于 1992 年首次制定。2009 年,《新加坡可持续发展蓝图》由成立于 2008 年 1 月的可持续发展部际委员会发起,旨在"在新出现的国内和全球挑战背景下,制定新加坡可持续发展的国家战略",涵盖提高资源效率、改善城市环境、促进社区行动和能力建设等核心战略,并强调公共、私营、民间部门联合行动的重要性。所有长期计划都要进行定期审查。[1]　重要的是确保计划的稳健性,全员都要尽最大的努力实现可持续发展目标,这些目标是应对能力极限的考验,而不仅仅是保守安全的底线。

私营部门的作用与伙伴关系

环境的可持续发展不仅仅是新加坡政府的责任。正如《地球宪章》所述,"人人都有责任为人类大家庭和更广阔的生物世界的现在和未来谋福祉",该宪章还进一步肯定了一系列原则:"将可持续的生活方式作为指导和评估所有个人、组织、企业、政府和跨国机构行为的共同标准"。私营部门当然有能力为可持续发展作出贡献,因为企业往往善于创新和捕捉机会。事实上,绿色经济中蕴藏着大量商机。据估计,全球环境产品贸易额每年约为 1 万亿美元,而且还在快速增长(USTR,2014)。

消费者和投资者越来越希望了解他们所接触的公司是否具有社会责任感。事

1　2014 年底发布了更新版的《新加坡可持续发展蓝图》(MEWR and MND, 2014)。

实表明,在全球范围内,那些将负责任的做法融入业务的公司往往更加成功。例如,"全球契约100强"由一批致力于遵守联合国全球契约10项企业社会责任原则的代表性公司组成。这些公司的入选取决于它们实施企业社会责任原则的能力、行政领导层对责任承诺的展现,以及稳定的基本盈利能力。该股票指数于2013年9月公布,2014年总投资回报率为26.4%,超过全球股市的22.1%。

为聚焦企业可持续发展表现突出的企业,并激励其他企业重新审视自身定位,地区广播公司亚洲新闻频道(Channel NewsAsia)与亚洲企业社会责任(CSR Asia)和晨星永续研究(Sustainalytics)合作,在2014年9月举行的亚洲企业社会责任峰会上推出针对亚洲顶级企业的亚洲新闻频道可持续发展排名(Channel NewsAsia Sustainability Ranking)。该排名确定了亚洲10个主要经济体在企业可持续发展方面表现领先的企业。

印度塔塔咨询服务公司(TCS)因其对节水的重视而名列榜首。塔塔咨询服务公司的所有建筑都安装了雨水收集系统,以便迅速补充周围的地下水供应。其目标是到2020年实现100%的地下水中和。事实上,塔塔集团是依靠环境和企业社会责任实现商业成功的典范。塔塔集团主要运营公司的发起人Tata Sons约66%的股权由慈善信托基金持有,以此回馈社会(Tata, n. d.)。

排名第二的是新加坡开发商城市发展有限公司。该公司在"绿色建筑"方面采取了综合措施。为表明对可持续发展原则的承诺,城市发展有限公司在其所有新开发项目中预留高达5%的建筑成本用于绿色设计元素,如回收或可持续建筑材料(Channel NewsAsia, 2014)。企业社会责任是城市发展有限公司商业战略和运营的基石。该公司早在1995年就通过绿色建筑和最佳实践倡导可持续发展并从中获益。近年来,商业租户对绿色空间的需求不断增长,尤其是那些必须报告碳足迹的跨国公司。即使是住宅客户,也对开发项目中的绿色特征表现出更高的认同度。

第三家是联合利华印度尼西亚公司,该公司制定了雄心勃勃的目标:到2020年实现100%的农业原料可持续采购。

尽管全球企业社会责任团体不断壮大,但真正全面践行企业社会责任和可持续发展的公司仍然是少数。根据全球报告倡议组织数据库的数据,2013 年新加坡只有 32 家企业发布了企业社会责任报告或可持续发展报告,其中 27 家在新加坡证券交易所上市。值得庆幸的是,在过去一年,越来越多的中小型企业(SME)开始发布可持续发展指标。

中小型企业在环境可持续性方面的潜在作用往往没有在有关可持续性的政策或商业论述中得到充分关注。然而,它们可能产生的影响不可否认。新加坡有 18.27 万家中小型企业,提供了 66% 的就业机会,占新加坡企业名义附加值的 49% (Department of Statistics, 2014)。尽管中小型企业业务规模庞大,但它们在环境可持续发展讨论中的参与度不足。通常认为,大多数中小型企业对环境可持续性缺乏兴趣,因为它们缺乏资源或忙于日常运营以维持生存。但中小型企业对可持续发展至关重要,政府必须采取更多措施让它们参与进来,包括考虑绿色融资、针对小型企业的补助金,以及为绿色企业提供额外的税收优惠,使其业务流程更环保或开发可持续产品。中小型企业也应从可持续发展或创新性绿色理念中挖掘商机,并得到鼓励和培育。

新加坡建设局的绿色建筑总体规划是企业与政府有效合作实现环境可持续发展的典型案例。建筑消耗了全球 40% 的能源和 25% 的水资源,并产生 30% 的温室气体排放(UNEP, n. d.)。以“公共”和“私人”为重点,第一个总体规划侧重新建建筑,第二个总体规划侧重现存建筑。通过监管控制、激励措施(政策和倡议)以及与建筑行业的密切合作,新加坡的空间绿化率达到惊人水平。绿色建筑数量已从 2005 年的 17 座增加到目前的 2 100 座,相当于新加坡总建筑面积的四分之一。新加坡建设局最近公布了第三个绿色建筑总体规划,该规划将指导新加坡未来 5 到 10 年的绿色建筑战略。由于认识到“人民”的重要性,第三个计划制定了更有针对性的政策和措施,以提高租户和住户的意识。

总体而言,企业在可持续发展方面还有很长的路要走。虽然许多企业开始看到绿色经济中的商机,但考虑环境外部因素或降低环境风险的企业还不够多。例如,工业部门必须在能源效率方面加大力度,这不仅有利于环境,还能在中长期提高经济竞争力。尽管如此,要求企业承担更多社会责任、尽量减少生态足迹以实现环境可持续发展的需求持续增长,其必要性不可阻挡。新加坡交易所已宣布,将在不久的将来对所有上市公司实施"遵守或解释"的可持续发展报告方法[1]。新加坡企业必须为这一趋势做好准备,需能够以具有成本效益的方式减少碳足迹并提供绿色产品和服务。企业领导者可以以身作则,而政府则需要建立有利的监管框架,让对环境负责的企业蓬勃发展。环境可持续发展是政府、企业和人民的共同责任。

人与环境责任

我们需要在新加坡建立一个每个人都采取更环保生活方式的社区,让环境责任成为我们员工和企业文化的一部分。

公众的合作与参与对改善环境至关重要。经过多年的公众教育,公众的公民意识、社会责任感和自律意识逐步形成。第一个全国性公众教育活动是 1968 年开展的为期一个月的"保持新加坡清洁"运动。在政府主导的这些平台基础上,健康的公民社会开始开展群众参与、分享长期计划和自下而上的倡议活动。

新加坡民众在营造清洁绿色环境方面普遍具有责任感、合作精神和协作意识。然而,40 多年过去了,环境责任仍没有完全深入人心。以乱扔垃圾为例。一些新加坡人觉得新加坡变得越来越脏。新加坡反对乱扔垃圾的志愿者团体——水道观察协会收到的各种脏乱地方的照片,进一步强化了这种感受。新加坡之所以能成为世界上最清洁的城市之一,其秘诀在于以下 4 个方面:①提供良好可靠的公共清洁服务,每天收集垃圾;②教育公众保持环境清洁的必要性;③严格执法;④投资于基础设施改善。我们必须继续采取多管齐下的方法。新加坡不能让乱扔垃圾的行为被普遍纵容或宽恕,不能让乱扔垃圾成为司空见惯的现象,一个地方的清洁不能仅依靠清洁工人。实现理想环境的主人翁意识是一个漫长的过程,需要时间。

让民众参与是关键,但民众必须渴望拥有更好的环境。《经济学人》提到:"所

<del>___</del>

1 新加坡交易所于 2014 年 10 月举办的新加坡国际企业社会责任联盟峰会上宣布了这一消息(Shah and Cheam,2014)。

有工业化国家都会在某一天遇到环境转折点,这一事件会向民众展示经济增长带来的生态后果"(China and the Environment, 2013)。文章引用了 1969 年美国俄亥俄州凯霍加河(Cuyahoga River)因污染严重起火,以及日本水俣汞中毒事件迫使政府采取行动的案例。这两个国家都从各自经验中吸取教训改善环境。在美国,凯霍加河事件促使美国于 1970 年成立环保署。直至今日,日本仍定期举办研讨会,讨论水俣湾环境污染的影响并从中吸取教训,以告诫和敦促发展中国家保护和爱护环境。

幸运的是,新加坡不必经历同样的生态灾难,其民众也渴望拥有优质的生活环境,政治领导人引导人们追求良好的环境。起初,人们可能更关注眼前切身需求,必须说服他们认识到清洁良好环境的益处。一旦人们从良好环境中获益,就会更渴望良好环境,甚至可能比政府更积极推动环境改善。

人们必须组织起来,进行自我教育,并负责任地行动。保护和维护环境与经济发展之间存在微妙平衡,前者不应阻碍后者。

1968 年,李光耀先生在启动新加坡首届"保持新加坡清洁"运动时说道:

> 我们建设了城市,并取得了进步。但是,没有比成为南亚最干净、最绿色的城市更能作为我们里程碑的成就了。因为,只有拥有高素质和高教育水准的人民,才能让一座城市保持整洁和绿色。尤其是当人口密度高达每平方英里 8500 人时,就更需要系统性地保持社区的清洁和整洁。此外,人民群众还需要意识到自己的责任,不仅要对自己的家人负责,还要对邻里和社区中所有可能受到他们不经意的不文明行为影响的其他人员负责。只有为自己的表现感到自豪、关心同胞福祉的人民,才能保持较高的个人和公共卫生标准。(Lee, 1968)

所有生活在新加坡的人都必须继续努力达到李先生所设想的标准,将保持新加坡的清洁和绿色视为我们的责任,并对保护环境有更强的责任感。

我们的人民可以为绿色生活方式做出更多努力。虽然企业开始生产更环保的产品,但消费者因缺乏知识或环保产品价格较高,仍然不愿接受绿色经济,为其买单。新加坡可以加大力度,在学校加强环境教育,并向消费者宣传支持绿色经济的重要性。推广"绿色生活"将是有益的,这种生活不同于传统的"多多益善"(助长猖獗物质主义和消费主义)的观念,强调负责任的消费和"合理按需购买"。人类学教授、《全球问题与资本主义文化》作者理查德·罗宾斯(Richard Robbins)写道：

> 然而,环境保护主义者经常指出造成环境污染的 3 个因素——人口、技术和消费。在这 3 个因素中,消费似乎受到的关注最少。毫无疑问,其中一个原因是它可能是最难改变的。我们的消费模式是我们生活的一部分,要改变它们需要大规模的文化改革,更不用说严重的经济失调了。(Robbins，1999，pp.209‑210)

上述 3 个因素是密不可分的变量,彼此间有着千丝万缕的联系,必须充分重视所有变量及其相互关系,才能给环境带来积极变化。

一个积极和负责任的民间社会有助于改善环境。自然协会、水道观察协会、新加坡环境理事会、新加坡企业社会责任契约和全国青年成就奖理事会等非政府组织,在教育公众、激发兴趣和组织当地社区保护环境方面做了大量工作。新加坡媒体在加强企业社会责任和其他环境主题的报道、提高人们对环境问题的认识方面,也发挥着重要的作用。

我们必须继续打造一个相互关爱的社区,并为自己作为社区一员的表现感到自豪。

节约资源

随着全球人口增长,对能源、粮食和其他资源的需求将增加,成本也将上升。因此,节约资源至关重要。

新加坡拥有一套完善的固体废物综合管理系统,备受世界各国称赞和效仿。

从垃圾收集到焚烧再到离岸垃圾填埋,该系统效率高且成本效益好。然而或许也正是因为这个原因,环境的 3R 原则(减少、再利用和回收)并未充分普及,尽管从小学开始,几乎每个教育机构和社区都设有回收角。新加坡人在资源节约和废物管理方面取得一定成效。但矛盾的是,部分人并没有意识到回收利用的实际好处。

找到更好的方法提高资源效率非常重要,这意味着鼓励更广泛地采用和实践 3R 原则。新加坡需要减少人均能源和水消耗,以及生产人均国内生产总值所需的水和能源量。合适的政策、合理的定价和激励措施,以及针对主要废物的管理手段都至关重要。

减少垃圾必须从源头开始,重要的是向上游延伸,从源头上解决垃圾产生问题,并推动产品监管。这意味着供应链上的所有利益相关者,如制造商、分销商、零售商、消费者、废物收集商和回收公司,都应对产品及其包装的后续管理负责。在新加坡,多达三分之一的生活垃圾是包装废物,其中大部分来自食品和饮料行业。可通过强制或自愿方式促进垃圾减量。国家环境局与行业参与者共同制定了一项自愿计划以减少包装废物(第一份协议于 2007 年签署),虽已取得成果,但在某些情况下,自愿协议需辅之以强制性措施。垃圾减量应成为遏制废弃物增长的主要策略。

新加坡还必须加大回收力度。虽然某些废弃物,如建筑和拆除废弃物以及铜渣几乎完全被回收(因为回收材料具有很高的经济价值),但食品、塑料和电子产品等的回收率却非常低。在日本,每年产生超过 100 吨厨余垃圾的企业必须回收厨余垃圾。新加坡多年来一直在研究促进厨余垃圾回收利用的方案,需加快步伐鼓励利益相关者参与废弃物回收。

事实上,如果认识到新加坡是一个小岛城市国家,除了人口外没有其他自然资源,就能更好地理解资源可持续性的广阔前景。除循环利用外,新加坡还需要开发新的可再生能源,并增加水资源等可再生资源的供应,以确保子孙后代有充足的资源。

水是新加坡可持续发展的关键。新加坡通过其"四大国家水龙头"战略,即以本地集水源、进口水、新生水和淡化水,满足长期用水需求。然而,在生产新生水和淡化水方面存在能源可持续性挑战。公用事业局正与行业和大学合作研发解决方案,以大幅减少水处理过程中的能耗。

新加坡已在更广泛领域采取节能措施,但还有更多工作要做。2010年初,新加坡宣布强制执行能源管理要求,并将所有与能效相关的立法合并为《能源节约法》,该法于2013年初生效。截至2014年初,166家能源密集型公司已根据该法在国家能源局注册,这仅仅是个开始。随着政府部门和企业对问题的认识加深,以及更高效解决方案的出现,执行标准将更加严格。公共部门必须以身作则,公开透明地展示政府建筑和设施实现的能源效率标准。

这不仅要减少资源消耗,而且要想方设法实现可持续发展。正如世界环境与发展委员会(WCED)发布的《我们共同的未来》报告中所定义的那样,可持续发展是指"在不损害后代满足其自身需求能力的情况下满足当前需求"(WCED,1987)。

研究与创新

能源效率和可持续能源及水系统的益处显而易见:保护环境,加强能源和水供应的安全性,最大限度地减少气候变化的潜在影响,以及促进未来符合产业和就业的发展。但是,研究需要资金支持。此外,以应用为导向的研究需要与行业建立紧密联系,而技术部署则涉及政策和监管问题。为了促进学术研究和行业发展,政府的持续支持必不可少。

在新加坡,新加坡国家研究基金会是国家为提升研发能力而采取的举措之一。该基金会成立于2006年,是总理办公室下设的部门,负责制定国家研发方向、资助战略项目和培养科研人才。其基本目标是使新加坡成为充满活力的研发中心,融入现代、先锋性和知识密集型经济,从而吸引更多卓越的突破性科学研究。

环境与水技术是该计划的首要重点之一。由环境和水资源部与公用事业局领导的环境与水工业计划办公室,帮助建立了清洁水工业部门的研发和技术基础,同时培养了必要的人才和人力,以满足这一不断发展和创新领域的需求。对水技术路线图的制定和有针对性的研发拨款,确保了在选定水领域培养与市场相关的专业知识。目前,新加坡的水研究和工业生态系统充满活力,既有本土企业,也有国际企业,这有助于新加坡水务公司实现国际化及海外业务增长。

2011年,新加坡国家研究基金会启动"国家能源创新挑战赛(ENIC)",旨在开发具有成本竞争力、可在20年内部署的能源解决方案,以提高新加坡的能源效率、减少碳排放并拓宽能源选择,从而维持经济增长。

为支持国家能源创新挑战赛,国家气候变化秘书处和新加坡国家研究基金会委托编写了一系列《技术入门》丛书,以探讨各种技术的潜力和相关性,帮助新加坡提高能源效率和安全性,并减少碳排放。这些入门指南涵盖太阳能、空调系统和碳捕获与利用等技术领域,已于2011年出版。在这些成果的基础上,这些入门指南进一步发展为一系列技术路线图,规划太阳能光伏系统、绿色数据中心、建筑能效和工业能效等技术的发展和部署路径。建筑能效在新加坡非常重要,因为包括家庭在内的建筑耗电量约占全国总耗电量的50%,而工业碳排放占全国排放量的50%以上。作为技术路线图后续行动的一部分,政府为两项主要能源研发计划提供了总计1亿新加坡元的资金,分别是由新加坡建设局实施和管理的建筑能效研发中心(Building Energy Efficiency R&D Hub),以及由新加坡资讯通信发展管理局(IDA)管理的"绿色数据中心研究中心计划"(Green Data Centre Research Hub Programme),旨在提高建筑整体能效并深化对新加坡绿色数据中心的研究。

另一个重要领域是化工行业,其作为碳排放的重要来源,由于新加坡是世界领先的化学工业中心之一,必须走在化工行业减排前列。新加坡国家研究基金会与剑桥大学合作,在新加坡建立了剑桥能效中心,负责监督研究计划,以评估和减少新加坡裕廊岛综合石化厂和电力网络的碳排放,研究重点包括材料设计、工艺能效、废热利用和更好的系统集成,由此产生的减排效果将惠及新加坡乃至全球石化行业。

技术解决方案的成本在未来有望降低,且速度很可能超乎想象,因此我们必须继续推动技术进步,为未来做好准备。新加坡必须继续专注于研究和创新。学术界、工业界和非政府组织必须与公共部门一起参与研发。与此同时,必须明智使用研究经费,以提出兼具创新性和成本效益的解决方案。新加坡国立大学(新加坡国立大学环境研究所)和南洋理工大学(南洋理工大学能源研究所和环境与水研究所)都受益于这一推动力,正在开展世界级研究,并与私营部门合作促进技术商业化,在环境可持续领域发挥更国际化的作用。

但是,仅靠技术并不能解决所有问题。各国政府必须推动可行技术的部署。这不仅涉及工业活动,还涉及明智的融资和政府监管。

在政策和社会研究方面不断进行创新至关重要。以电动交通为例,新加坡国土面积狭小,适合大规模推广电动汽车。因此,新加坡国家研究基金会与慕尼黑工业大学和南洋理工大学合作成立中心,在能源储存、通信和计算、电动汽车和基础设施等领域开展超大城市电动交通研究,相关技术路线图正在制定中。当电动交通起步时,这些研究有望为行业带来收益。但电动交通要取得成功,必须提高交通效率和成本效益,以提高人民的生活质量。因此社会和政策领域的研究非常重要,只有这样,才能制定适当的陆路交通政策以促进电动汽车引入。技术的存在不仅是为了造福经济和工业,其应用方式也应造福民众。新加坡非常适合在实际应用中测试和引进新理念。

新生水是新加坡独一无二的成功案例,之所以能实现水资源自给自足,得益于不断锐意进取,并将政策、技术、社会研究和行业发展相结合。这一成功经验必须在更多领域复制,以实现新加坡的可持续发展。

全球伙伴关系

单靠一个国家往往无法独自解决重大环境挑战。各国必须携起手来,因为我们都在同一条船上,共享地球并依靠地球维持和实现我们的福祉。

最严峻的挑战是气候变化,其科学依据和原理是十分明确的。政府间气候变化专门委员会第五次评估报告于 2013 年和 2014 年分四部分发布。物理科学基础第一工作组于 2013 年发布了报告(IPCC, 2013)"基于对气候系统的观测、古气候档案、气候过程的理论研究和气候模型模拟进行的许多独立科学分析,提供了气候变化的新证据"。其结论是:"气候系统变暖是毋庸置疑的,自 20 世纪 50 年代以来,许多观测到的变化都是几十年到几千年来前所未有的。大气和海洋变暖,冰雪量减少,海平面上升,温室气体浓度增加"(UN,2014b)。报告还指出,人类对气候系统的影响是显而易见的。

如果不采取措施减少碳排放,长期影响将是毁灭性的。减少碳排放的解决方案包括发展低碳发电、更有效地利用能源(此外,我们还需努力减少碳足迹)。

新加坡正在投资和试验新的高效节能解决方案及替代能源发电方法。除了作为全球社会负责任的成员为减少碳排放作出贡献外,新加坡作为城市还可以通过分享其在碳排放和环境可持续性方面的经验教训和成功案例,为全球大多数城市居民提供帮助。中新天津生态城就是典型例子,新加坡和中国政府及私营部门携手合作,在城市规划、环境保护、资源节约、水和废弃物管理、可持续发展等领域分享专业知识和经验及政策计划,以实现"社会和谐、环境友好、资源节约的繁荣城市——可持续发展典范"("Tianjin Eco-City", 2014)。

新加坡作为生活实验室,可测试和实施切实可行的绿色解决方案,发挥带头示范和枢纽作用,这也是其责任所在。此外,新加坡还可以与 C40 气候领导小组、各种联合国机构和国际非政府组织等全球伙伴关系和倡议合作,推广企业社会责任和可持续发展的最佳实践。

结　论

只有满足安全、经济繁荣和社会和谐的前提条件,才有可能创造良好的环境。我们必须时刻牢记,即使在当今和平的现代世界,一个国家的安全甚至生存也非始终有保障。经济发展是必要的(我们需要就业和增长),但并不容易实现。各国竞相发展之际,内部和谐至关重要。人们必须感到自己受到公平对待,且通过努力工作能获得更美好的未来。收入差距扩大将带来破坏性影响。

1991年出版的《新加坡:新的起点》(*Singapore:The Next Lap*)一书导言中写道:

> 我们生活的世界瞬息万变。外部事件会动摇我们,过去也是如此。没有什么是确定的。我们必须努力在国际竞争中保持领先。我们决不能忘记基本原则:必须保持团结,努力工作,勤俭节约,互相照顾,迅速抓住机遇,警惕国家安全面临的内部和外部威胁。没有人欠我们生活——我们必须自食其力。(p.15)

今天依然如此,未来也将如此。

新加坡过去50年里实现环境可持续发展的历程是成功的故事。在经济快速增长的同时,实现了清洁绿色的环境,为人民提供了高标准的生活。

在追求经济发展的同时,我们绝不能忘记,经济发展虽然重要,但本身并不是目的,只是实现可持续发展的手段。

如前所述,可持续发展是既满足当代人的需求,又不损害后代满足其需求能力的发展,其重要性在于它结合了经济、环境和社会三个重要方面,是这些不同发展维度的交集。

可持续发展还告诉我们,环境并不是唯一关注点。每个国家的环境标准都不尽相同,这取决于其先决条件和人民的成熟程度。每个国家在环境发展方面也会有所不同,即使在同一国家内部,不同发展阶段也会有不同的环境标准。社会应设定并追求高环境标准,但不能急于求成、希望一蹴而就。必须确保踏上改善环境的征程并朝着正确方向前进。

在最初的50年里,新加坡领导人一直具有超越经济发展的远见卓识——保护环境和发展经济并非相互排斥,而是相辅相成的。新加坡领导人具有坚定决心和前瞻性眼光建设各种能力,也有能力传播长期愿景,并说服人民和企业暂时放弃一些可通过短期经济发展满足的需求。

2014 年 11 月,新加坡总理李显龙在一次植树活动中回忆起植树运动开端:"那是 1963 年。50 年后,我们已在新加坡各地种植了数百万棵树。但我们要做的不仅是植树:还要让整个环境可持续发展,对人类友好,同时让新加坡人对环境友好"(Lim, 2014)。[1]

50 年后的新加坡会是什么样子? 我们必须继续做好准备,从长远和大局出发,有能力认识到环境在满足当前和未来需求方面的局限性,并确保当前需求不会损害子孙后代满足自身需求的能力。新加坡的未来与世界的未来息息相关,因此,新加坡必须扮演负责任的世界公民角色。世界繁荣,新加坡才能繁荣,反之亦然。

随着新加坡在经济、环境和社会等方面以可持续的方式迈向未来,我们将创造一个让所有人都引以为豪的家园,我们的子孙后代也将能拥有美好的未来。

致　谢

作者感谢城市发展有限公司首席可持续发展官兼郭令裕先生的行政助理安星华(Esther An)提供的协助和建议。

参考文献

Abu Baker, J. (2014, November 3). Tree Planting Day in Singapore: 5 Things About the 51-year-old Tradition. Retrieved 25 June 2015 from http://www. straitstimes. com /news / singapore /more-singapore-stories /story /tree-planting-day-singapore-5-things-about-the-51-year-o♯sthash. jbUAfG4K. dpuf.

Channel NewsAsia. (2014). Sustainability Ranking: Celebrate the Success of the Top 20 Companies in Asia. Retrieved 24 November 2014 from http://sustainability-ranking. channelnewsasia. com /top20. html.

1　1963 年 6 月,李光耀总理在花拉圈(Farrer Circus)种植了一棵黄牛木(Mempat),从而开启了植树运动。第一个植树节于 1971 年 11 月举行,该活动由时任代总理吴庆瑞博士发起。

China and the Environment: The East is Grey (2013, August 10). *The Economist*. Retrieved 21 November 2014 from http://www. economist. com /news / briefing / 21583245-china-worlds-worst-polluter-largest-investor-green-energy-its-rise-will-have.

Department of Statistics, Singapore. (2014). Infographics: Singapore Economy. Retrieved 21 February 2014 from http://www. singstat. gov. sg / docs / default-source /default-document-library /statistics /visualising_data /singapore-economy17022015. pdf.

Government of Singapore. (1991). *Singapore: The Next Lap*. Singapore: Times Editions: Government of Singapore.

Intergovernmental Panel on Climate Change (IPCC). (2013). Workshop on IPCC Fifth Assessment Report (IPCC-AR5). Retrieved 21 November 2014 from http://www. ipcc. ch / report /ar5 /docs /ar5_outreach_malaysia. pdf.

Lee, K. Y. (1968). Speech by the Prime Minister Inaugurating the "Keep Singapore Clean" Campaign on Tuesday, 1st October, 1968, archived by the National Archives of Singapore. Retrieved 21 November 2014 from http://www. nas. gov. sg /archivesonline /data /pdfdoc / lky19681001. pdf.

Lim, Y. L. (2014, November 2). Recycling, Energy-saving to Figure in Green Plan. *The Straits Times*. Retrieved 21 February 2015 from https://www. nccs. gov. sg /news /straits-times-recycling-energy-saving-figure-green-plan.

Ministry of the Environment and Water Resources, Singapore (MEWR). (2014). About the Sustainable Blueprint. Retrieved 24 November 2014 from http://app. mewr. gov. sg /web / contents /ContentsSSS2. aspx?ContId = 1293.

MEWR and Ministry of National Development, Singapore (MND). (2014). Our Home, Our Environment, Our Future: Sustainable Singapore Blueprint 2015. Retrieved24 November 2014 from http://app. mewr. gov. sg /web /ssb /files /ssb2015. pdf.

Office of the United States Trade Representative (USTR). (2014). WTO Environmental Goods Agreement: Promoting Made-in-America Clean Technology Exports, Green Growth and Jobs. Fact sheet, July 2014. Retrieved 13 March 2015 from https://ustr. gov / about-us /policy-offices /press-office / fact-sheets / 2014 / July / WTO-EGA-Promoting-Made-in-America-Clean-Technology-Exports-Green-Growth-Jobs.

Robbins, R. (1999). *Global Problem and the Culture of Capitalism*. Boston, MA: Allyn and Bacon.

SG Press Centre. (2008). Minister Mentor Lee Kuan Yew's Dialogue at the Singapore Energy Conference, 4 November 2008. Retrieved 24 November 2014 from http://www. news. gov. sg /public /sgpc /en /media_releases /agencies /mica /transcript /T-20081105-1.

Shah, V., and Cheam, J. (2014, October 17). SGX to Make Sustainability Reporting Mandatory. *Eco-Business*. Retrieved 24 November 2014 from http:// www. eco-business com /news /sgx-make-sustainability-reporting-mandatory /.

Tata. (n. d.). Leadership with Trust. Retrieved 24 November 2014 from http://www. tata. com /aboutus /sub_index /Leadership-with-trust?.

Tianjin Eco-City: A Model for Sustainable Development (2014). Retrieved 24 November 2014 from http: //www. tianjinecocity. gov. sg.

United Nations (UN). (2014a). *United Nations World Urbanization Prospects (The 2014 Revision)*. New York: United Nations. Retrieved 24 November 2014 from http: //esa. un. org /unpd /wup /Highlights /WUP2014-Highlights. pdf.

UN (2014b). Working Group I: Climate Change 2013: The Physical Science Basis — Major Findings. Retrieved 21 February 2015 from http: //www. un. org / climatechange / the-science /.

UN Environment Programme (UNEP). (n. d.). Why Buildings. Retrieved 24 November 2014 from http: //www. unep. org /sbci /AboutSBCI /Background. asp.

UN World Commission on Environment and Development (WCED). (1987). Chapter 2: Towards Sustainable Development, in *Our Common Future: Report of the World Commission on Environment and Development*. Switzerland: WCED. Retrieved 8 December 2014 from http: //www. un-documents. net /ocf-02. htm.

Vietor, R. H. K. (2007). *How Countries Compete: Strategy, Structure and Government in the Global Economy*. Boston: Harvard Business School Press.

World Bank (2015). Data by Indicators. Retrieved 12 February 2015 from http: // data. worldbank. org /indicator /NY. GDP. PCAP. PP. CD.